AF611090

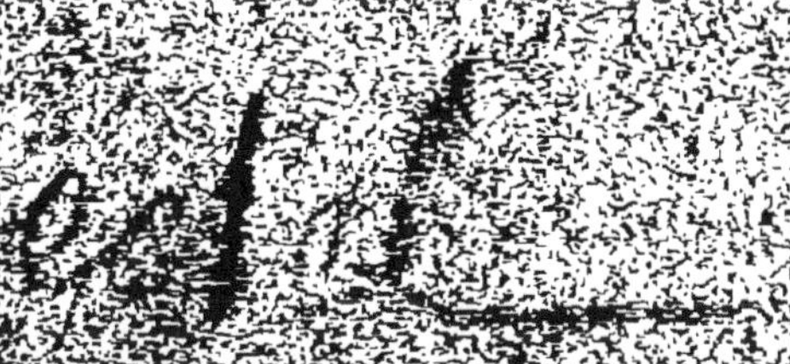

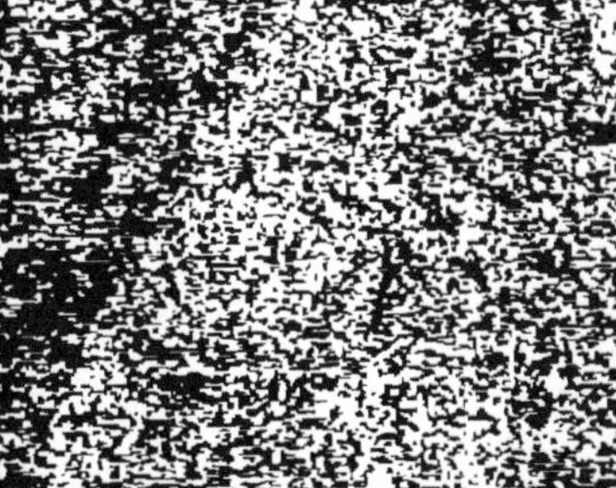

LES ENGRAIS

ORIGINE — UTILITÉ — EMPLOI

A LA MÊME LIBRAIRIE

Du même auteur.

Traité complet de la manipulation des vins, 1 beau vol. in-18 jésus avec gravures . . . . 3 fr. 50

Le trucage des vendanges dans la vinification et la production des vins de seconde cuvée. — La fabrication des vins de raisins secs; 1 vol. in-18 . . . . 0 fr. 75

Les nouvelles méthodes de la culture de la vigne et de vinification; 1 vol. in-18 orné de nombreuses gravures. . . . . 3 fr. 50

TRAITÉ PRATIQUE

DES

ENGRAIS

ORIGINE — UTILITÉ — EMPLOI

LA FORMATION DU SOL ARABLE — LE FUMIER DE FERME
LES ENGRAIS NATURELS — LES ENGRAIS CHIMIQUES
ENGRAIS AZOTÉS — ENGRAIS PHOSPHATÉS — ENGRAIS POTASSIQUES
ENGRAIS CALCAIRES — ENGRAIS COMPOSÉS

LES EXIGENCES DES PLANTES EN PRINCIPES FERTILISANTS

PAR

A. BEDEL

Rédacteur en chef du *Journal de la Vigne et de l'Agriculture*,
Auteur des *Nouvelles méthodes de culture de la Vigne*
et du *Traité complet de manipulation des Vins*.

PARIS

GARNIER FRÈRES, LIBRAIRES-ÉDITEURS

6, RUE DES SAINTS-PÈRES, 6

A MONSIEUR CARRÉ

Notable commerçant en eaux-de-vie à Bercy,

Maire de Rouperroux.

CHER MAITRE,

Vous que sollicite la préoccupation constante de réformer ce qui est mauvais, d'améliorer ce qui est passable, qui visez sans cesse au progrès et à l'élévation de la condition des plus humbles, — vos nombreux écrits, vos multiples travaux, vos efforts persistants dans la commune que vous administrez, en sont la preuve irréfutable, — vous avez été frappé, comme je l'ai été moi-même, je ne dirai pas de l'ignorance, mais tout au moins de l'indifférence et de l'esprit de routine qui dominent dans nos campagnes.

Lorsque, dans cette commune de Rouperroux, où les suffrages de vos concitoyens vous donnaient un témoignage de confiance si justement mérité, vous avez organisé ces concours cidricoles, institué ces prix de culture de pommiers, bref cherché à exciter l'émulation culturale de vos compatriotes, par tous les moyens possibles, votre objectif était précisément de lutter contre cet esprit routinier dont je parle plus haut et d'entraîner ceux à qui vous êtes tant attaché par les liens de la solidarité natale, dans la voie des profits laborieux il est vrai, mais qui procurent le bien-être à ceux qui la parcourent.

Mais que de chemin il reste encore à faire à vos protégés, pour les amener à obtenir de ce sol qu'on dit ingrat parce qu'on ne le traite pas convenablement, tout ce que l'on pourrait en tirer si on consentait à lui donner les soins qu'il exige et l'alimentation qui lui est nécessaire !

Combien encore ignorent les premières notions de ce vaste problème de l'alimentation végétale, si peu compliqué cependant, lorsque l'on consent à se donner la peine d'en apprendre les simples éléments.

Et s'il est vrai que, depuis un certain temps, la grande culture a fait de sérieux efforts pour rendre la terre plus féconde, qu'elle y soit parvenue et qu'en fait, de notables améliorations, aient été accomplies sous nos yeux, n'est-on pas obligé de reconnaître que dans la moyenne et la petite culture, le mouvement progressif ne s'est pas suffisamment dessiné, que l'emploi judicieux des engrais ne s'y répand qu'avec lenteur et que dès lors les rendements ne s'accroissent que dans des proportions qu'on désirerait voir beaucoup plus élevées?

Que de fois cette situation n'a-t-elle pas été l'objet de nos nombreux et amicaux entretiens et combien ne déplorions-nous pas de ne pouvoir inculquer dans l'esprit de tous à la fois, une vérité que personne ne conteste plus aujourd'hui, à savoir que la science met, maintenant, à la portée de tous, les moyens d'augmenter tous les revenus individuels, par une meilleure compréhension et une plus judicieuse application des procédés culturaux !

J'ai essayé de réaliser cette aspiration dans ce livre sur les engrais que je vous dédie, parce qu'il est né, dans mon esprit, de ces conversations que je vous rappelle.

Vous n'y trouverez rien de moi qui ne suis qu'un ignorant en ces matières d'un intérêt si immense. Mon simple mérite est d'avoir cherché à résumer, à condenser, de manière à les mettre à la portée de tous, les observations, les découvertes, les expérimentations des nombreux savants qui ont élaboré cette science, en ont déterminé les contours et fixé les règles, de telle sorte qu'elle ne laisse, pour ainsi dire, presque plus rien d'inconnu actuellement.

Si j'ai réussi à être assez clair dans ce travail, pour avoir simplement donné à ceux qui le liront, une idée générale des enseignements précieux faits par ces maîtres de la science moderne et à la source puissante de savoir desquels j'ai si largement puisé, mon ambition sera satisfaite.

Lisez-moi vous-même et vous me direz, en toute sincérité si j'ai réussi. Mais lisez-moi, de la première à la dernière page, car dans cette science des engrais, tout se tient, tout s'enchaîne, c'est un bloc qui exige de rester intact et la moindre lacune risquerait de faire perdre totalement le fil conducteur.

Et quand vous en serez arrivé aux passages où je parle des syndicats agricoles et des hommes jouissant dans leur région d'une autorité suffisante pour prendre en main la création d'une institution aussi incontestablement utile, rappelez-vous que c'est en pensant à vous que j'ai écrit les lignes que ce sujet m'inspirait.

C'est, en effet, surtout, par l'association que la grande famille agricole isolée jusqu'ici, livrée à ses faibles forces, parviendra à sortir de ses limbes et à triompher de l'esprit routinier qui la domine encore. Dans l'association et dans les organisations diverses qui en sont le complément, l'agriculture trouvera la solution d'innombrables difficultés qui la rivent encore enchaînée, alors que tout l'incite à prendre son essor. C'est par l'association qu'elle obtiendra le crédit qui lui est si nécessaire, les matières premières à des prix de revient et dans des conditions de qualité qu'il lui est impossible d'obtenir autrement, etc.

Et à propos du crédit agricole qui effraie quelques timorés, laissez-moi, en terminant, vous présenter cette simple observation : le temps n'est plus où l'on pouvait dire qu'emprunter c'est se ruiner. L'intelligence moderne a détruit cette vieille légende. Il est reconnu, aujourd'hui que l'emprunt ou pour mieux dire le crédit, si l'on y a recours avec discernement, est une arme nécessaire pour triompher du prix de revient.

Vous êtes homme à pouvoir mener à bien une institution de ce genre dans votre commune et, le faisant, vous l'aurez dotée d'un bienfait de plus. Par surcroît, les communes environnantes ne tarderont pas à imiter la vôtre.

C'est ainsi qu'il suffit souvent, d'un seul homme de bien comme vous l'êtes, pour métamorphoser tout un département.

Paris, août 1892.

A. BEDEL.

LES ENGRAIS

CHAPITRE PREMIER

L'Alimentation végétale. — Les éléments de production. — Un peu de chimie : corps simples et corps composés ; Métalloïdes et métaux ; les Acides ; les Oxydes ; les Sels ; Notation chimique. — Composition générale des végétaux : éléments organiques et éléments minéraux. — La Synthèse de la végétation : les expériences de M. Georges Ville.

Tout ce qui fait œuvre d'existence sur la terre, le plus humble des vermisseaux aussi bien que l'homme et jusqu'à ces êtres microscopiques de la grande famille microbienne dont notre illustre Pasteur a marqué les évolutions, est soumis à une loi suprême : celle de l'alimentation.

Se nourrir est la condition inéluctable de la vie et si cette fonction n'est pas remplie ou ne l'est qu'insuffisamment, l'étiolement d'abord et la mort ensuite ne tardent pas à faire leur œuvre de destruction.

Les végétaux qui, eux aussi, sont des êtres organisés, n'échappent point à cette règle imposée par la nature et si longtemps on a pu croire qu'il en fût autrement, en raison de la spontanéité de leur avènement à l'existence et de l'ignorance dans laquelle on était alors de leur mode de développement, les progrès de la science sont venus, aujourd'hui, élucider un problème dont nos ancêtres avaient à coup sûr la perception, mais dont ils n'avaient aucun moyen de fixer l'équation.

Quelques auteurs, il est vrai, ne considèrent pas positivement comme un acte de nutrition, le phénomène d'absorption, par les plantes, des matériaux qui concourent à leur développement progressif et veulent plutôt y voir une véritable élaboration chimique, s'accomplissant au profit du végétal, lequel s'assimilerait, peu à peu, tous les principes qui se trouvent dans son entourage, et susceptibles de déterminer une combinaison favorable à leur formation ainsi qu'à leur progression.

Il nous semble que s'il en était ainsi, les plantes, tout comme les combinaisons chimiques, de quelque nature qu'elles soient, subiraient l'effet des réactifs, sous l'action desquels on les verrait se modifier, se transformer d'une manière plus ou moins complète, comme, par exemple, le cuivre se métamorphose en sel (sulfate de cuivre) lorsqu'il est attaqué par l'acide sulfurique.

Or ce phénomène ne se produit pas à l'égard des végétaux qui sont essentiellement des matières organiques et qui, comme tels, ne subissent que des effets de désorganisation, par le fait des altérations diverses qui éteignent leur organisme, suppriment leurs tissus, leur font perdre tout caractère essentiel et s'opposent à ce qu'avec leurs débris, on puisse reconstituer n'importe quoi par synthèse.

Nous préférons donc admettre que la plante obéit à la loi générale de la nutrition, fonction qu'elle remplit, dans le sol, à l'aide des mille suçoirs qu'on appelle les racines, et à l'extérieur, par ses feuilles.

Mais la distinction est en somme toute théorique et il importe peu, pour l'étude élémentaire que nous entreprenons, que l'accumulation des matériaux qui s'emmagasinent dans la plante, la font végéter, prospérer et grandir, soit le résultat d'un acte nutritiel ou celui d'une réaction chimique.

L'important est de savoir ce que personne n'ignore plus maintenant, c'est que le phénomène végétatif réside dans une sorte d'accaparement moléculaire d'un certain nombre de matériaux bien déterminés, que la plante trouve autour d'elle soit qu'elle les emprunte à l'atmosphère, soit qu'elle les puise dans le sol.

On conçoit, naturellement, que l'atmosphère constitue un magasin inépuisable auquel on puisse toujours demander sans risquer d'y faire jamais le vide et cela parce que, en raison de multiples réactions chimiques, la composition de l'air est toujours à peu près identique sur n'importe quel point, qu'au surplus son extrême fluidité permet que sous l'effort des vents, l'état d'homogénéité, s'il venait à faire défaut quelque part, ne tarderait pas à se reconstituer bientôt.

Il n'en va certes pas de même pour les sols, dont la composition, suivant les points, est une mais variable à l'infini et qui peuvent, dès lors, ou bien ne pas renfermer du tout les matériaux que la plante s'assimile pour qu'il lui soit possible de végéter, ou ne les contenir qu'en proportions insuffisantes pour empêcher que la plante y ait autre chose qu'une existence souffreteuse, ou enfin n'être pas assez riches pour donner sans cesse, pendant de longues périodes, sans s'épuiser, au profit de la plante qui vit à leur détriment et devenir dès lors absolument infertiles.

Les sols de cette nature, ou bien il faut les gratifier de ce qui leur manque, ou il faut les compléter dans leur insuffisance, ou enfin il faut leur restituer ce que la végétation leur enlève chaque année.

Telle est, dans toute sa simplicité, la théorie des engrais, expliquée, commentée, fixée, mise au point, rendue pratique enfin, par la science nouvelle que l'on appelle la « Chimie agricole ».

Et pour bien définir cette science, pour que chacun puisse s'en former une image précise, nous ne pouvons mieux faire que de reproduire ici la brillante peinture à l'aide de laquelle M. Raoul Lucet nous en fixait tout récemment les traits principaux, dans un article publié par le journal *le XIXe Siècle*.

« Présentée par Lavoisier, conçue par Liebig et mise au monde par Boussingault, — lequel ne se doutait peut-être pas des vastes et fécondes destinées qui attendaient sa fille, — la chimie agricole a fait dans ces dernières années, des progrès qui, pour peu qu'ils s'accentuent dans les mêmes proportions, par la suite des temps, arriveront, vraisemblablement, à révolutionner le monde cultural, dans des conditions qui ne laisseront rien à envier aux autres métamorphoses que la vapeur et l'électricité ont provoquées dans le monde.

» D'abord simple curiosité de laboratoire, cette humble fée qui a mis près de cinquante ans à asseoir sa réputation sur une moisson de lauriers (de lauriers comestibles et nutritifs), promet de faire autant de bruit et de bien à l'humanité, que sa glorieuse sœur aînée, la chimie industrielle, avec les travaux immenses qu'accomplissent chaque jour cette pléiade de savants tels que les Dehérain, Georges Ville, Müntz et tant d'autres dont les noms illustres seront bénis par nos cultivateurs de l'avenir.

» Tout d'abord, la chimie agricole a sur la chimie industrielle cette supériorité immense, qui est la caractéristique même de son œuvre, de pouvoir donner beaucoup plus qu'elle n'a reçu, car les produits de la première ne coûtent, pour ainsi dire rien, empruntent tout à la nature, au sol, à l'atmosphère, se multiplient jusqu'à l'infinie variété, tandis que l'industrie manufacturière se borne à transformer ce que la nature a mis entre ses mains habiles.

» Le produit utile façonné par l'industrie ne représente jamais qu'une fraction de la matière première employée... Je veux bien que cette fraction, qui n'est plus de la matière brute, mais de la matière ouvrée, ait acquis, entre les mains de l'artisan, une certaine valeur artistique, utilitaire ou marchande. Mais elle n'est pourtant jamais qu'un extrait, une quintessence, et il y a fatalement diminution de poids et de volume, le contenu ne pouvant être plus grand que le contenant ; il y a fatalement déchet, sous forme de résidus, de marc, de cendres, d'épluchures, etc.

» Pour l'agriculture, c'est tout le contraire. Si vous confiez une semence à la terre, c'est au décuple que, à la saison prochaine, la terre vous restituera cette avance. Pour un épi vous aurez une gerbe, touchant ainsi 1,000 0/0 de dividende. Ici, au lieu d'un déficit, c'est un surcroît qui apparaît ; au lieu d'une soustraction plus ou moins subtile, c'est une multiplication plus ou moins copieuse.

Et cependant, *nemo dat quod non habet :* « La plus belle fille du monde, on ne saurait trop le répéter, ne peut donner que ce qu'elle a. » Pour rendre généralement 1,000 à qui lui confie 100, il faut, de toute nécessité, que la nature puisse prendre quelque part, gratuitement, les neuf dixièmes supplémentaires. Tel est justement la vérité : *Hic jacet lepus!*

» Tandis que l'industrie est toujours obligée de payer plus ou moins cher presque toute la matière première qu'elle a mission de transformer, l'agriculture, au contraire, puise les 95 0/0 de la matière première qu'elle a mission d'organiser à des sources absolument gratuites.

» Voilà le mot de l'énigme.

» S'il fallait, pour réaliser la synthèse végétale donner *in integrum* à la terre, à la dose et dans les proportions requises, les quatorze éléments qui composent la trame de toutes les plantes sans exception, l'agriculture serait évidemment logée à la même enseigne que l'industrie. Mais il s'en faut qu'il en soit ainsi.

» Parmi ces quatorze éléments, il en est quatre qu'on range sous le nom collectif d'*éléments organiques*, parce qu'on ne les trouve, à l'état de combinaison, que dans les tissus des êtres organisés. Ce sont le *carbone*, l'*hydrogène*, l'*oxygène* et l'*azote*.

» Or, dans le froment, par exemple, le carbone représente environ 48 pour 100 de la plante, l'hydrogène 5 1/2 pour 100, l'oxygène 40 pour cent, et l'azote 1 1/2 pour cent. D'où cette conséquence, contrôlable à l'aide de la plus élémentaire des opérations mathématiques, d'une simple addition, que les éléments dits organiques constituent les quatre-vingt-quinze centièmes de l'individu végétal.

» Laissons de côté l'azote (1 1/2 pour 100), sauf à y revenir plus tard, pour ne considérer que l'oxygène, l'hydrogène et le carbone, qui représentent encore ensemble 93 centièmes 1/2. Cela veut-il dire que, pour obtenir un kilogramme de récolte, il faudra vider sur la terre des syphons d'oxygène, y insuffler du gaz hydrogène et y enfouir de la poussière de charbon jusqu'à concurrence de 95 grammes? Pas le moins du monde! Quelque considérable que soit la proportion selon laquelle ces trois facteurs entrent dans la composition de la plante, il n'y a pas lieu de s'en préoccuper. Le ciel et l'atmosphère se chargent de les fournir : le carbone provient, en effet de l'acide carbonique de l'air; l'oxygène et l'hydrogène procèdent de la pluie. Le tout *gratis pro Deo*.

» Voici donc que sur les quatorze éléménts, il n'y en a plus guère que onze, représentant à peine les 7 centièmes de la récolte, dont le cultivateur doit avoir souci : un élément organique qui est l'azote et les dix éléments minéraux.

» Ce n'est pas tout encore! Parmi les dix éléments minéraux, l'expérience a prouvé qu'il y en a sept, — le *sodium*, le *magnésium*, le *soufre*, le *chlore*, le *fer*, la *silice* et le *manganèse*, — dont les terres les plus pauvres sont si abondamment pourvues que point n'est besoin de s'en inquiéter. Il y en a toujours assez!

» Or, ces sept éléments — négligeables — constituent ensemble un peu plus des 3 centièmes de la plante. Ce qui, finalement, avec les 93 centièmes 1/2 de l'hydrogène, de l'oxygène et du carbone, donne un total de près de 97 centièmes s'incorporant *sponte suâ* au végétal et se fixant dans l'étoffe de ses tissus, à titre de particules intégrantes, par l'opération du Saint-Esprit. La plante, en d'autres termes, vit dans une mesure de 97 pour 100 de l'air du temps, de la glèbe, d'*aquâ simplex* et d'amour, toutes denrées qui ne coûtent rien.

» Mais sept et trois font dix, si je ne m'abuse, dans tous les temps et dans tous les pays. Ce qui revient à dire que pour le chimiste agriculteur, pour le fabricant de végétaux, les quatorze éléments se réduisent, dans la réalité pratique, à quatre : l'*azote*, le *phosphore*, la *potasse* et la *chaux*, — TROIS POUR CENT !!!

» Par exemple, il n'y a pas moyen de se passer de ces quatre éléments cardinaux, les fertilisants par excellence, le véritable sel de la terre, le ferment qui seul peut lever la pâte végétative ! Comme le sol n'en est presque jamais pourvu que dans une proportion limitée et qui tend à s'épuiser par la culture, il est de toute nécessité de les rendre au sol sous forme d'engrais, au fur et à mesure que les plantes les consomment.

» Au fond, la théorie dite des engrais chimiques n'est en réalité autre chose que la méthode expérimentale suivant les règles de laquelle il convient

1.

de distribuer l'azote, le phosphore, la potasse et la chaux aux différentes terres et aux différentes cultures. Toutes les plantes, en effet, ne témoignent, à cet égard, ni des mêmes exigences ni des mêmes goûts. Sans pouvoir, à aucun prix, se passer des trois autres éléments, chacune a sa *dominante*, c'est-à-dire son élément de prédilection, son péché mignon, si je puis m'exprimer ainsi, son cordial nécessaire et préféré. Aux unes, il faut de la potasse, « n'en fût-il plus au monde » : c'est le cas de la pomme de terre et de la vigne.

» Aux autres, il faut du phosphore (c'est le cas du maïs), ou de la chaux (c'est le cas du trèfle), ou de l'azote (c'est le cas du blé). Il en est de même, — les légumineuses, par exemple, — qui empruntent directement tout ou partie de leur azote à l'air ambiant.

» Ceci posé, tout s'explique à merveille. Associez aux doses convenables que, seule, la pratique tâtonnante a pu arriver à déterminer exactement, les quatre substances fertilisantes, l'azote, le phosphore, la potasse et la chaux, et vous avez l'*engrais complet*, c'est-à-dire un engrais capable de suffire à lui tout seul, avec la collaboration de Phœbus et de saint Médard, à tous les besoins de la végétation, non seulement sur un sol pauvre, mais même sur un sol absolument réfractaire, sur de la brique pilée, du sable ou du verre, un engrais avec lequel, en réalité, la terre devient jusqu'à un certain point inutile.

» Vous n'avez plus, enfin, dans la composition de cet engrais complet, qu'à faire varier l'un quelconque des quatre composants, de façon à donner en surabondance à la plante cultivée, sous la forme la plus assimilable, la pâture spéciale, la *dominante* dont elle a particulièrement besoin, — de l'azote au blé, de la potasse à la vigne, du phosphore aux rutabagas, pour pouvoir régler votre production et votre récolte avec une sûreté quasi mathématique.

» Ce n'est pas plus malin que ça, et vous tenez maintenant le secret de la théorie des engrais chimiques et de la synthèse végétale. Il ne nous reste plus à apprendre que les minuties de la pratique. »

De ce magnifique et si lucide exposé, qui, en quelques lignes, développe d'une manière aussi nette que précise toute la théorie végétale, nous ne retiendrons que la dernière phrase.

« *Il ne nous reste plus à apprendre que les minuties de la pratique.* »

C'est ici, précisément, que les difficultés commencent :

L'expérimentation, il est vrai, en a résolu le plus grand nombre en nous faisant connaître la composition chimique de la plupart des plantes culturales et, d'autre part, il nous est toujours facile, par l'analyse, de nous assurer de la nature du sol sur lequel nous les cultivons. En sorte que, possédant ces deux termes de l'équation, chacun peut établir une espèce de bilan, duquel rien ne sera plus simple que de faire ressortir ce qui manque à un terrain déterminé pour satisfaire aux exigences de telle culture spéciale au point de vue nutritiel.

Seulement, si, comme nous l'avons vu plus haut, nous sommes exactement fixés sur la nature des aliments qui, en tant que corps simples, contribuent exclusivemeut à la nutrition des plantes, nous savons également que ces corps se présentent à nous sous forme de combinaisons variées à l'infini. Aussi, pour qui n'est pas familiarisé avec le langage élémentaire de la chimie, est-ce un véritable casse-tête chinois que de se retrouver au milieu des formules d'engrais dont l'application est conseillée par les gens du métier, aussi bien que de leurs calculs pour en déduire la quotité de matières utiles contenues dans ces formules.

C'est ainsi qu'il nous a été donné, maintes fois, de voir le simple agriculteur aux prises avec ces problèmes, d'autant plus ardus pour lui qu'il ne possède pas même le bout du fil conducteur qui l'aidera à les résoudre, et de n'arriver qu'à force d'explications et en entreprenant, vis-à-vis de lui, un véritable cours de chimie élémentaire, à lui faire comprendre qu'un *nitrate*, par exemple, n'était autre chose que de l'*azote* à l'état de combinaison.

C'est pourquoi nous nous sommes promis, lorsque nous réaliserions le projet que nous avions médité depuis longtemps, d'écrire cet ouvrage destiné à faire connaître les engrais, leur mode d'emploi et d'application, d'en consacrer le premier chapitre à faire connaître, à ceux de nos lecteurs qui les ignorent, les premières règles et le langage de la science chimique, sans lesquels le praticien ne peut agir que les yeux fermés, pour ainsi dire, sous l'inspiration de la foi et sans se rendre aucunement compte de la marche des phénomènes qu'il poursuit.

Disons d'abord que, dans la nature, tous les corps peuvent être partagés en deux grandes classes qui comprennent les *corps simples* et les *corps composés*.

Un corps *simple* est un corps dont on n'a pu jusqu'à présent retirer qu'une seule et même substance, en employant tous les moyens d'investigation dont la science dispose. Ainsi, le carbone est un corps simple parce que, de quelque manière qu'on le traite, on n'obtient jamais qu'un corps présentant les mêmes propriétés.

On voit que cette définition n'a rien d'absolu et qu'un corps actuellement considéré comme simple, pourra, plus tard, être décomposé par d'autres moyens d'analyse que ceux dont nous sommes aujourd'hui en possession et être rangé, par suite, dans la catégorie des corps composés.

Un corps *composé* est celui dont on sépare plusieurs substances douées de propriétés différentes. Si on soumet, par exemple, l'eau pure à l'influence d'un courant électrique, on en tire deux corps, l'hydrogène et l'oxygène; l'eau est donc un corps composé.

Les corps se présentent, qu'ils soient simples ou composés, sous trois états différents ; ils sont *solides*, *liquides* ou *gazeux*.

Des corps simples affectant l'un de ces états, peuvent en se combinant ensemble, affecter un état tout différent. C'est ainsi, comme nous venons de le dire, que la combinaison de l'hydrogène et de l'oxygène, qui sont l'un et l'autre des gaz, donne naissance à un corps liquide : l'eau. L'azote peut se combiner avec l'oxygène de diverses façons et donner naissance à des produits composés affectant l'état solide comme l'acide azotique anhydre, liquide, comme l'acide azotique hydraté ou enfin gazeux, comme le protoxyde d'azote.

Le nombre des corps simples connus jusqu'à présent, est de soixante-deux, qui se divisent en deux classes : *métalloïdes* et *métaux*.

Les métaux se distinguent des métalloïdes en raison de la propriété essentielle que possèdent les premiers, de former des bases en s'unissant avec l'oxygène, tandis que les métalloïdes, en se combinant avec ce gaz, ne produisent jamais que des composés neutres ou acides.

C'est ainsi que le carbonate de potasse, par exemple, est le résultat de la combinaison de deux corps oxygénés : le premier un métalloïde, le carbone, qui, en se combinant avec l'oxygène, a donné naissance à un acide : l'acide carbonique; le second, un métal, le potassium, qui, en se combinant avec le même gaz, a produit une base : la potasse.

Il nous est inutile, ici, de donner la liste des soixante-deux corps simples connus, puisque nous savons que *quatorze* seulement d'entre eux entrent dans la composition des végétaux.

Il nous suffira donc d'énumérer ces quatorze corps, en soulignant ceux qui, parmi eux, appartiennent à la catégorie des métalloïdes et peuvent donner lieu, conséquemment, par leur combinaison avec l'oxygène, à la production d'acides.

En voici la liste :

Carbone; hydrogène; oxygène; azote; phosphore; soufre; chlore; silicium; fer; manganèse; calcium; magnésium; sodium; potassium.

Ces corps simples, en se combinant ensemble, fournissent des corps composés dont les qualificatifs sont exprimés en langage chimique, de telle sorte que leur seule dénomination indique pour ainsi dire leur composition.

Les principaux corps composés sont : les *acides*, les *oxydes*, les *sels* et les corps binaires dont l'oxygène n'est pas un des éléments.

Acides. — On donne le nom d'*acides* aux corps qui ont la propriété de rougir la teinture de tournesol et de se combiner avec les bases pour former des sels.

On peut distinguer deux groupes principaux parmi les acides : les *oxacides* et les *hydracides.*

Oxacides. — Les oxacides sont produits par la combinaison d'un corps simple, métalloïde ou métal, avec l'oxygène, leurs noms sont fixés d'après les règles suivantes :

Lorsqu'un corps simple se combine avec l'oxygène en une seule proportion, pour former un oxacide, le nom de cet acide se forme du nom français, latin ou grec qui désigne le corps simple, suivi de la terminaison *ique.*

Ex. L'oxacide formé par la combinaison du *soufre* avec l'*oxygène*, se nomme *acide sulfurique.*

Quand un corps simple se combine avec l'oxygène en deux proportions, pour former deux acides, celui qui contient le moins d'oxygène prend la terminaison *eux* et le plus oxygéné conserve la terminaison *ique.*

Ex. Les deux acides formés par la combinaison du *soufre* avec l'*oxygène*, sont appelés : *acide sulfureux, acide sulfurique.*

Lorsque, enfin, un corps simple se combine en quatre proportions avec l'oxygène, on place la préposition *hypo* (tiré du mot grec ὑπὸ en dessous) avant le nom de chacun des acides terminés en *eux* ou en *ique.* Cette préposition indique toujours une quantité d'oyygène plus faible que celle qui est contenue dans l'acide terminé en *eux* ou en *ique*, dont le nom n'est pas précédé de cette même préposition *hypo.*

Ex. Les acides formés de *chlore* et d'*oxygène* ont reçu les noms suivants :

Acide hypochloreux.

Acide chloreux.

Acide hypochlorique.

Acide chlorique.

Dans ces compositions, la proportion d'oxygène va en augmentant de l'acide hypochloreux à l'acide chlorique.

Il arrive que, pour la même quantité du corps qui se combine avec l'oxygène pour former un acide de la terminaison *ique*, la proportion d'oxygène est plus élevée que dans ce dernier ; on distingue cette combinaison en la faisant précéder de la préposition *per* ou hyper (du mot grec ὑπερ, au-dessus) : *acide perchlorique* ou acide *hyperchlorique*.

Hydracides. — On donne le nom d'*hydracides* à des composés binaires acides qui sont formés par la combinaison de l'hydrogène avec un métalloïde.

Les noms de ces composés se forment du nom du corps simple que l'on appelle *radical*, suivi de la terminaison *hydrique*.

Ainsi les hydracides produits par l'union de l'*hydrogène* avec le *soufre*, le *chlore*, sont nommés *acide sulfhydrique*, *acide chlorhydrique*.

Il est à remarquer que, contrairement à l'oxygène, l'hydrogène ne forme jamais qu'un seul hydracide avec le même radical.

Oxydes. — On donne le nom d'*oxydes* aux composés binaires oxygénés qui n'exercent aucune action sur la teinture bleue de tournesol.

Les oxydes sont divisés en deux séries.

La première comprend les oxydes qui n'ont pas la propriété de se combiner avec les acides pour former des sels; on les nomme *oxydes indifférents.*

Dans la seconde série, se trouvent les oxydes qui peuvent s'unir aux acides pour constituer des sels.

Lorsqu'un corps simple se combine simplement avec l'oxygène, on désigne ce composé en énonçant le nom collectif *oxyde*, qu'on fait suivre du nom du corps simple précédé de la préposition *de;* ainsi la combinaison simple du fer avec l'oxygène, se nomme *oxyde de fer.*

Toutefois lorsque le corps simple peut s'unir en plusieurs proportions avec l'oxygène, on désigne les composés qui résultent de cette combinaison, en faisant précéder le nom collectif *oxyde,* des mots *prot, sesqui, deut* ou *bi, per,* etc. qui expriment des quantités d'oxygène progressivement croissantes.

Ex. : Protoxyde de manganèse, de fer.
Sesquioxyde de manganèse, de fer.
Bioxyde de manganèse.
Protoxyde d'azote, deutoxyde d'azote.

On donne d'ordinaire le nom de *peroxyde* à

celui des oxydes d'un corps simple, qui contient le plus d'oxygène.

Sels. — Lorsqu'on fait agir un acide sur une base, on voit, ordinairement, les propriétés de l'acide et de la base se neutraliser réciproquement ; ainsi l'acide qui d'abord rougissait la teinture de tournesol, perd cette propriété à mesure qu'on le mélange avec la base ; dans ce cas, l'acide et la base se combinent pour former un *sel*.

Un sel est donc la combinaison d'un acide et d'une base.

Pour nommer un sel on doit avoir égard :

1° A la nature de l'acide ; 2° à la nature de la base ; 3° aux proportions suivant lesquelles la base et l'acide sont combinés.

Tout acide dont la terminaison est en *ique*, formera des sels dont la terminaison sera en *ate*.

Tout acide dont la terminaison est *eux*, formera des sels dont la terminaison sera en *ite*.

Les nouveaux noms terminés en *ate* ou en *ite* seront suivis de la préposition *de* et du nom de l'oxyde qui entre dans le sel.

Ex. : L'acide *sulfurique* et le protoxyde de fer donneront le *sulfate* de protoxyde de fer.

L'acide *sulfureux* et le protoxyde de fer donneront le *sulfite* de protoxyde de fer.

L'acide *hyposulfurique* et le protoxyde de fer donneront l'*hyposulfate* de protoxyde de fer.

L'acide *hyposulfureux* et le protoxyde de fer donneront l'*hyposulfite* de protoxyde de fer.

Il arrive généralement que, pour abréger les noms des sels, on supprime le mot oxyde : ainsi le sel formé par la combinaison de l'acide phosphorique et de l'oxyde de potassium est appelé phosphate de potassium ou plus simplement de potasse.

Les corps acides et les corps alcalins peuvent se neutraliser plus ou moins exactement et perdre plus ou moins leur action sur les réactifs colorés.

Lorsque le sel est aussi rapproché que possible de l'état neutre, son nom est formé d'après les règles précédentes; mais si la proportion de l'acide est plus grande que dans les sels neutres on donne à ce sel le nom de *sel acide*. C'est ainsi que l'on nomme *sulfate acide de potasse* la combinaison d'acide sulfurique et de potasse qui rougit la teinture de tournesol.

Si la base est en excès, le nom générique est précédé de la préposition *sous*. Ainsi on dit *sous-azotate* ou même *sous-nitrate de potasse ;* les sous-sels sont aussi appelés *sels basiques*. Souvent même, dans la nomenclature des sels acides ou des sels basiques, on indique par les noms de sel, les rapports suivant lesquels l'acide et la base se trouvent combinés; ainsi, la quantité de l'acide étant supposée égale à 1 dans le sel neutre, pour nommer un sel acide on emploiera les mots *sesqui*, *bi*, *tri*, *quadri*, suivant que les quantités d'acides seront représentées par 1 1/2, 2, 3, 4, etc.

On dira un *sesquisulfate*, un *bisulfate*, un *trisulfate*, etc.

On suivra une règle analogue pour nommer les sous-sels ; on joindra au nom du sel, les mots *sesquibasique*, *bibasique*, *tribasique*, etc. suivant que les proportions de base, relativement à celles qui entrent dans le sel neutre, seront 1 1/2, 2, 3, etc. Ainsi on dira *phosphate de potasse bibasique* ou mieux *phosphate bibasique de potasse*.

Composés dont l'oxygène n'est pas un des éléments. — Lorsqu'un métalloïde se combine avec un métal pour former un composé qui n'est ni acide ni basique, on désigne la combinaison en donnant au métalloïde la terminaison en *ure* qu'on fait suivre du nom du métal. Ainsi les combinaisons du *soufre* ou du *chlore* avec le *potassium*, seront nommés *sulfure* ou *chlorure* de *potassium*.

Cette nomenclature s'applique aussi aux composés binaires qui résultent de la réaction d'un hydracide (voir p. 17) sur un oxyde; dans ce cas le radical de l'hydracide prend la terminaison *ure*. Ainsi l'*acide chlorhydrique* ou l'*acide sulfhydrique* en réagissant sur l'*oxyde de potassium* ou plus simplement *potasse*, donneront naissance à des produits qui seront dénommés également *chlorure* et *sulfure de potasse*.

Si le métalloïde se combine avec le métal en plusieurs proportions, on fait précéder le nom générique, des prépositions *proto*, *sesqui*, *deuto*, ou *bi*, *tri*, *quadri*, *penta*, etc., *per*. Ainsi pour nommer les différentes combinaisons du potassium avec le soufre, qui, pour un équivalent de métal, contiennent 1, 1 1/2, 2, 3, 4, 5 équivalents de soufre, on dira : *protosulfure*, *sesquisulfure*, *bisulfure*, *trisulfure*, *quadrisulfure*, *pentasulfure* de *potassium*.

Certaines bases, comme l'ammoniaque, se combinent intégralement avec les hydracides, pour former de véritables sels. Dans ce cas, le sel prend la terminaison *ate*. Ainsi la combinaison de l'*acide chlorhydrique* avec l'*ammoniaque* se nomme *chlorhydrate d'ammoniaque*.

Quand deux métalloïdes se combinent entre eux, le nom du corps qui résulte de la combinaison se compose des noms des deux corps simples et l'on donne indifféremment à l'un ou à l'autre des métalloïdes, la terminaison *ure*. Ainsi on dira également *sulfure de carbone* et *carbure d'hydrogène*.

On donne souvent aux combinaisons gazeuses que l'hydrogène forme avec plusieurs métalloïdes des noms qui font exception aux règles précédentes. Ainsi on dit *hydrogène sulfuré*, *phosphoré*, *carboné*, au lieu de *acide sulfhydrique*, *phosphure*, *carbure d'hydrogène*.

Notation chimique. — Afin d'abréger la

notation des formules chimiques, on a imaginé, en premier lieu, de représenter tous les corps simples par un symbole et ensuite de figurer les diverses combinaisons de ces corps entre eux, suivant diverses règles que nous allons faire connaître.

Donnons d'abord le symbole des quatorze corps simples cités plus haut et qui seuls entrent dans la composition des végétaux.

Carbone	C	Silicium	Si
Hydrogène	H	Fer	Fe
Oxygène	O	Manganèse	Mn
Azote	Az	Calcium	Ca
Phosphore	Ph	Magnésium	Mg
Soufre	S	Sodium	Na
Chlore	Cl	Potassium	K

Supposons, maintenant, que un ou plusieurs des corps simples ci-dessus, puissent se combiner ensemble. La combinaison pourra être simple, c'est-à-dire de telle sorte qu'un seul équivalent de chaque corps entre dans le composé.

Dans ce cas, la formule de ce composé s'établit en rapprochant l'un de l'autre, les deux symboles qui le constituent : le protoxyde de fer, par exemple, aura pour formule FeO : l'eau qui n'est autre chose qu'une simple combinaison de l'hydrogène et de l'oxygène (protoxyde d'hydrogène), sera représentée par HO.

Si un corps simple entre, au contraire, pour

plusieurs équivalents dans un composé, on indique le nombre de ces équivalents, par un chiffre placé à la droite et en haut du symbole, à la manière des exposants algébriques : ainsi la formule de l'acide sulfurique SO^3 indique que cet acide est formé de 1 équivalent de soufre et de 3 équivalents d'oxygène; la formule Fe^2O^3 indique que le sesquioxyde de fer est formé de 2 équivalents de fer et de 3 équivalents d'oxygène.

Un chiffre placé à gauche multiplie tous les équivalents placés à sa droite, jusqu'au signe +, qui sert à réunir les formules des différents corps qu'on suppose mis en présence. Ainsi $2SO^3$, représente 2 équivalents d'acide sulfurique ; $2SO^3 + KO$ indique 2 équivalents d'acide sulfurique et un seul équivalent de potassium ou plus simplement potasse.

Quand il s'agit de représenter la combinaison de deux corps binaire, d'un acide avec une base, par exemple, on sépare la formule de l'acide de celle de la base par une virgule : ainsi le sulfate de potasse qui résulte de la combinaison de l'acide sulfurique SO^3, avec la potasse KO, aura pour formule SO^3,KO; le bisulfate de potasse sera représenté par $2SO^3,KO$; la formule SO^3, HO, indique la combinaison de 1 équivalent d'acide sulfurique avec 1 équivalent d'eau.

Pour représenter 2 ou plusieurs équivalents

d'un sel, on enferme quelquefois la formule du sel entre deux parenthèses et un chiffre placé à la gauche de la parenthèse ou à sa droite comme un exposant algébrique, multiplie la formule du sel. Ainsi $2(SO^3,KO)$ ou $(SO^3,KO)^2$ représentent 2 équivalents de sulfate neutre de potasse; $2(2SO^3,KO)$ ou $(2SO^3KO)^2$ représentent 2 équivalents de bisulfate de potasse.

Lorsqu'on veut indiquer par une formule que des corps sont mis en présence ou qu'ils résultent d'une réaction, on sépare les formules de ces corps, par le signe $+$.

Les formules suivantes $SO^3 + KO$; $SO^3,KO + SO^3,AlO^3$, indiquent que l'on a mis en présence : 1° un équivalent d'acide sulfurique et un équivalent de potasse; 2° un équivalent de sulfate de potasse et un équivalent de sulfate d'alumine.

Les produits d'une réaction sont séparés par le signe $=$ des corps que l'on a mis en présence et l'on forme ainsi une *équation chimique.*

Ex. : Le chlore, en se combinant avec le sodium, donne du chlorure de sodium (sel de cuisine) : $Cl + Na = ClNa$; l'acide sulfurique, en se combinant avec la potasse, donne du sulfate de potasse : $SO^3 + KO = SO^3KO$. En chauffant du peroxyde de manganèse avec de l'acide sulfurique concentré, on obtient un sulfate de manganèse, de l'eau et de l'oxygène libre. On représentera cette réaction par l'équation chimique suivante :

$$MnO^2 + SO^3,HO = MnO + HO + O.$$

Expressions usuelles. — Pour compléter cette espèce de lexicologie chimique à laquelle le lecteur pourra se reporter quand il se trouvera en face d'une expression ou d'une formule dont il voudra connaître exactement la valeur, à moins qu'il se l'inculque d'une manière définitive afin de n'éprouver aucun embarras en présence de la terminologie particulière qu'emprunte la science chimique, notons encore diverses expressions usuelles, dont on se sert généralement, par dérogation aux règles que nous venons de résumer.

Sachons que l'on donne indifféremment le nom d'acide *azotique* et celui d'acide *nitrique*, au composé résultant de la combinaison de l'azote avec l'oxygène et que, comme conséquence, les sels provenant de la combinaison de cet acide avec une base, s'appellent indifféremment *nitrates* ou *azotates: nitrate* de soude; *nitrate* de potasse; *azotate* de soude, *azotate* de potasse.

Disons enfin que les oxydes produits par la combinaison du *silicium*, du *calcium*, du *magnésium*, du *sodium* et du *potassium*, au lieu de s'appeler oxyde de silicium, de calcium, etc., se nomment tout simplement : silice, chaux, magnésie, soude, potasse.

Composition générale des végétaux. — Nous avons vu plus haut que les éléments qui entrent dans la composition des végétaux quels qu'ils soient, herbes, arbustes, arbres, sont au nombre de quatorze, quelles que puissent être, d'ailleurs, leur organisation, leur taille, leur nature et leurs propriétés.

Tous les végétaux se composant des mêmes éléments, il en résulte que c'est la manière dont ces éléments se trouvent groupés dans l'arbre ou dans la plante, qui détermine les propriétés particulières de chaque végétal.

Nous diviserons ces éléments, et nous expliquerons plus loin la raison de cette division, en deux groupes distincts : les éléments organiques et les éléments minéraux. Ces deux groupes participent à la formation des végétaux, dans une proportion fort inégale. Les éléments organiques y contribuent, en moyenne, pour les neuf dixièmes, ce qui réduit la part des éléments minéraux à une fraction relativement minime. Ce rapport n'est pas invariable, bien entendu, et il présente de nombreuses exceptions, on peut toutefois l'admettre comme règle.

Le *carbone*, l'*hydrogène*, l'*azote* et l'*oxygène* ont reçu le nom d'éléments organiques de la propriété végétale, parce qu'on ne les trouve combinés ensemble qu'au sein des êtres vivants et parce que les composés dont ils font partie ne conservent leur intégrité que pendant la durée de leur vie. Dès que la vie s'est éteinte, ces composés cherchent à se désunir ; les végétaux dont ils font partie éprouvent une altération quelquefois légère, mais qui peut aller jusqu'à leur complète désorganisation [1].

On a donné au deuxième groupe le nom d'éléments minéraux, pour rappeler qu'ils proviennent de l'écorce solide du globe et qu'ils appartiennent essentiellement au règne inorganique. La combustion d'un fétu de paille ou d'une tige d'allumette, laisse après elle un résidu terreux, une cendre dont la forme rappelle et conserve, jusqu'à un certain point, l'aspect de la partie brûlée. Ce qui se dissipe à l'état de vapeur et de fumée, pendant la combustion, appartient aux éléments organiques. La cendre qui forme le résidu dont nous venons de parler contient, au contraire, tous les éléments minéraux. La combustion a opéré brusquement la séparation de ces deux classes d'éléments [2].

Les éléments minéraux ont le sol pour origine; il ne peuvent pénétrer dans les végétaux qu'après avoir été, au préalable, dissous par l'eau. Absorbés par les racines, ces dissolutions s'élèvent dans la tige et de là se répandent dans les branches, dans les rameaux et finalement dans les feuilles, subissant, durant ce trajet, une sorte de condensation qui est plus active dans les feuilles que dans tous les autres organes.

1. Georges Ville, *La Production végétale.*
2. Georges Ville, *La Production végétale.*

D'ailleurs, disons bien vite que si, à la vérité, les plantes se composent de quatorze éléments irréductibles, dont les innombrables combinaisons déterminent et constituent l'infinie variété de types du régne végétal, quatre seulement, de ces quatorze éléments, doivent préoccuper l'agriculteur. Tout le reste, en effet, la plante sait se le procurer toute seule, par des emprunts faits au sol, à l'air atmosphérique et à l'eau du ciel. Ces quatre éléments cardinaux sont : l'*azote*, l'*acide phosphorique*, la *potasse* et la *chaux*.

Ils ne représentent cependant guère que les trois centièmes de la plante en moyenne, mais ils n'en jouent pas moins un rôle prépondérant, essentiel, capital, puisque sans eux toute végétation est impossible. Ils sont à la végétation ce que le sucre du raisin est au vin fait, ce que le chlore et le sodium sont au sel de cuisine, c'est-à-dire la matière première du produit lui-même.

Certes, les dix autres éléments, — depuis le carbone jusqu'à la soude, depuis la magnésie jusqu'à l'oxygène, — ne sont pas moins indispensables. Mais on peut être assuré d'avance que pour ceux-ci, ils ne feront jamais défaut, par l'excellente raison que les sources naturelles d'où ils procèdent sont intarissables, à moins de circonstances très exceptionnellement défavorables. Il n'en est pas de même des quatre

« fertilisants » dont la provision est capricieuse et limitée.

Pour fabriquer une plante ou pour que, *proprio motu*, elle se fabrique elle-même, ces quatre facteurs sont insuffisants, mais ils sont nécessaires. Il est possible qu'ils préexistent dans le sol, auquel cas point n'est besoin, jusqu'à nouvel ordre, d'en prendre souci. Mais il est également possible que, à la différence des autres éléments, ils fassent défaut; il est également possible, — il est même certain, — que la consommation allant plus vite que leur reproduction spontanée, tôt ou tard, leur stock s'épuisera, d'où l'obligation pour l'agriculteur de les importer méthodiquement du dehors, sous forme d'engrais.

Rappelons en outre que, suivant les espèces végétales, ces quatre éléments varient d'importance et d'efficacité, en ce sens que la fonction de chacun d'eux est tantôt prééminente, tantôt subordonnée, certaines plantes ayant *surtout* besoin d'azote, certaines plantes ayant *surtout* besoin de potasse, certaines plantes ayant *surtout* besoin d'acide phosphorique, d'où il résulte que, suivant la plante mise en culture, suivant la richesse du sol au point de vue de l'un ou de l'autre de ces éléments, il faudra dans l'apport des engrais de restitution, forcer, suivant les cas, la dose d'azote s'il s'agit du blé, par exemple, forcer la dose de potasse s'il s'agit de vignes ou de pommes de terre, forcer la dose d'acide phosphorique s'il s'agit de maïs ou de canne à sucre. C'est ce que l'on appelle fournir à la plante sa *dominante.*

Et la preuve expérimentale que si la plante est privée de l'un des éléments constitutifs nécessaires à son organisme et surtout de sa dominante, elle ne peut avoir qu'une végétation souffreteuse, qu'elle s'étiole et ne donne qu'un produit insignifiant, elle résulte des expériences pratiquées par M. Georges Ville dans les circonstances que nous allons rappeler ci-après :

Tout d'abord, M. Georges Ville prit un pot de porcelaine plein de sable calciné au four, et, par conséquent, réduit au dernier degré de l'inertie. Sur ce sable flambé, véritable terre de désolation, simplement arrosé avec de l'eau distillée, il sema du froment.

Bien entendu, le produit fut médiocre ; mais il ne fut pas nul. Le chaume obtenu, gros comme une aiguille à tricoter, mesurait à peine vingt centimètres, et l'épi, réduit au plus mince volume, ne contenait pas de grain. Cependant, il y avait eu création : 2 grammes de semence avaient donné 6 grammes.

Or, le sol, stérilisé par le feu, ne contenant évidemment aucun agent de fertilité, l'excédent (4 grammes) ne pouvait donc provenir que de l'eau d'arrosage et de l'air ambiant.

Pour en être encore plus sûr, M. Georges Ville, dans une deuxième expérience, ajouta du carbone à la graine et au sable. Le résultat fut identique : toujours 6 grammes de récolte! Il était donc acquis que le carbone, qui entre cependant pour 45 ou 50 0/0 au moins dans la composition des tissus végétaux, ne provient pas du sol, puisque quand on met du carbone dans la terre, il y reste inutilisé !

Dans une troisième expérience, M. Georges Ville ajouta au sable, en sus du carbone, de l'hydrogène et de l'oxygène, sous la forme d'un composé spécial. Le résultat fut le même, et les 6 grammes ne s'augmentèrent pas d'un atome.

Donc, pas plus que le carbone (45 à 50 0/0 de la plante), l'hydrogène (5 à 6 0/0) et l'oxygène (40 à 45 0/0) ne procèdent du sol.

M. Georges Ville alla plus loin. Au sable calciné il ajouta dix éléments dits minéraux : soufre, soude, magnésie, fer, chlore, manganèse, silice, phosphore, chaux et potasse. Puisque, d'après les expériences rapportées ci-dessus, sur les quatre éléments organiques (azote, hydrogène, oxygène et carbone) il en est trois (l'hydrogène, l'oxygène et le carbone) qui viennent tout seuls à la plante, cela équivalait donc à mettre à la disposition de la plante 13 sur 14 de ses éléments constituants.

Il n'en manquait plus qu'un seul : l'azote.

La récolte fut, en conséquence, un tant soit peu meilleure : 8 grammes au lieu de 6. Les dix éléments minéraux représentaient donc, pris ensemble, 2 grammes — soit le quart — du produit.

Il restait encore une tentative à faire. Au lieu de dix éléments minéraux, M. Georges Ville ajouta au sable calciné le quatrième élément organique, l'azote, dont les plantes — notez ceci — ne contiennent guère que 1 ou 2 0/0.

Cette fois, le résultat fut tout différent. La végétation resta précaire; mais, tandis que, dans les précédents essais, les feuilles étaient jaunes, languissantes et comme étiolées, elles prirent de la vigueur et une belle couleur verte. Immédiatement après la germination, la plante témoigna d'une vitalité intense, bientôt paralysée par on ne sait quelle influence occulte. Cependant, la récolte avait légèrement augmenté : 9 grammes au lieu de 8.

On voit la progression :

Dans le sable pur, la récolte est de 6 grammes.

Avec les dix minéraux, sans azote... de 8 grammes.

Avec la matière azotée seule... de 9 grammes.

Enfin, pour épuiser la gamme des combinaisons possibles, il restait à associer la matière azotée aux minéraux, à donner l'engrais complet.

Cette fois la récolte fut magnifique, avec des chaumes de plus d'un mètre et des épis, riches en grains, de 5 à 6 centimètres de longueur.

La démonstration était faite. Elle fut renouvelée, avec le même succès, pour les différentes variétés de cultures... La cause était gagnée, le mystère de la vie végétale définitivement percé à jour. On savait créer des plantes vivantes et prospères, comme on crée n'importe quel produit chimique. On savait à quelles conditions faire pousser du blé dans un sol inerte, à la rigueur, comme dans une bonne terre.

Que déduire de ces expériences?

C'est que la plante que l'on confie au sol doit y trouver, sans exception, tous les éléments qui concourent à sa végétation, sous peine de n'avoir qu'une existence précaire et misérable et que, privée de l'un d'eux, alors même que sa *dominante*, comme l'azote dans l'expérience ci-dessus, lui aurait été fournie en abondance, elle ne donnera que de maigres produits.

La première condition pour un cultivateur est donc de connaître la nature du sol qu'il prétend mettre en culture et, en même temps, les exigences particulières de la plante qu'il désire y faire végéter.

Sans doute, dans un terrain pauvre en acide phosphorique, il pourra, à la rigueur, faire prospérer du maïs ou de la canne à sucre, de même que dans une terre qui manque de potasse, il ne lui sera pas impossible d'obtenir une vigne vigoureuse ou un rendement abondant de pommes de terre. Mais ce ne serait qu'à la condition de fournir artificiellement, c'est-à-dire au moyen d'apports très coûteux, aux sols ainsi constitués, les éléments qui leur font défaut, pour répondre aux exigences de la plante qui leur serait confiée.

Ce serait là une opération tellement bizarre que nous ne nous y arrêterons même pas et nous nous bornerons à dire, à ce sujet, que chaque nature de terrain doit répondre à un genre particulier de culture, si on veut que celle-ci soit suffisamment rémunératrice.

La restitution, aux terres de culture, des principes fertilisants exportés par les produits annuels, est assez dispendieuse, pour que l'on ne complique point encore les difficultés et que l'on n'augmente pas les dépenses d'exploitation en se mettant dans l'obligation de créer, pour ainsi dire de toute pièce, un sol végétal approprié à un genre de plantation déterminé. D'autant plus qu'il est bien rare que, moyennant quelques améliorations apportées, au besoin, à certains terrains paraissant, au premier abord, se refuser à toute végétation, on ne parvienne à obtenir, au contraire, sur ces terrains, des résultats satisfaisants, à la condition, bien entendu, de ne les soumettre qu'à une culture intelligemment choisie, c'est-à-dire telle que celle-ci puisse y trouver les principes nutritifs dont elle est particulièrement avide, en laissant de côté ceux qui lui sont inutiles.

La connaissance de la constitution chimique des terres que l'on veut mettre en rapport est donc, nous le répétons, une condition essentielle de réussite et pour arriver à cette connaissance il paraît nécessaire de posséder quelques notions générales sur la formation des sols arables.

A cet égard, il y a deux phénomènes bien distincts à envisager : en premier lieu, la constitution géologique même du sol, c'est-à-dire des particules terreuses qui servent de support à la plante ; ensuite la formation du sol arable ou terre végétale proprement dite, dans laquelle les végétaux vont puiser, par leurs racines, la majeure partie des éléments nécessaires à leur nutrition et à leur développement.

CHAPITRE II

Le Sol : Sa constitution géologique. — Formation du sol végétal. — Origine de l'humus. — Le rôle de l'humus : son action sur le sol et sur la production. — Les différents éléments fertilisants : l'Azote ; l'Acide phosphorique ; la Potasse ; la Chaux ; Éléments divers. — Considérations générales sur le mode de fertilisation des terres.

Constitution géologique du sol. — Le sol est constitué par la désagrégation sous diverses influences physiques et mécaniques, ou par la décomposition résultant de combinaisons chimiques, des roches formant la croûte, le squelette terrestre.

Les influences physiques et mécaniques sont plus particulièrement exercées par l'eau qui, en s'infiltrant dans les interstices rocheux, et y subissant l'action de la dilatation lorsque le froid la saisit, y agit tout comme un coin enfoncé dans un arbre et fait éclater, par fragments, les éléments agglomérés qui roulent en débris dans le lit des torrents, des rivières et des fleuves, s'entrechoquent, se réduisent en morceaux toujours plus ténus, s'usent les uns contre les autres, jusqu'au moment où ils ne forment plus qu'une poussière, qu'un limon plus ou moins dense se déposant sur le rivage ou précieusement recueilli par la main des hommes. Cette même eau, en tombant à l'état de pluie, sur les cimes dénudées de nos montagnes, produit, plus lentement il est vrai, mais aussi sûrement un effet identique, de telle sorte que chaque jour, pour ainsi dire, le sol de nos plaines s'enrichit au détriment de nos rochers qui s'amoindrissent.

Une autre action de même nature est exercée tout aussi énergiquement, par les racines des arbres ou arbustes de toutes sortes qui, en se glissant au travers des fissures des rochers, les font aussi éclater à la longue, en même temps que certains végétaux inférieurs tels que lés lichens qui vivent à la surface de ces rochers, contribuent d'une manière active à leur désagrégation, en raison de l'humidité dont ces végétaux, qui en sont très avides, y entretient à l'état presque constant.

Les influences chimiques qui contribuent à la décomposition des roches, dérivent de l'eau et de l'air, qui par l'oxygène entrant dans la composition de l'un comme de l'autre de ces deux éléments, mais encore plus par l'acide carbonique qu'ils contiennent presque toujours chacun, forment avec certains principes constituant la nature même de diverses roches, des combinaisons chimiques qui modifient leur manière d'être, les délitent, les réduisent en poussière que le vent ou la pluie emporte ensuite sur le sol.

Bien d'autres causes physiques, mécaniques et chimiques contribuent à cette dissociation des agglomérations calcaires et à leur transformation en particules terreuses : les cailloux avec lesquels on fera les routes et les maisons elles-mêmes qui tombent en ruine et dont on a tiré les matériaux du sein des carrières pierreuses, deviennent peu à peu des poussières qui vont fertiliser nos champs. Disons pour en finir avec ce thème, qu'insensiblement le sol de nos vallées et de nos plaines s'élève en raison des apports continus de matières dont elles bénéficient, tandis que celui de nos montagnes s'abaisse au contraire. Voilà pourquoi des monuments et des villes entières ont pu être submergés sous la poussière du temps.

Cependant il s'en faut que toutes ces roches arrivées à l'état absolu de désagrégation, aient le même pouvoir fertilisant. Chacune d'elles, au contraire, a son caractère propre, une composition chimique ou physique particulière et suivant que leurs débris restent à l'état isolé ou bien se mélangent entre eux, le sol qu'ils constituent est fertile ou réduit à la stérilité, en un mot conforme à la nature des roches qui lui a donné naissance.

C'est ainsi que les *granits*, formés essentiellement de feldspath, de quartz et de mica; les *gneiss* qui ne sont, en réalité, que des granits schisteux dans lesquels le mica domine; les *schistes* et les *micaschistes* formés de quartz et de mica; les *porphyres* qui contiennent du quartz et du feldspath, forment, en se désagrégeant, des terres très argileuses, très dures et imperméables, contenant peu de chaux et d'acide phosphorique, mais abondamment pourvues de potasse, terres que l'on peut transformer d'une manière complète et de stériles rendre très fertiles, en leur apportant la chaux et l'acide phosphorique qui leur manquent.

Encore ces différentes roches ne se résolvent-elles pas toutes de la même manière, et tandis que nous voyons le feldspath, par exemple, essentiellement formé de silicate d'alumine et de potasse, avec des quantités variables mais généralement très faibles de soude, de magnésie et de chaux, s'hydrater facilement et, sous l'action de l'eau et de l'acide carbonique aérien, se réduire en éléments d'une extrême ténuité qui forment l'argile dont le rôle est si important au point de vue de la formation des terres, nous constatons, au contraire, que le quartz, dont la dureté est très grande, reste ordinairement sur place à l'état de grains dont les eaux n'entraînent que les particules les plus fines et forme des *sables* granitiques à des degrés de finesse très variés.

Disons de suite, puisque nous parlons des sables granitiques, qu'inaptes à constituer, par eux-mêmes, des terrains susceptibles de fournir une végétation autre que chétive et misérable, il peuvent jouer, au contraire un rôle très important et très efficace, lorsqu'ils sont mélangés avec les autres éléments constitutifs du sol. C'est ainsi qu'ils diminuent la ténacité des terres compactes, des terres argileuses par exemple, qu'ils les rendent plus perméables et qu'ils augmentent l'ameublissement du sol en lui apportant généralement les éléments potassiques qui peuvent leur faire défaut. Cependant tous les sables d'origine granitique ne sont pas riches en potasse; quand le granit est très siliceux, il ne laisse sur place, après lavage par les eaux, que les grains de quartz presque pur.

Les roches volcaniques, au contraire : *basaltes*, *trachytes* et *laves*, produits d'origine ignée, subissant une désorganisation plus facile que les granits, sont généralement riches en chaux et en acide phosphorique, dans des proportions moyennes qui varient, pour les *basaltes*, de 10 à 12 0/0 de chaux et de 0.5 à 1 0/0 d'acide phosphorique; pour les *trachytes*, de 5 à 10 0/0 de chaux et 0.5 d'acide phosphorique; pour les *laves* de 5 à 10 0/0 de chaux et 1 0/0 au moins d'acide phosphorique. Ces roches en se réduisant et qui, par surcroît, contiennent des quantités notables de potasse 2 à 6 0/0, forment, dès lors, ces dernières surtout, des terres arables d'une très grande richesse et aptes à la production de toutes les récoltes.

Les sols provenant de la décomposition des *grès*, dans lesquels la chaux, l'acide phosphorique et la potasse, dépassent rarement la proportion de 0.02 0/0, ne peuvent être considérés que comme des terrains d'une pauvre fertilité tout au plus aptes à la production des arbres (pin sylvestre, épicéa, sapin argenté), dont les racines peuvent aller au loin chercher leur nourriture. Mais leur grande perméabilité permet de les irriguer et de mettre ainsi, à leur disposition, les matières utiles contenues dans l'eau. On a pu établir ainsi de bons pâturages, principalement dans les Vosges.

Enfin les terrains dérivés de la désagrégation des *roches calcaires*, marbres, craies et en général, comme leur nom l'indique, essentiellement formées de carbonate de chaux, manquent ordinairement de potasse, ou n'en contiennent que dans la proportion de 0.02 à 0.05 0/0, mais en revanche ils sont assez riches en acide phosphorique : 0.46 à 0.95 0/0. Ces terrains en raison de leur pénurie en potasse sont presque stériles à l'état naturel et la fertilité ne s'y établit que lorsque l'argile et le sable s'y mêlent en proportions convenables, ou bien lorsque le voisinage des villes ou villages permet d'y apporter la potasse et les matières organiques.

Formation du sol végétal. — Toutefois, et fort heureusement, dans la plupart des cas, les sols ne sont pas toujours exclusivement constitués avec les particules terreuses des roches dont les circonstances ont amené la désagrégation dans leurs alentours, car alors, ainsi que nous pouvons nous en rendre compte par ce qui précède, sauf les terres provenant des roches volcaniques, aucune autre n'offrirait un degré de fertilité suffisant.

Mais — et ici nous laissons la parole à MM. Müntz, professeur directeur des laboratoires à l'Institut national agronomique, et Girard, chef adjoint des travaux chimiques au même Institut, à l'ouvrage[1] remarquable desquels nous empruntons tout ce qui va suivre. — « Ce qui constitue la terre végétale proprement dite est le résultat du mélange de ces divers éléments, dont chacun apporte son pouvoir fertilisant propre, tout en perdant, par le contact avec les autres, ses propriétés physiques désavantageuses, c'est-à-dire que les qualités individuelles de ces différentes terres persistent, tandis que leurs défauts individuels disparaissent. Un sol ne peut être regardé comme complet qu'à la condition de renfermer une certaine proportion de ces trois principes : sables, argile, calcaire. Quelquefois la main de l'homme peut, dans une certaine mesure, opérer ces mélanges; mais, ordinairement, cette modification du sol entraîne des dépenses trop élevées. C'est seulement dans le cas où l'élément qui fait défaut dans le sol, se trouve à une petite distance ou existe dans le sous-sol d'où le défoncement peut le ramener à la surface, qu'il peut y avoir un avantage économique à modifier la constitution de la terre; mais, en général, la nature

1. *Les Engrais*. 2. vol. par Müntz et Girard. Librairie Firmin-Didot et Cie, à Paris.

a opéré elle-même ces mélanges, en déposant dans les mêmes lieux, soit simultanément, soit successivement, dans le fond des mers géologiques, les matériaux qui forment la terre arable.

» Ainsi dans les mêmes eaux, nous pouvons rencontrer en dissolution le bicarbonate de chaux enlevé aux roches calcaires, et en suspension les limons formés d'argile et de sables fins; la précipitation de ces matières charriées ensemble peut se faire sur un même fond. D'ailleurs les cours d'eau qui entraînent avec eux les éléments des roches que chacun d'eux a traversés, mêlent leurs eaux et forment ainsi des dépôts complexes qui, plus tard, mis à sec, ont constitué des sols complets.

» Ce qui précède suffit pour nous rendre compte, d'une manière générale, de la composition chimique et de la constitution physique des terres et pour nous mettre sur la voie des améliorations qu'il convient de leur apporter, suivant leur origine.

» Un examen sommaire des terres peut aussi donner d'utiles renseignements; si, par exemple, par le délayage dans l'eau, nous constatons la présence de notables quantités d'argile mise en suspension, nous pouvons dire d'un côté que ces terres sont suffisamment compactes, de l'autre qu'elles ne manquent pas de potasse; si nous constatons qu'elles produisent une forte effervescence, avec de l'acide sulfurique par exemple, nous sommes certains d'y avoir une quantité suffisante de chaux et généralement aussi d'acide phosphorique.

» Mais l'analyse chimique faite dans le laboratoire peut mieux, assurément, déterminer les éléments qui font défaut dans un sol. Il est toujours utile d'y recourir bien que, dans notre pensée, il ne faille pas attribuer à l'analyse des terres une importance exagérée. Nos moyens d'investigation sont encore bien imparfaits, surtout en ce sens que nous ne pouvons pas distinguer, au laboratoire, les proportions des matières fertilisantes dosées qui se trouvent susceptibles d'être assimilées par les plantes.

» La plupart des auteurs qui s'adressent aux agriculteurs, décrivent dans leurs ouvrages, les procédés d'analyse des terres, en laissant croire que ces déterminations sont à la portée des praticiens. Nous nous garderons de suivre cet exemple, car, à notre avis, l'analyse des terres est une opération des plus délicates et n'est abordable qu'aux chimistes de profession.

» A défaut de l'analyse chimique, l'observation bien conduite peut fixer le cultivateur sur la nature de son sol et sur la convenance des fumures qu'il faut lui donner. Ainsi l'examen des plantes qui croissent spontanément sur les terrains, montre, dans une certaine mesure, quelle est la nature de celui-ci.

» La digitale pourprée, l'arnica des montagnes,

le sureau à grappes, le châtaignier et le framboisier, caractérisent les roches granitiques.

» L'arobanche rouge est plus spéciale aux régions basaltiques.

» Les légumineuses poussent, de préférence, dans les sols calcaires qui sont assez bien spécifiés par l'abondance des sainfoins, des trèfles, de la minette, du mélampyre, des fléoles, de l'anémone pulsatile, de l'arête-bœuf; tandis que la matricaire, l'oseille, la bruyère, l'ajonc, la fougère, les houlques annoncent des sols qui sont dépourvus de chaux.

» D'autres plantes telles que le tussilage ou pas d'âne, l'hièble, la potentille ansérine se rencontrent dans les argiles; la chicorée sauvage, l'inule, dans les terres qui ont un sous-sol argileux.

» Les terrains bourbeux contiennent, à côté des carex et des sphaignes, la pédiculaire, le jonc et la linaigrette qu'on reconnaît à son duvet cotonneux.

» Les sables se recouvrent de spergules et de pensées sauvages, de houlque laineuse, d'élyme et de roseau des sables; le chiendent et l'avoine à chapelet se plaisent sur de tels sols.

» Ces indications n'ont pas une valeur absolue; mais elles peuvent, cependant, donner des renseignements utiles, lorsqu'elles se présentent avec un caractère de généralité.

» Un procédé sûr, mais qui demande un temps

très long, est l'expérimentation directe par des essais de culture et de fumure. Cette expérimentation doit toujours être faite, ne fût-ce que sur une petite échelle, par les agriculteurs soucieux de leurs intérêts; elle consiste à essayer, dans le sol, la production de diverses plantes et à rechercher quelles sont celles qui y prospèrent; c'est à ces dernières qu'il faut donner la préférence dans la culture. Ordinairement la pratique agricole a fait l'élimination des végétaux dont la culture n'est pas avantageuse.

» Pour être fixé sur les engrais qu'il convient d'apporter au sol, suivant les diverses récoltes qu'on a en vue, il faut essayer, sur une petite surface, les différentes matières fertilisantes. Si l'une ou l'autre des matières fertilisantes employées ne produit aucun résultat sur la végétation, on peut en conclure que son application est inutile. Celles qui, isolées ou associées, auront augmenté la production végétale, doivent être regardées comme n'existant pas en quantité suffisante dans le sol, pour la production de récoltes abondantes; il y aura lieu, en conséquence, de les lui fournir. »

Origine de l'humus du sol. — « Dans ce qui précède, en étudiant la formation des terres par la désagrégation des roches, nous n'avons pas eu à parler du quatrième élément constitutif, de la terre végétale, l'humus. Celui-ci, en effet, a une autre origine; nous devons montrer comment il a pu se produire. Sur les terres primitivement constituées par la désagrégation des roches et uniquement formées de matières minérales, la végétation ne tarde pas à se développer et des générations successives de plantes y laissent, sous forme de matières organiques, une partie du carbone qu'elles avaient soustrait à l'atmosphère; c'est là l'origine de la matière humique dont le rôle est si important au point de vue de la qualité de la terre arable. Suivant que les résidus de la terre végétale ont trouvé, dans le sol, des conditions plus ou moins favorables à leur conservation, l'accumulation de matières organiques est plus ou moins grande.

» L'humus ou matière brune, dont la présence caractérise la terre végétale et dont la proportion influe d'une manière considérable sur la fertilité, est le résultat de la décomposition et de la pourriture des corps organiques et spécialement des résidus végétaux, sous l'influence des agents chimiques et, plus encore, sous celle d'organismes microscopiques; ces débris de la vie se trouvent dans un état de transformation et de modification permanent, depuis le moment où ils sont apportés à la terre, jusqu'à celui où ils en sont éliminés. Les diverses formes que revêt la matière organique du sol donnent naissance à un certain nombre de substances carbonées dont les unes sont neutres, les autres acides et qui n'ont pas encore pu être isolées à l'état d'espèces chimiques définies; on les rencontre toujours mélangées les unes avec les autres et leur séparation est impossible. Tous ces corps contiennent du carbone, de l'hydrogène, de l'oxygène et des quantités variables d'azote qui y est intimement combiné et qui ne peut pas leur être enlevé à froid, par l'action des alcalis ou des acides. Ces substances se présentent sous l'aspect de matières brunes ou noires incristallisables.

» Les corps humiques se trouvent ordinairement dans le sol, à l'état de combinaison avec les bases telles que la chaux, la magnésie, la potasse, la soude, l'oxyde de fer et l'alumine, combinaisons qui ont un pouvoir colorant très grand et auxquelles le sol arable doit, en grande partie, sa couleur plus ou moins foncée.

» Divers chimistes ont reproduit, artificiellement, des corps analogues par la décomposition de substances organiques comme les sucres, la cellulose, etc. Suivant qu'on opère cette décomposition en présence ou en l'absence d'oxygène, la nature du corps obtenue est différente. On a donné le nom de *corps ulmiques* à ceux qui se forment en présence de l'oxygène, et de *corps humiques* à ceux qui se produisent au sein de l'eau où l'oxygène n'a pas un accès suffisant. Cette classification n'a pas beaucoup sa raison d'être, puisque les propriétés des sols qui contiennent l'un ou l'autre de ces deux corps, ne diffèrent pas sensiblement. Nous continuerons donc à employer le terme général de matières humiques ou de corps bruns, pour désigner les diverses formes que la matière organique peut revêtir dans le sol. Une partie de ces corps bruns se dissout dans les alcalis; une autre partie y est insoluble, mais l'état de transformation perpétuelle dans lequel ils se trouvent les rend incessamment solubles. Les résultats ultimes de leur décomposition sont l'acide carbonique et l'eau.

» Au point de vue chimique, le rôle de l'humus est des plus importants; l'azote qu'il renferme se transforme graduellement en ammoniaque et surtout en nitrate pouvant être utilisés par les plantes. Par sa combustion lente, il donne naissance à de l'acide carbonique qui peut servir d'aliment aux végétaux et qui a le rôle le plus important d'agir sur les éléments du sol dont il facilite la transformation et la solubilisation. De plus il forme, suivant M. Grandeau, des combinaisons avec divers principes fertilisants, comme l'acide phosphorique, la potasse etc., qu'il peut offrir aux plantes à un état plus assimilable. M. Risler a montré depuis longtemps que l'humus a une action dissolvante vis-à-vis des feldspaths et des phosphates.

» L'humus a une propriété précieuse qu'il communique au sol, c'est de pouvoir retenir, en vertu d'une faculté absorbante qui lui est propre, quelques-uns des éléments fertilisants les plus utiles, tels que l'ammoniaque, la potasse, etc.; il empêche, ainsi, ces principes d'être enlevés par les eaux et perdus pour la végétation. Ce sont surtout les bases, sur lesquelles il exerce cette action si favorable.

» Pendant longtemps on avait cru que l'humus possédait un pouvoir absorbant pour les gaz; les expériences de M. Schlœsing ont prouvé qu'il n'en est rien et que ce corps n'a pas de propriété analogues à celles d'autres corps poreux, comme le noir animal.

» Les qualités physiques qu'il communique à la terre sont plus importantes, peut-être, que ses propriétés chimiques; c'est principalement à l'humus que la terre doit cet ameublissement qui est si favorable au développement des plantes. Son apport dans un sol qui en manque, modifie complètement la nature de celui-ci et la modifie toujours dans un sens favorable, quelle que soit la terre sur laquelle on opère; c'est ainsi qu'il donne du corps aux terres trop légères et qu'il ameublit les terres trop fortes.

» Par la coloration qu'il communique au sol, il rend celui-ci apte à absorber les radiations calorifiques du soleil, ce qui est une propriété utile, surtout dans les climats tempérés.

» Le terreau est donc un élément précieux, indispensable même pour la fertilité des sols; il faut se garder de le laisser disparaître, ce qui peut arriver par l'emploi exclusif des engrais chimiques. Un sol qui ne recevrait pour fumure que des éléments minéraux, sans adjonction de matières organiques, telles que fumiers, engrais verts, etc., ne tarderait pas à perdre ses qualités.

» M. Grandeau attribue à la matière humique un autre rôle qui consiste à former avec les éléments minéraux de véritables combinaisons et à les offrir ainsi aux racines des plantes sous une forme dont celles-ci peuvent s'emparer. Ce fait se constate si on dissout dans l'ammoniaque les éléments noirs du sol, ceux-ci entraînent en dissolution des substances insolubles dans l'eau, des phosphates, par exemple. En dialysant une pareille solution, les phosphates se séparent de leur combinaison avec la matière organique. Si au dialyseur on substitue, par la pensée, les racines des plantes qui sont de véritables dialyseurs, un effet analogue doit se produire. Le phosphate séparé de sa combinaison avec la matière humique, entrera dans l'organisme végétal.

» Mais dans les terres où l'humus existe en combinaison avec la chaux, à l'état insoluble, cette action ne semble pas devoir se produire. »

Le rôle de l'humus. — Nous ne terminerons pas ce rapide et brillant exposé sans insister sur l'importance de cette matière organique, d'origine animale ou végétale, que les chimistes désignent sous le nom de humus et que le vulgaire appelle simplement terreau.

On a longtemps discuté le rôle de ces substances en agriculture, et aujourd'hui encore, deux écoles se trouvent en présence.

L'une, qui a eu à sa tête le célèbre chimiste allemand Liebig, et dont M. Georges Ville est un des plus fervents adeptes, soutient qu'avec le seul concours des engrais minéraux, on peut maintenir indéfiniment et augmenter la fertilité du sol.

L'autre, dont de Saussure a été l'un des premiers défenseurs, tout en faisant une part équitable à l'efficacité des engrais chimiques, est d'avis que la présence d'une certaine quantité d'humus dans le sol est nécessaire à une production abondante et économique.

La discussion en était là, lorsqu'un savant mémoire de M. Dehérain est venu jeter un jour nouveau sur cette question si importante pour le cultivateur.

Relatons d'abord l'expérience qui a donné lieu à ses observations.

A l'École nationale d'agriculture de Grignon, deux pièces de terre ont été soumises, pendant douze ans consécutifs, à des traitements différents. L'une avait été laissée sans engrais; l'autre avait été fumée régulièrement à l'engrais de ferme.

Au bout de cette période, les deux pièces ont été ensemencées en betteraves. A la récolte, la pièce fumée donnait 40,000 kilos de racines, tandis que l'on n'en récoltait que 14,000 kilos sur la pièce non fumée.

Jusque-là, rien d'étonnant; mais il était important de connaître à l'absence de quel élément fertilisant était plus particulièrement due cette énorme diminution de récolte.

L'analyse comparative démontra qu'au point de vue des éléments actifs, azote, potasse, acide phosphorique, l'épuisement de la parcelle sans fumure, bien que plus sensible que sur l'autre parcelle, ne l'était pas cependant à un degré suffisant pour expliquer un si fort déficit dans la production. Mais il n'en n'était pas de même en ce qui concerne la matière organique. Tandis que la terre fumée contenait autant d'humus qu'au début de l'expérience, la parcelle non fumée en avait perdu plus de la moitié.

Ce n'était donc pas à l'absence des éléments minéraux, mais bien à la déperdition de la matière organique du sol qu'il fallait attribuer la diminution de récolte.

De cette expérience découlent deux faits importants : le premier, c'est que la matière organique du sol s'épuise plus vite que ses éléments minéraux; le second, c'est que cette substance est absolument nécessaire au maintien de la fertilité du sol.

Comment s'use la matière organique?

Nous avons vu que le terreau est une substance très riche en carbone extrêmement divisé. En contact avec l'air contenu dans le sol, il s'oxyde et se consume lentement, en donnant lieu à un dégagement faible, mais constant, d'acide carbonique. Cette oxydation de l'humus est d'autant plus active que les labours sont plus fréquents.

L'humus a quatre modes d'action. Il agit comme amendement, comme engrais, comme dissolvant et comme nitrifiant.

I. *Comme amendement.* — 1° L'humus étant très léger, favorise singulièrement l'ameublissement du sol et en augmente la perméabilité ; il convient donc surtout aux terres compactes ; 2° il est poreux, spongieux et capable d'absorber une quantité d'eau supérieure à son poids. Il retient cette eau fortement, ne la cède que peu à peu, au fur et à mesure du besoin des plantes, leur permettant ainsi de lutter plus longtemps contre la sécheresse ; 3° chacun sait que les terres blanches se réchauffent très difficilement ; par sa couleur noire ou d'un brun foncé, l'humus favorise l'absorption des rayons solaires par les terres qui s'échauffent facilement et conservent mieux leur chaleur.

II. *Comme engrais.* — De Saussure, et après lui plusieurs chimistes allemands, avaient entrepris des expériences qui semblaient établir que l'humus pouvait être absorbé directement par les plantes. Leur opinion était corroborée par ce fait bien connu que les terres noires, riches en terreau bien consumé, sont presque toujours d'une grande fécondité. Malgré l'évidence de ces résultats, un grand nombre de chimistes et d'agronomes niaient encore cette absorption directe.

Les récentes recherches de M. Dehérain l'amènent à conclure que la matière organique du sol sert directement d'aliment à la plante. Il le démontre par l'expérience suivante :

Dans un grand pot n° 1, il place une bonne terre végétale riche en humus. Dans un autre pot n° 2, semblable au premier, il place de la terre dépourvue d'humus, mais contenant, en bonne proportion, tous les éléments minéraux nécessaire à la végétation.

Une betterave fut plantée dans chacun de ces pots. A la fin de la période de végétation, la betterave du pot n° 1 pesait 410 grammes, tandis que celle du pot n° 2 ne pesait que 92 grammes.

D'où M. Dehérain conclut avec raison que le terreau a servi d'aliment à la plante dans l'expérience n° 1.

III. *Comme dissolvant.* — Beaucoup de substances du sol, telles que les phosphates, peu solubles dans l'eau pure, se dissolvent très bien dans l'eau aiguisée d'acide carbonique. L'humus, en produisant un dégagement de cet acide dans le sol, concourt donc puissamment à solubiliser les matériaux du sol et à faciliter ainsi leur absorption par les racines.

IV. *Comme agent de nitrification.* — Les agronomes sont à peu près d'accord pour admettre que l'azote des matières organiques doit préalablement avoir passé à l'état de nitrate pour être absorbé par les végétaux. Or, les recherches de MM. Schlesing et Muntz ont établi que sous l'action d'un ferment spécial, qu'ils nomment ferment nitrique, la matière azotée du terreau se transforme en nitrate.

Il résulte de ce qui précède, qu'il ne suffit pas, pour obtenir d'abondantes récoltes, de fournir aux plantes les éléments minéraux dont elles ont besoin, mais qu'il faut encore que les engrais chimiques soient confiés à un sol suffisamment pourvu d'humus. D'autre part, comme cet humus se consume assez rapidement, il est nécessaire de revenir de temps à autre aux engrais organiques pour en maintenir dans le sol un approvisionnement convenable. De là l'opportunité de l'association des engrais minéraux avec les engrais organiques et la condamnation de la doctrine de l'emploi exclusif des engrais chimiques.

Si l'on peut citer des exemples de terres donnant depuis longtemps de belles récoltes sans fumure organique, c'est que ces terres ont dû être, en principe, fort riches en vieil humus; mais on peut affirmer qu'un moment viendra où leur production diminuera.

L'humus doit donc être considéré comme le complément et le plus puissant adjuvant des engrais chimiques.

La principale source d'humus, dans la plupart

des exploitations, est le fumier qui sur 1,000 kilogrammes contient plus de 200 kilogrammes de matières susceptibles de se transformer en terreau. Une excellente pratique pour tous les végétaux cultivés consistera donc dans l'emploi d'une demi-fumure au fumier de ferme, complétée par un engrais chimique adapté aux exigences de la plante à cultiver, ou bien dans l'alternance du fumier et des engrais minéraux.

Les terres de landes, de bruyères, de marais, de tourbières et de forêt nouvellement défrichées, possèdent un excès d'humus souvent à l'état acide. Là, la chaux, les cendres, les phosphates fossiles et les engrais chimiques, employés seuls, produiront des effets merveilleux, tant que l'approvisionnement en humus ne sera pas usé.

Indépendamment du fumier de ferme, il est une foule d'autres matières qui se perdent journellement et qui seraient très propres à augmenter la masse de ce précieux agent de fertilité. Toutes les substances végétales et animales doivent être recueillies soigneusement pour en faire des composts. C'est en grande partie à l'humus qu'ils contiennent que ceux-ci doivent leur action si énergique sur la végétation. On ne saurait trop en faire dans une exploitation rurale.

On peut employer à cet usage parmi les matières animales : les débris de boucheries, de tanneries, de cuir, de laine, les corps des animaux morts, etc., etc.; parmi les matières végétales :

les blaches, les pailles, les fourrages avariés, les feuilles mortes, les balayures, les marcs de raisins et de fruits, les débris de cuisine, etc., etc. Toutes ces matières associées à la terre ou à des marnes, se transformeront en humus après avoir subi une fermentation convenable.

Enfin, il est encore un puissant moyen d'accroître ses ressources en humus, c'est l'emploi des engrais verts. Avec ceux-ci et des engrais chimiques, on peut se passer de fumier.

On appelle engrais verts, des plantes destinées à être enfouies vertes au moment où elles ont acquis leur plus grand développement. On choisira à cet effet des végétaux vigoureux, susceptibles de végéter en terrains maigres, dont la semence soit peu coûteuse et pouvant produire en peu de temps une grande masse de substance végétale.

Parvenues en pleine floraison, ces plantes sont fauchées ou roulées et enfouies immédiatement par un labour.

La pratique des engrais verts est surtout avantageuse sur les coteaux secs et chauds où ils se décomposent plus rapidement en maintenant une certaine fraîcheur dans le sol et dans les lieux escarpés où le défaut de chemins rend impossibles les apports de fumier.

Ceux de nos lecteurs qui ont lu attentivement les pages qui précèdent, qui s'en sont bien pénétrés — et nous estimons qu'on aurait eu tort de ne pas le faire, car, quoique toutes de théorie, pour ainsi dire, elles mettent sûrement sur la voie pratique et élucident bien des petits problèmes qu'on ne s'expliquerait pas sans cela, — ceux de ces lecteurs, disons-nous, sont déjà, d'une manière générale, mais, il est vrai, assez vague, en possession de certaines données se rattachant au phénomène végétatif et aux principes d'où dérivent, exclusivement, la valeur agricole, la formation et l'amélioration des terres, en un mot tout ce que comporte une bonne et intelligente culture.

Mais avant d'aborder la pratique même de la culture, dans ses rapports avec les éléments fertilisants qu'elle emprunte au sol, soit que celui-ci en contienne en quantité suffisante pour faire face à tous ses besoins, soit qu'on les lui complète par des apports raisonnés, il convient, précisément, que nous disions quelques mots au sujet de ces éléments.

Les différents éléments fertilisants. — Nous avons dit plus haut que si quatorze éléments concourent, il est vrai, au développement des végétaux, quatre, seulement, d'entre eux, offrent un intérêt majeur, soit : l'azote, l'acide phosphorique, la potasse et la chaux, les dix autres se trouvant généralement, en proportion suffisante dans le sol, pour que l'on n'ait pas besoin de s'en préoccuper, ou étant fournies à la plante par l'air atmosphérique et l'eau du ciel.

Suivant que ces quatre éléments se trouvent en plus ou moins grande quantité dans le sol, celui-ci est plus ou moins fertile; il est stérile si l'un d'eux fait défaut. Ajoutons que les récoltes successives en enlèvent chaque année une partie et que si les terres d'où on les exporte, ne les renferment pas en excès, elles s'en trouvent bientôt privées, et il importe alors de les leur restituer sous forme de fumure.

Nous n'avons pas besoin de dire que certains terrains peuvent contenir l'une ou plusieurs de ces substances en grandes proportions, tandis qu'ils seront moins bien partagés pour les autres. C'est l'analyse chimique à laquelle il sera toujours très avantageux de recourir, qui fixera le cultivateur à cet égard.

Du reste, on sait déjà que telle ou telle culture est plus avide que telle autre, de l'un ou de l'autre de ces éléments et qu'il conviendra, par suite, ou bien de réserver exclusivement à un sol déterminé, la culture de la plante qui y trouvera son élément de nutrition favori, *sa dominante*, ou bien de lui fournir cet élément.

Examinons donc ces éléments.

L'Azote. — L'azote est assimilé par les végétaux, sous des formes très dissemblables, que l'on peut ramener cependant aux trois suivantes :

1° Les nitrates (AzO^5NaO) ;

2° L'ammoniaque (AzH^3) ;

3° L'azote organique.

Mais l'azote à ces trois états, n'est pas également assimilable et ne convient pas, au même degré, à tous les végétaux indistinctement. Les uns ont besoin de trouver dans le sol, des nitrates, des sels ammoniacaux ou des matières organiques azotées, et ne prospèrent qu'à ce prix, tandis que ces produits sont sans action sur d'autres plantes pourvues de la faculté d'absorber de préférence l'azote à l'état gazeux.

« Dès qu'on s'enquiert de l'origine de l'azote, fait remarquer M. Georges Ville[1] un premier fait vous frappe : les récoltes en contiennent beaucoup plus que les engrais qu'on leur a fournis. La différence atteint même des proportions énormes, si l'on a égard aux quantités d'azote toujours faibles qui se trouvent dans les végétaux. C'est ainsi que dans une culture de luzerne et de froment, on a pu constater que l'excédent annuel de la quantité d'azote contenue dans la récolte, sur celle apportée par les engrais, n'était pas inférieure à 162 kilos.

Encore faut-il ajouter que cet excédent est loin d'exprimer ce que la végétation a dû emprunter à une autre source, si l'on considère qu'il s'en faut de beaucoup que la totalité de l'azote contenue dans les engrais soit utilisée. Il s'en perd au moins 30 à 50 0/0 par les eaux pluviales et par les exhalaisons gazeuses qui émanent du sol.

D'où vient l'excédent d'azote accusé par les récoltes ?

(1) *La Production végétale*. 1 vol., par Georges Ville, p. 82.

M. Georges Ville démontre, formellement, qu'il convient de l'attribuer à l'azote même de l'air atmosphérique, à l'encontre de certains auteurs qui voudraient trouver cette source dans les matières azotées que la pluie ou la neige apportent à la terre et qui s'y trouvent dans des proportions infimes.

Quoi qu'il en soit et à part les exceptions dont les légumineuses sont l'exemple le plus remarquable, — celles-ci, en effet, trouvant un élément végétation moins favorable dans un sol auquel on a ajouté des nitrates et des sels ammoniacaux, — on peut dire que les végétaux s'assimilent plus facilement l'azote à l'état d'ammoniaque et de nitrate qu'à l'état gazeux. On constate même qu'à proportion égale d'azote, le nitrate de potasse produit plus d'effet que les composés ammoniacaux, ainsi qu'il ressort d'une manière évidente des résultats obtenus par M. Kuhlmann qui en répandant sur une prairie naturelle, des nitrates et des sels ammoniacaux, à doses égales, a obtenu des effets égaux, D'où il résulte clairement que les nitrates sont plus efficaces, puisque, à poids égal, ils renferment presque moitié moins d'azote. En effet le nitrate de soude du commerce contient de 15 à 16 0/0 d'azote, tandis que le sulfate d'ammoniaque en contient de 25 à 27 0/0.

Les matières organiques qui contiennent de l'azote exercent sur la végétation une action comparable à celle des sels ammoniacaux et des nitrates, par la simple raison que par leur décomposition, elles produisent de l'ammoniaque. Les bons effets du sang desséché, de la chair, des déjections animales et des fumiers en vert, sont dus à cette production, à la condition toutefois qu'elle se manifeste, ce qui n'arrive pas dans tous les sols, notamment dans les terres granitiques et dans celle de défrichement en général, où il peut se faire que le sol renferme de grandes quantités d'azote organique dont la plante ne peut tirer aucun parti. Cet azote n'aura de valeur que si l'on modifie ces terres de manière à les rendre aptes à nitrifier, c'est-à-dire à faire subir à l'azote organique les transformations qui le ramènent à l'état d'ammoniaque ou de nitrate.

Si nous modifions ces terrains, par l'apport d'éléments calcaires, nous voyons aussitôt des phénomènes chimiques nouveaux s'y produire; la nitrification s'y installe et l'azote qui était immobilisé à l'état de matière organique, devient rapidement assimilable.

Mais même dans un sol où la décomposition de la matière azotée se produit normalement, la nature même de cette matière azotée active ou ralentit cette transformation. Ainsi les éléments du fumier de ferme bien fait nitrifient plus facilement que ceux de la corne, de la laine ou d'autres engrais analogues et plus facilement aussi que l'azote organique qui existe dans le sol.

Ce n'est donc pas seulement le stock d'azote apporté ou existant naturellement dans le sol, qu'il s'agit de déterminer, mais encore et surtout son aptitude à la transformation.

« Dans la pratique agricole, remarque M. Georges Ville, on trouve des grands avantages à employer de préférence les sels ammoniacaux et le nitrate de soude. La fixité de leur composition, la sûreté de leur action, leur forme éminemment assimilable, leur assurent une supériorité marquée sur tous les composés azotés.

» Par cela même, ajoute-t-il, que ces produits sont doués d'une grande puissance, on ne saurait les répandre avec trop de soin et d'uniformité. On y parvient assez facilement en les mélangeant avec quatre ou cinq fois leur poids de terre passée à la claie et sur laquelle on verse quelques arrosoirs d'eau. On mêle à la pelle, les sels avec la terre, on forme un tas qu'on abandonne à lui-même pendant quarante-huit heures. Les sels se dissolvent en partie et se diffusent, par l'effet de la capillarité, dans toute la masse de la terre; on retourne encore une ou deux fois à la pelle et on répand à la machine ou à la main, immédiatement après le dernier labour. On herse et on sème.

» Le secret de la bonne culture, ajoute-t-il encore, consiste à faire alterner les plantes qui puisent l'azote dans l'air, avec celles qui ont besoin de la trouver dans le sol à l'état de nitre et de sels ammoniacaux et de réserver pour ces dernières tout ce qu'on peut se procurer de composés azotés.

» Les cultures qui puisent l'azote dans l'atmosphère ont été, à bon droit, appelées cultures améliorantes, puisqu'elles ont pour destination de réparer les pertes d'azote combiné, causées par la décomposition des engrais et l'alimentation des animaux; mais parmi ces cultures, il faut distinguer celles sur le développement et le rendement desquelles les composés azotés du sol n'exercent aucune action, de celles qui ne puisent l'azote dans l'air qu'à la condition rigoureuse d'en avoir trouvé dans le sol.

» En tête des premières, il faut placer le trèfle, les pois, les féveroles. La betterave a été considérée jusqu'ici comme le type par excellence des secondes; mais je crois qu'on sera amené à lui préférer le chou branchu et peut-être aussi le sorgho. Répétons-le, pour les plantes de cette catégorie, il faut nécessairement recourir aux engrais azotés; leur effet améliorant ne se produit qu'à ce prix.

» C'est par l'alternance de ces cultures opposées et l'administration raisonnée de l'engrais qui convient le mieux à chacune, qu'on réussit à élever le rendement ou le chiffre des récoltes, sans épuiser la terre. Mais tous les efforts de l'agriculture devront tendre à tirer le plus d'azote possible de l'air atmosphérique; l'un des services les plus utiles que la science lui a rendus a été, précisément, de mettre cette vérité dans tout son jour et de lui permettre de la réaliser. »

L'acide phosphorique. — L'acide phosphorique est un des éléments des plantes et des plus utiles; pour celles cultivées, en particulier, le phosphore est indispensable, surtout pour la fructification et Th. de Saussure a prouvé que toutes les graines en contenaient. Il est donc d'absolue nécessité que le sol en contienne un stock suffisant pour satisfaire aux besoins de la culture qu'on lui confie et de lui restituer ce qui lui est enlevé annuellement par les végétaux et par les animaux qui y puisent les matériaux de leur squelette.

La teneur des terres en acide phosphorique est très variable; celles qui sont d'origine granitique en sont, ordinairement, très pauvres, c'est-à-dire qu'elles n'en contiennent que des quantités inférieures à 0.5 p. 1000.

Les terres volcaniques, au contraire, sont très riches, elles en renferment jusqu'à 2 p. 1000; les terres calcaires en contiennent, le plus souvent, des proportions moyennes. On peut admettre qu'une terre qui en contient de 0.5 à 1 p. 1000 est moyennement riche; au-dessous de 0.5, elle est pauvre et a besoin d'engrais phosphatés. On peut la regarder comme riche entre 1 et 2 p. 1000.

Beaucoup de sols manquent de phosphate et se trouvent, par ce fait même, voués à la stérilité, ils ne donnent naissance qu'à une végétation chétive, composée d'espèces d'une faible valeur. Les hommes et les animaux qui vivent sur ces sols, souffrent, par contre-coup, de cette absence d'acide phosphorique.

D'après M. Risler, la véritable destination des terrains pauvres en acide phosphorique, est la végétation forestière qui exporte très peu de cet élément.

De pareilles terres sont d'ailleurs, faciles à améliorer; par l'apport d'engrais phosphatés, on est certain de les transformer en terres de bonne qualité.

Or les matériaux susceptibles de fournir l'acide phosphorique, aux terres où il fait défaut ou auxquelles il a été enlevé par les cultures, ne manquent pas.

Il existe, en effet, d'importants gisements de phosphate de chaux qui, mélangé à des proportions variables de carbonate de chaux et souvent de matières organiques, constituent en divers points du globe, des amas considérables qu'on utilise, aujourd'hui, pour les besoins de l'agriculture.

En 1887, on comptait, en France, vingt et un départements possédant des gisements de cette nature, dont l'étendue embrassait 30,000 hectares représentant, environ, 32 millions et demi de tonnes de phosphate de chaux d'une valeur de plus d'un milliard, valeur qui, par le travail, doit être centuplée.

Tous ces gisements ne sont pas, malheureusement, encore exploités, mais il faut espérer qu'ils le seront tous dans un avenir plus ou moins rapproché.

Les phosphates naturels furent d'abord employés tels qu'on les trouvait dans le sol, après une simple opération de broyage et concurremment avec les engrais phosphatés provenant des os; puis on en fit des superphosphates en traitant des phosphates riches par une proportion déterminée d'acide sulfurique, afin, prétend-on, de permettre à l'acide phosphorique d'être absorbé plus facilement et plus rapidement par les organes de la végétation,

Mais, en somme, les résultats obtenus, soit avec l'un, soit avec l'autre des matériaux employés, contenant de l'acide phosphorique en combinaison, ont été contradictoires. Leur degré d'assimilabilité est plus ou moins grand, suivant les milieux dans lesquels ils sont adoptés; ce degré dépend exclusivement, semble-t-il, de l'action plus ou moins immédiate ou active qu'exercent les agents chimiques que ces matériaux peuvent rencontrer dans le sol et qui les attaquent, les dissolvent ou les transforment. Or, on sait que la composition des sols varie à l'infini. De là, dans l'emploi des phosphates naturels, les différences de résultats très grandes.

Sous le rapport chimique, il existe trois phosphates de chaux différents.

En premier lieu, le phosphate de chaux tribasique de la formule PhO^5, 3CaO, dans lequel, pour un équivalent d'acide phosphorique, il y a trois équivalents de chaux. Ce phosphate entre dans la composition des os.

Secondement, le phosphate bibasique à deux équivalents de chaux seulement et dans lequel le troisième équivalent de chaux est remplacé par un équivalent d'eau, ce qui conduit à la formule suivante $PhO^5 \left\{ \begin{array}{l} 2CaO \\ HO \end{array} \right.$, c'est celui qui se forme lorsqu'on précipite le phosphate de soude par le chlorure de calcium.

Enfin le phosphate de chaux à un seul équivalent de chaux et à deux équivalents d'eau, $PhO^5 \left\{ \begin{array}{l} CaO \\ 2HO \end{array} \right.$, qui est l'inverse du précédent et que l'on désigne sous le nom de phosphate acide de chaux ou superphosphate de chaux.

La Potasse. — Ce sont les terres argileuses provenant de la désagrégation et de la décomposition des roches feldspathiques et volcaniques, telles que les granits, les schistes et micaschistes, les gneiss, les porphyres, qui sont les plus riches en potasse; elles en contiennent souvent plus de 5 p. 1000. Quant aux terres calcaires, elles sont généralement dépourvues de cet élément dont il convient de les doter, bien que quelquefois on en ait trouvé des quantités appréciables. Une terre peut être regardée comme contenant une proportion suffisante de potasse, lorsque cette proportion atteint 1 à 1 1/2 p. 1000; au-dessous les engrais potassiques sont nécessaires.

Comme l'azote, la potasse se trouve dans le sol à un état immédiatement assimilable ou sous une forme dont la plante ne peut tirer parti qu'après modification de la combinaison potassique moins assimilable sous l'influence des éléments de réaction que cette combinaison trouvera à sa portée.

L'état sous lequel la potasse est plus facilement assimilable est le carbonate de potasse qui est très soluble, mais qui présente l'inconvénient, par ce seul fait, d'être rapidement entraîné par les eaux. On trouvera pourtant avantage à l'employer sous cette forme, en le mêlant avec du superphosphate de chaux préparé depuis quelques mois et réduit à l'état pulvérulent.

La potasse que l'on rencontre dans les terres arables se présente sous la forme de silicate de potasse insoluble dans l'eau et, conséquemment, sans utilité par les végétaux. Mais sous l'action de l'acide carbonique de l'air qui pénètre toujours plus ou moins dans le sol, ce silicate se transforme peu à peu en carbonate de potasse et c'est alors que les plantes peuvent se l'assimiler.

Le commerce livre d'ailleurs à la culture diverses combinaisons potassiques dont nous parlerons quand nous nous occuperons des sources des engrais de nature variée.

La Chaux. — « La chaux, écrivent MM. Müntz

et Girard, dans leur ouvrage déjà cité, « *Les Engrais* », joue dans le sol un double rôle : elle apporte d'abord un élément fertilisant indispensable à la végétation; de plus elle a une action prépondérante sur les propriétés physiques et chimiques de la terre. C'est la présence de la chaux qui permet aux matières azotées organiques de se nitrifier et de devenir ainsi assimilables. C'est elle aussi qui, dans la terre végétale, est combinée avec l'humus. Les sols, dans lesquels la chaux fait défaut, doivent être regardés comme impropres à la culture; l'apport de calcaire les met rapidement à même d'être utilisés.

» On doit donc considérer la chaux à deux points de vue différents, d'abord comme élément fertilisant et dans ce cas une faible proportion, soit quelques millièmes du poids de la terre, peut être regardée comme suffisant. Mais si nous l'envisageons au point de vue des modifications qu'elle apporte dans l'état physique et dans les fonctions chimiques du sol, il en faut de plus grandes quantités. Une terre doit être regardée comme étant encore pauvre en chaux, quand elle contient 1 0/0 de cet élément.

» L'analyse permet de dire avec exactitude la chaux contenue dans une terre, sous les différentes formes chimiques qu'elle revêt : carbonate, humate, silicate, sulfate, etc. Elle n'a pas, dans toutes ces combinaisons, une même valeur agricole. En effet, pour ne parler que de l'aptitude à produire la nitrification, nous dirons que ce n'est que sous la forme de carbonate qu'elle agit ; quand elle existe tout entière sous forme d'humate, elle n'est pas apte à remplir ce rôle important.

» En outre, l'état de division mécanique sous lequel elle se présente influe beaucoup sur son action. A l'état de pierre, elle joue un rôle à peu près nul, et des sols qui en contiennent de grandes quantités sous cette forme peuvent avoir besoin d'amendements calcaires. Tel est le cas des sols recouverts de calcaire lithographique. Ce n'est que par une lente désagrégation produite par l'action des labours et des conditions naturelles, que ces morceaux de calcaire se trouvent désagrégés et finissent par jouer un rôle utile. C'est donc dans la partie fine de la terre qu'il faut doser le calcaire, après avoir éliminé par le tamisage, les éléments grossiers.

» La teneur de la terre en calcaire ou carbonate de chaux est des plus variables ; souvent c'est cet élément qui constitue la presque totalité du sol, comme dans les terrains crayeux de la Champagne qui en renferment plus de 80 0/0. Dans les terrains granitiques, cette proportion est souvent inférieure à 1 p. 1000 et quelquefois nulle. On trouve tous les intermédiaires entre ces deux extrêmes. »

En somme, la chaux, ajouterons-nous, agit sur la végétation de deux manières : comme élément de la production et comme agent modificateur de la nature et des propriétés du sol.

Mêlée à un sol tourbeux, la chaux lui fait perdre sa nature acide et ramène la tourbe à la nature de l'humus. Aux sols argileux et trop compacts, elle communique un plus grand degré de friabilité. Dans les terres d'origine feldspathique, elle favorise la désagrégation de la roche mère et elle contribue à rendre libre la potasse qu'elle contient.

A ces différents titres, on voit que cet élément joue, dans la végétation, un rôle de premier ordre et qu'il est presque indispensable, dans la plupart des cas, de s'assurer que le sol cultural exploité en contienne en proportions suffisantes.

Éléments divers. — Nous avons passé succinctement en revue les principaux éléments qu'il convient de considérer comme constituant les principes essentiels de la fertilisation, dont toutes terres doivent être pourvues en quantités plus ou moins importantes, suivant les végétaux qui leur sont confiés et auxquelles terres l'obligation s'impose de restituer, intégralement ou partiellement, ceux de ces matériaux qui leur auraient été enlevés par la culture : intégralement, lorsque la provision existante dans le sol est telle que, tout en étant suffisante, elle se présente avec des rapports entre les éléments fertilisants, semblables à ceux qui correspondent au besoin d'engrais de la plante; et partiellement, seulement, lorsque ces éléments fertilisants, quoique enlevés en partie, subsistent néanmoins encore, en proportions assez grandes dans le sol.

Les autres éléments qui, ainsi que nous l'avons vu, entrent dans la composition des plantes et que celles-ci doivent se procurer en les empruntant soit au sol, soit à l'atmosphère, ne sauraient préoccuper l'agriculteur, au même titre que les premiers.

La Magnésie, d'après M. Gasparin, est répandue en quantité assez uniforme dans les sols arables qui en renferment, généralement, 1 p. 1000 environ, pour suffire amplement aux besoins de la culture. Toutefois son absence dans les sols serait une cause d'insuccès et il est bon de s'assurer qu'un terrain n'en est pas complètement dépourvu. Les terres calcaires semblent, en général, les plus riches en magnésie; celle-ci se présente sous la forme de carbonate et de silicate, comme dans les micas et les talcs; mais sous cette dernière forme, elle n'est pas attaquable par les acides et ne joue aucun rôle dans l'alimentation végétale. On doit seulement regarder comme utile, la magnésie que les acides peuvent enlever à la terre.

La Soude, que les végétaux ne consomment qu'en très faible quantité, fait que sa présence dans les sols qui, du reste, en sont généralement saturés, ne peut jouer qu'un rôle secondaire dans les préoccupations de l'agriculteur. Cette substance qui, comme la potasse, possède la propriété d'être absorbée par l'argile et par l'humus, peut, au contraire, comme cela se rencontre dans certains terrains voisins de la mer, devenir une cause de stérilité, lorsqu'elle existe en trop forte proportion, notamment à l'état de chlorure de sodium (sel de cuisine).

On corrige les sols de cette nature, par de larges irrigations qui entraînent le sel en dissolution.

Le cultivateur n'a pas à se préoccuper davantage de la présence, dans les terres arables, des autres substances minérales qui entrent dans la composition des plantes et telles que *le chlore*, *la silice*, *le manganèse*, *l'alumine* et *le fer* et qui y existent toujours en proportions suffisantes pour les besoins de nos récoltes, très limités à l'égard de ces matériaux.

Nous ferons, cependant, une observation au sujet du fer, qui joue, à l'égard des terres, un rôle avantageux au point de vue physique, en donnant, à celles-ci, une coloration plus ou moins rouge qui favorise l'absorption des rayons solaires et augmente, conséquemment, leur faculté de réchauffement. D'aucuns prétendent même que le fer est l'agent par excellence, grâce auquel on peut combattre efficacement la chlorose qui atteint certains végétaux qui dépérissent dans les terrains calcaires que l'on corrige à l'aide d'aspersions réitérées de sulfate de fer.

Enfin, M. Risler appelle l'attention sur l'*acide*

sulfurique qui, à l'état de sulfate de chaux, aurait, dans le sol, une action beaucoup plus importante qu'on ne se l'imagine, à raison du soufre qui existe en combinaison dans cet acide et dont les végétaux ne sauraient se passer. D'après lui, beaucoup de sols et principalement des sols crayeux, en sont presque totalement privés, et on est en droit de se demander si l'action des superphosphates, dans certains terrains qui semblent assez bien dotés en acide phosphorique, n'est pas attribuable au plâtre (sulfate de chaux) qui accompagne cet engrais.

Il est donc à désirer que, désormais, on accorde une attention plus grande à la présence de l'acide sulfurique dans les terres arables.

Considérations générales sur le mode de fertilisation des terres. — Nous connaissons, d'après ce qui précède, quelles sont les principales matières fertilisantes que doit renfermer un sol, sous peine de stérilité.

Mais alors que l'analyse chimique aura démontré leur présence dans les terres que l'on veut mettre en culture, alors même que cette analyse aurait établi que ces terres sont richement dotées, il ne s'ensuivrait pas d'une manière absolue que les végétaux qui lui seront confiés, prospéreront fatalement et fourniront d'abondantes récoltes.

Il reste à spécifier l'influence de la nature physique du sol, laquelle peut, dans certains cas, mettre en défaut le diagnostic basé sur les résultats de l'analyse. Celle-ci nous fixe sur les proportions de chacun des éléments contenus dans le sol, mais il faut bien que l'on sache qu'elle est impuissante à déterminer leur degré d'assimilabilité. En effet, ces éléments s'y trouvent à des états différents et la plante ne peut pas, dans la même mesure, tirer parti des diverses formes sous lesquelles ils se présentent.

Tout ce que l'on peut dire d'une manière générale, c'est que lorsque l'analyse a établi qu'une terre contient de très faibles quantités de tel ou tel élément fertilisant, on n'obtiendra de bonnes récoltes qu'à la condition de combler cette lacune sous forme de fumures appropriées; mais le problème restant à élucider, réside dans la question de savoir sous quelle forme les fumures devront être introduites dans le sol, pour produire leur maximum d'effet.

Ainsi, dans une terre qui manque d'acide phosphorique, on devra se demander s'il convient d'employer du superphosphate, du noir, du phosphate fossile, de la poudre d'os ou des scories? D'après l'examen physique du sol, nous pouvons bien donner des indications utiles, mais nos observations ne sont pas assez nombreuses pour recommander d'une manière certaine l'emploi de tel engrais phosphaté plutôt que tel autre.

Mais rien ne vaut, pour être fixé d'une manière à peu près certaine, les essais institués par l'agriculteur, sur son terrain même, en tenant compte, bien entendu, des données qui lui auront déjà été fournies par l'analyse de son sol.

Si la végétation a été satisfaisante, si l'aspect de la récolte, à la floraison d'abord, à la maturité ensuite, ne laisse rien à désirer, si enfin la récolte est en augmentation, il n'y a plus qu'à employer la même formule l'année suivante. Mieux encore, on peut procéder par comparaison, soumettre des terres, de même nature bien entendu, à des expérimentations diverses, adopter pour telle partie d'un champ, une formule qui sera modifiée, augmentée ou diminuée pour telle autre et s'en tenir, en fin de compte, à celle qui aura donné les meilleurs résultats tout en imposant une dépense moindre.

A ce point de vue, il serait très désirable que les champs d'expérience qui existent déjà dans beaucoup de régions, pussent se multiplier sur tous les points du territoire, car rien n'est plus susceptible de renseigner exactement l'agriculteur sur ce qu'il a le plus grand intérêt à connaître.

Grâce, en effet, aux rapprochements entre les résultats de l'analyse de la terre et ceux obtenus avec les engrais, dans ces champs de démonstrations, en tenant compte aussi des conditions locales qui peuvent affecter ces derniers, on pourra arriver à préciser sûrement l'action des divers engrais dans les sols de composition chimique et de constitution physique déterminées, sur la culture de tel ou tel végétal, enfin à déterminer, de la sorte, à peu près exactement, les engrais à employer dans une exploitation, pour élever économiquement, c'est-à-dire avec le minimum de dépenses, le rendement des plantes qui y sont cultivées.

Le sol n'intervient, en définitive, dans la solution du problème éminemment complexe du rendement agricole, que pour un facteur de l'équation dont le cultivateur doit dégager l'inconnu. Mais les lois scientifiquement établies qui ont déterminé les conditions multiples qui influent sur la production végétale, nous ont tracé, aujourd'hui, d'une manière à peu près précise, la voie dans laquelle nous pouvons nous engager en toute sûreté et de telle sorte que nous ne risquons plus de nous égarer.

Les autres facteurs du problème agricole résident en outre dans la connaissance du stock d'éléments nutritifs que le sol met à la disposition des plantes, dans celle des exigences mêmes de ces plantes en éléments fertilisants et enfin dans l'appréciation judicieuse des matériaux de diverse nature que l'industrie et la nature mettent à notre disposition pour satisfaire à ces exigences ainsi qu'à la loi primordiale de restitution au sol, des matériaux qui lui ont été enlevés par la culture.

CHAPITRE III

Le fumier de ferme. — Considérations générales sur l'exportation des principes fertilisants. — Déjections des différents animaux : litières. — Composition moyenne des fumiers de ferme : transformations spontanées qui s'opèrent au sein de leur masse. — Déperdition des principes fertilisants dans le fumier. — **Purin.**

Considérations générales sur l'exportation des principes fertilisants. — Lorsque les plantes croissent à l'état sauvage, elles restituent tôt ou tard, au sol, les principes fertilisants qu'elles lui ont empruntés ; elles l'enrichissent par surcroît, puisqu'elles y ajoutent en partie et au fur et à mesure de leur décomposition, tout ce qui leur a été fourni par l'atmosphère, c'est-à-dire par le carbone, l'oxygène, l'hydrogène et l'azote. Mais il n'en est naturellement pas de même pour les terres régulièrement exploitées, desquelles s'exportent sans cesse les produits qui y ont végété et auxquelles il faut restituer les matières fertilisantes qui ont constitué ces produits.

Cette restitution s'est faite longtemps et exclusivement à l'aide du fumier de nos étables, provenant des litières et des déjections des animaux de la ferme, entrant en décomposition, sous l'influence d'agents chimiques de diverse nature, existant dans ces déjections.

Mais on n'aura pas de peine à se rendre compte

que la richesse de cette fumure est précisément subordonnée à la nature de l'alimentation du bétail qui la procure. On conçoit, en effet, qu'un bétail nourri de maigre fourrage fourni par une pauvre terre qui n'a pu donner au végétal qui émane d'elle, qu'une composition proportionnelle aux principes fertilisants dont elle est elle-même dotée, ne peut rendre à cette terre que ce qu'il en a reçu. Il est établi, en effet, que la composition d'une plante répond toujours, toutes proportions gardées, à la quotité de matières fertilisantes qui existent dans le terrain de culture où elle ont végété.

Comme en outre, dans toute exploitation agricole, une certaine dose d'azote, d'acide phosphorique, de potasse, etc., est exportée chaque année sous forme de récolte ou de produits animaux, tout le fumier produit sur la ferme ne peut restituer à la terre la totalité des éléments qui en ont été soustraits. De là une déperdition constante des éléments fertilisants et, par suite, un appauvrissement inévitable du sol.

D'ailleurs, pour se procurer les quantités de fumier nécessaires au bon conditionnement d'une culture, il faut élever du bétail et pour nourrir ce bétail, il faut de la prairie. Or, avec le morcellement agricole qui existe en France, combien peu de propriétaires sont, aujourd'hui, en état de trouver sur leurs propres fonds, les éléments nécessaires à ces diverses exigences.

D'un autre côté, s'il s'en faut de beaucoup que la restitution, au sol, des principes fertilisants soustraits par les récoltes, soit intégrale avec le fumier de ferme, puisqu'il faut en déduire d'une part l'exportation de ces mêmes récoltes et ensuite tout ce qui a été fixé dans l'organisme animal, à l'état d'os, de chair, de laine, etc., sans compter ce qui a été élaboré pour la production du lait, il faut également considérer que ce fumier lui-même est soumis à de nombreuses causes de déperdition, résultant des infiltrations dans le sol, du dégagement dans l'atmosphère, enfin de certaines décompositions de nature à neutraliser les éléments utiles de cet engrais.

Il résulte donc de ces diverses considérations, que l'engrais de ferme ne saurait, à aucun point de vue, répondre, à lui seul, aux nécessités agricoles, et satisfaire aux lois de la restitution qui ont été formulées par la science culturale moderne.

Maintenant, grâce aux engrais chimiques, on transporte la fertilité sur tous les terrains, où, autrefois, ne poussait qu'une végétation anémique; grâce à eux on transforme des régions où, jadis, la misère régnait seule en partage; on met en circulation la richesse accumulée par des siècles, dans les sols vierges. On fouille la terre et la mer elle-même, pour leur arracher le nitrate, l'acide phosphorique, la potasse, la chaux qu'elles renferment, et nos agriculteurs des centres les moins bien partagés, auxquels on dispense ces produits, n'ont plus à regretter, de la sorte, l'espèce de privilège dont jouissaient seuls les cultivateurs placés près des centres populeux qui, au moyen de détritus de toutes sortes accumulés dans les villes, parvenaient à réaliser, à peu près, le problème de la culture intensive, maintenant à la portée de tous.

Fumier de ferme. *Déjections des différents animaux.* — Le fumier de ferme est constitué par les déjections solides ou liquides des animaux, généralement mélangées avec la litière.

Si nous envisageons à part les déjections, nous sommes amenés à constater que leur composition est tellement variable, suivant le mode d'alimentation auquel est soumis l'animal et suivant l'animal lui-même, qu'il serait inutile d'entrer, à ce sujet, dans des détails qui n'auraient qu'une signification relative et qui n'éclaireraient nullement la question.

C'est ainsi que pour l'espèce bovine, par exemple, on a pu établir qu'au régime sec, la teneur en principes fertilisants, pour cent, produits par une vache recevant par jour 12 kilog. de luzerne sèche et 30 kilog. d'eau, était en moyenne :

	BOUSES	URINES
Azote	0.34	1.620
Acide phosphorique . .	0.46	0.007
Potasse	0.23	1.780

Au régime humide, composé de 70 kilog. de betteraves, la vache ne buvant pas, la teneur centésimale était :

	BOUSES	URINES
	—	—
Azote	0.33	0.126
Acide phosphorique. .	0.24	0.012
Potasse	0.14	0.607

Au régime mixte, composé de betteraves mélangées de balles, 40 kilog. ; luzerne sèche, 9 kilog. ; eau, 20 kilog., la teneur pour cent atteignait :

	BOUSES	URINES
	—	—
Azote	0.36	0.812
Acide phosphorique . .	0.15	traces
Potasse	0.25	1.635

Le fumier de cheval dont les déjections solides sont plus sèches que celles des vaches, donne en moyenne, comme teneur centésimale :

	CROTTINS	URINES
	—	—
Azote.	0.55	1.48
Acide phosphorique . .	0.30	»

Pour la race ovine, M. Boussingault a trouvé qu'un mouton consommant environ 1 kilogr. de foin, donne 2kg200 de déjections ayant la teneur moyenne pour cent, ci-après :

	CROTTINS	LIQUIDES
	—	—
Azote.	0.72	1.31
Acide phosphorique . .	0.44	0.01

Les porcs dont les déjections solides sont très aqueuses et qui émettent beaucoup d'urines, en raison de la nourriture qui leur est généralement fournie, donnent pour cent :

	EXCRÉMENTS	URINES
	—	—
Azote.	0.70	0.23
Acide phosphorique . .	0.62	0.04

Des chiffres qui précèdent, il ressort cette observation fort importante que, toutes choses égales d'ailleurs, les urines renferment en grande partie l'azote et presque en totalité la potasse des déjections. Le reste de l'azote, l'acide phosphorique et la chaux se concentrent dans les excréments solides. « On voit donc, font remarquer avec juste raison MM. Müntz et Girard, que lorsque, par négligence, on laisse perdre les urines, la ferme se trouve privée des quantités très importantes d'azote et de potasse qu'elles contiennent. L'agriculteur doit donc porter toute son attention sur les parties liquides du fumier qui ont une valeur beaucoup plus élevée que les parties solides.

Litières. — Maintenant que nous avons examiné les déjections des divers animaux de ferme, au point de vue de leur composition moyenne en principes fertilisants, il nous reste à envisager, au même point de vue, les litières qui, tant en raison de leur richesse en engrais que de leurs propriétés, doivent être considérées comme non moins précieuses par la culture.

On se sert pour la litière des animaux, d'une

foule de produits. L'agriculteur porte son choix sur ceux qu'il peut se procurer le plus facilement et à meilleur compte.

Les litières les plus généralement employées sont celles de *pailles de céréales* qui sont douées de propriétés plus absorbantes que n'importe quelles autres, en raison de leur forme tubulaire.

D'après MM. Müntz et Girard, 100 kilogr. de ces pailles contiennent, en moyenne :

	AZOTE	AC. PHOSPH.	POTASSE
	kilog.	kilog.	kilog.
Paille de blé	0.48	0.23	0.49
Paille d'orge	0.48	0.19	0.93
Paille d'avoine	0.40	0.28	0.97
Paille de seigle	0.40	0.25	0.80

En admettant une moyenne de 1,500 kilogr. de litière, par tête de gros bétail, fournis par année, on voit que l'apport en principes fertilisants, résultant de ces produits, n'est pas très considérable, puisqu'il ne représente, en totalité, que environ :

	kilog.
Azote	6 à 7
Acide phosphorique	2 à 4
Potasse	7 à 15

Mais il faut considérer surtout dans ce mode de litière, sa valeur absorbante qui lui fait donner la préférence sur d'autres produits plus riches.

Les *balles de céréales et les siliques de colza*, que

dans les fermes bien tenues, on fait consommer au bétail, mais que bien souvent on laisse perdre, alors qu'on pourrait en faire une excellente litière, sont plus riches en matières fertilisantes. Elles contiennent pour cent :

	AZOTE	AC. PHOSPH.	POTASSE
Balles de froment. . .	0.72	0.40	0.84
Balles d'avoine	0.64	0.20	0.50
Siliques de colza . . .	0.85	0.36	0.57

Les *fanes* de diverses plantes, expliquent MM. Müntz et Girard, à qui nous empruntons ces chiffres : colza, féveroles et fèves, pois, haricots, vesces, sarrazin, topinambours, pommes de terre, sont utilement employées comme litières, quoique, au point de vue du couchage et des facultés absorbantes, elles soient inférieures à la paille. Il est toujours utile de les faire écraser par les pieds des animaux ou par les roues des voitures, pour les rendre plus moelleuses et moins rigides. Elles contiennent, pour cent, les éléments fertilisants suivants :

	AZOTE	AC. PHOSPH.	POTASSE	CHAUX
Pois.	1.04	0.38	1.07	1.86
Féveroles	1.63	0.41	2.00	1.35
Sarrazin.	0.78	0.18	1.28	1.91
Maïs	0.48	0.27	1.66	0.50
Fanes de colza.	0.50	0.27	0.97	1.01
— de topinambours après l'hiver	0.43	0.07	0.41	0.91
Fanes de pommes de terre sèches.	0.50	0.10	0.30	0.50

» On voit, ajoutent les auteurs précités, que quelques-unes de ces litières sont beaucoup plus riches que les pailles de céréales; lorsque leurs propriétés absorbantes sont moindres que celles des premières, il faut en employer une quantité plus considérable, soit 5 à 6 kilogrammes. Dans ces conditions, l'apport en matière fertilisante est loin d'être négligeable. La consommation, par an et par animal, sera d'environ 2,000 kilogrammes, ce qui, pour les pailles de légumineuses, de sarrazin, etc., pourra donner un apport de :

	Kilog.
Azote	20 à 30
Acide phosphorique.	8 à 12
Potasse	20 à 50

» Dans les fermes, on a souvent l'habitude de faire brûler ces fanes, ce qui fait perdre l'azote qu'elles contiennent; alors même que les cendres retournent au fumier, cette pratique presque générale pour les pailles de sarrazin et de topinambours est mauvaise; il ne faut perdre aucune des substances qui permettent d'économiser la paille.

Litières diverses. — On emploie, enfin, pour les litières des animaux, soit par raison d'économie, soit que les débris végétaux dont on fait ordinairement usage à cet effet, fassent défaut dans certaines régions, une foule d'autres matériaux susceptibles de les remplacer, tels que bruyères, fougères, feuilles mortes, tourbe, sciure de bois et tannée.

Ces matières sont, en général, peu riches en principes fertilisants, sauf cependant la fougère et le genêt à balai qui contiennent, environ, de 2.4 à 2.5 0/0 de leur poids en azote; les roseaux et les mousses des forêts qui en renferment 1 0/0 et la tourbe 1 à 2 0/0.

Toutefois, l'apport qui constitue le bénéfice de leur emploi ne saurait être dédaigné pour cette raison que, outre l'économie que ces sortes de litière permettent de réaliser sur la paille ou d'autres produits d'un prix plus élevé auxquels on les substitue, il faut considérer que ces matériaux, le plus ordinairement dérobés aux forêts ou à certains terrains incultes où ils poussent spontanément, ou bien encore débris sans valeur, comme les feuilles qui tombent des arbres à l'automne, sciure de bois ou tous autres qu'on laisse trop souvent perdre alors qu'on pourrait les utiliser, augmentent néanmoins, dans des proportions si minimes qu'elles soient, mais, en compensation, à très bon compte, la valeur fertilisante des terres sur lesquelles on les répand, sous forme de fumier et de compost.

Composition moyenne du fumier d'étable. — On voit, d'après les données qui précèdent, que la composition moyenne du fumier d'étable peut varier dans des proportions considérables, influencée qu'elle peut être, non seulement par les espèces d'animaux qui l'auront produit, mais encore par le genre d'alimentation auquel ceux-ci auront été soumis, la litière qui leur aura été procurée et enfin, comme nous le verrons plus loin, par les soins plus ou moins intelligents que l'on aura apportés à la conservation de ce fumier.

On doit considérer aussi le fumier sous deux états bien distincts, à l'état frais et à l'état sec ou plutôt consommé, c'est-à-dire ayant subi entièrement les diverses réactions chimiques qui s'opèrent au sein de la masse des déjections mises en tas, sous l'influence de ferments spéciaux qui y sont très répandus et dans les détails techniques desquels il serait très long et inutile d'entrer d'une manière complète.

Nous en dirons cependant quelques mots :

Les déjections des animaux, peu de temps après leur émission, éprouvent des modifications profondes, surtout au point de vue de leurs matières azotées qui, sous l'influence des ferments, se transforment plus ou moins rapidement en ammoniaque. Cette transformation est indispensable pour rendre l'azote assimilable par les végétaux et produire la désagrégation des débris organiques et leur transformation en substances brunes, douées de réactions acides, auxquelles on a donné les noms d'acide humique, ulmique, fumique, qui constituent des états de décomposition plus ou moins avancée de la matière organique carbonée; ces acides fixent l'ammoniaque qui se produit au sein de la masse du fumier et la mettent ainsi à l'abri, au moins dans une large mesure, des déperditions d'alcali par évaporation.

D'un autre côté, la transformation des matières azotées en alcali volatil, est une cause de déperdition d'azote qui doit sérieusement préoccuper l'agriculteur. Nous reviendrons sur cette question.

Nous dirons toutefois que, dans les déjections solides, la transformation des substances azotées en produits ammoniacaux, est naturellement beaucoup plus lente que pour les déjections liquides, ces substances se présentant, dans le premier cas, sous une forme beaucoup moins altérable. Au contraire, les urines, où l'azote existe à l'état beaucoup moins complexe, tel que l'urée, l'acide urique, l'acide hippurique, etc., deviennent, presque immédiatement après leur émission, le siège d'une fermentation ammoniacale des plus actives, même à une basse température, mais qui s'accroît d'autant plus que la température s'élève, d'où il peut résulter, dans ces dernières conditions, une perte notable d'azote.

« Aussi longtemps, expliquent MM. Müntz et Girard, que le fumier reste à l'étable, présentant une grande surface, le dégagement de l'ammoniaque ainsi produit, se continue. Mais lorsqu'on le transporte en tas, d'autres phénomènes interviennent. Par l'absorption de l'oxygène de l'air, il s'établit une combustion qui se traduit par une élévation de température et par une disparition de matières organiques, avec dégagement d'eau et d'acide carbonique. C'est pendant cette première phase de la fermentation que se produisent les plus grandes pertes.

Lorsque l'oxygène a été absorbé dans le fumier bien tassé, la fermentation suit un autre cours; elle se passe à l'abri du contact de l'air. L'ammoniaque continue à se produire, mais elle est fixée par les matières humiques, ainsi que nous l'avons dit plus haut.

Ce n'est qu'alors que ces différentes métamorphoses se sont accomplies, que le fumier peut être considéré comme fait, c'est-à-dire susceptible de rendre les services que l'on en attend. Il est devenu compact, se laissant facilement couper à la bêche, et suivant, son degré plus ou moins avancé de décomposition, il porte le nom de *fumier court*, *fumier gras* ou *beurre noir*. Il a une action des plus heureuses sur l'état chimique et physique des terres; c'est l'agent par excellence de la formation du terreau. Il est alors formé de pailles à peine altérées, de débris végétaux très ténus qui paraissent avoir échappé à la digestion des animaux, et d'une matière noire, dissoute dans les carbonates alcalins qui imprègnent la masse, laquelle se précipite dès que la liqueur est rendue neutre ou acide. C'est cette matière noire qui découle du *fumier fait*, qui se fige en stalactites sur les parois et dont l'excès colore le purin, à laquelle M. P. Thénard avait donné le nom d'*acide fumique*.

On déduit facilement de l'ensemble des faits qui précèdent, que sous l'action des diverses métamorphoses qui s'accomplissent au sein de la masse du fumier, les éléments fertilisants, azote, acide phosphorique, potasse se concentrent dans le résidu de la transformation. Aussi trouve-t-on toujours aux fumiers faits, une composition centésimale plus élevée en principes fertilisants, comme nous allons le voir plus loin en rapportant diverses évaluations suivant l'état plus ou moins avancé du fumier.

En résumé, sous l'influence des diverses combinaisons chimiques qui s'opèrent dans la masse du fumier, celui-ci diminue de volume, mais en revanche gagne en densité.

C'est ainsi que, le volume initial étant de 100 parties de fumier frais, il a été reconnu que la réduction a été :

					Pour cent.
en 81 jours,	de 73.3 ;	d'où une perte de			26.7
en 254	—	de 64.3 ;	—	—	35.7
en 284	—	de 62.5 ;	—	—	37.5
en 339	—	de 47.2 ;	—	—	52.8

Par contre, le poids spécifique s'est accru dans les conditions ci-après, qui donnent le poids d'un mètre cube de fumier, suivant son état de décomposition :

Nature du fumier.	Pailleux sortant des étables.	Frais.	Décomposé.
—	—	—	—
	kilog.	kilog.	kilog.
Cheval	350 à 400	450 à 500	600 à 650
Bêtes à cornes . .	500 600	650 700	800 900
Bêtes à laine. . .	400 450	550 600	650 700

Le fumier normal ou fumier mixte de bêtes à cornes, de chevaux, de moutons et de porcs bien fait et à demi consommé, pèse de 700 à 800 kilog. le mètre cube; très consommé, humide et comprimé, il pèse environ 900 kilog.

Sous ces divers états de concentration, on conçoit que les fumiers faits ou consommés sont beaucoup plus riches en principes fertilisants que les fumiers frais.

Voici d'ailleurs, d'après Wœlcker, la composition centésimale moyenne d'un fumier d'étable, à ces divers états

	A L'ÉTAT NATUREL		A L'ÉTAT SEC	
	Frais.	Consommé.	Frais.	Consommé.
	—	—	—	—
Acide phosphorique.	0.320	0.440	0.938	1.820
Potasse	0.580	0.490	1.990	1.996
Azote total.	0.643	0.6606	1.900	2.470
Ammoniaque à l'état libre.	0.034	0.046	0.100	0.189
Ammoniaque à l'état de sel	0.088	0.057	0.260	0.232

D'autre part, MM. Georges Ville et Boussingault affectent, respectivement, les compositions centésimales suivantes, au fumier pris à l'état sec consommé.

	Georges Ville.	Boussingault.
	—	—
Acide phosphorique	0.88	1.00
Potasse	2.46	2.60
Azote.	2.08	2.00

Mais il ne faudrait point croire que l'enrichissement du fumier, au fur et à mesure de sa concentration, soit le résultat de cette concentration même, celle-ci, au contraire ne s'effectuant qu'au prix de déperditions considérables, ainsi que nous allons l'établir. En revanche, l'azote existant à l'état naturel dans le fumier, s'est sensiblement modifié et une notable partie en est devenue soluble et conséquemment plus assimilable, principalement sous la forme de combinaisons organiques et aussi d'ammoniaque.

Déperdition des principes fertilisants dans le fumier. — Les pertes de principes fertilisants, dans les fumiers, pertes qui affectent plus spécialement leur teneur en azote, sont plus particulièrement imputables au manque des soins les plus vulgaires, à l'égard de cette matière cependant si précieuse. C'est ainsi que si on néglige de rendre aussi complètement étanche que possible, l'aire des étables ou de la fosse à fumier, les matières liquides absorbées par ce dernier, c'est-à-dire la partie la plus riche, s'infiltrent dans le sol. D'un autre côté, on laisse souvent le tas de fumier exposé au lavage des eaux pluviales qui tombent à sa surface ou qui, en formant des ruisseaux autour de sa base, lui enlèvent ses principes solubles, diminuant ainsi sa qualité dans de fortes proportions. Enfin lorsque la litière est insuffisante sous les animaux ou lorsque le fumier n'est pas convenablement arrosé et tassé, il se produit, par évaporation, des pertes d'azote notables.

Nous examinerons plus loin les mesures qu'il convient de prendre pour atténuer autant que possible ces déperditions.

Mais voyons de suite quelle peut être leur importance, suivant que l'on place le tas de fumier dans telle ou telle condition.

Des expériences faites par Vœlcker se rapportent à ce côté de la question.

Ce savant a pris du fumier de ferme frais et l'a mis dans des conditions différentes :

I. Un tas à l'air libre ;

II. Un autre tas à l'abri de la pluie sous un hangar ;

III. Un troisième lot, enfin, a été étalé à l'air libre sous une faible épaisseur.

Voici les résultats obtenus rapportés à 1,000 kilogrammes de fumier.

I. — Fumier à l'air libre.

	POIDS	AZOTE
	—	—
	kilog.	kilog.
Fumier à l'origine.	1,000	6.43
— après 6 mois . . .	714	6.39
— 9 mois . . .	703	4.19
— 12 mois . . .	700	4.55

II. — Fumier en tas sous un hangar.

	POIDS	AZOTE
	kilog.	kilog.
Fumier à l'origine.	1,000	6.43
— après 6 mois . . .	495	5.91
— 9 mois . . .	398	5.02
— 12 mois . . .	379	5.77

III. — Fumier étalé.

	POIDS	AZOTE
	kilog.	kilog.
Fumier à l'origine.	1,000	6.43
— après 6 mois . . .	865	4.66
— 9 mois . . .	612	2.47
— 12 mois . . .	575	2.27

Ces trois lots contenaient à l'origine : 66.2 0/0 d'eau. A la fin de l'expérience, c'est-à-dire au bout d'un an, la proportion d'eau était la suivante dans les trois lots :

Fumier en tas à l'air libre : 74.3. Les eaux pluviales sont venues s'ajouter à l'eau primitivement contenue dans le fumier dont le poids, par suite, n'a diminué que dans des proportions restreintes.

Fumier en tas sous un hangar : 41.6; ici le fumier s'est desséché n'ayant pas reçu un apport d'eau de pluie.

Fumier étalé sous une faible épaisseur à l'air libre : 65.6, quantité égale à celle qui existait primitivement, les eaux de pluie ayant compensé l'évaporation.

Le fumier placé en tas sous un hangar, c'est-à-dire à l'abri des eaux pluviales, a perdu dans l'espace d'une année, 14 0/0 de l'azote qu'il contenait.

Le fumier placé en tas à l'air libre, recevant les eaux pluviales, en a perdu environ 30 0/0.

Pour le fumier étalé en couche mince, il y a une dilapidation d'azote considérable, puisqu'elle s'élève à 64 0/0, près des 2/3 de l'azote initial.

Les enseignements qui résultent de ces diverses expériences sont multiples.

Elles établissent tout d'abord que le fermier qui produit du fumier qu'il destine à fertiliser ses champs, a intérêt, pour conserver à celui-ci la plus grande somme possible de principes utiles, à le soustraire à l'action des eaux pluviales qui dissolvent et entraînent les combinaisons ammoniacales ou azotées solubles, et à le ramasser sous un tas offrant la plus petite surface possible, de manière à éviter les déperditions d'ammoniaque résultant de la volatilisation.

Mais pour l'acheteur de fumier, ces expériences offrent un intérêt bien plus grand encore.

Elles lui démontrent que suivant que son fournisseur aura soumis cette matière à des traitements plus ou moins bien conçus, c'est-à-dire aura pris soin ou aura négligé de la soustraire aux pertes qu'elle est susceptible d'éprouver, ainsi que nous venons de l'établir, la marchandise vendue, tout en présentant un poids beaucoup plus considérable, pouvant aller du simple au double, pourra néanmoins contenir deux fois moins ou deux fois plus de principes utiles.

Un calcul bien simple va nous démontrer de suite la perte que peut subir l'acheteur dans l'une ou l'autre de ces conditions.

Supposons qu'il achète une quantité d'engrais qui, avant d'être consommé, représentait 20,000 kilog., quantité qui, après neuf mois, est devenue dans la seconde expérience rappelée ci-dessus (fumier en tas sous un hangar) : $398 \times 20 = 7,860$ kilog., et dans la troisième expérience (fumier étalé) : $612 \times 20 = 12,240$ kilog.

Si notre acheteur ignorant la qualité du fumier qu'on lui livre, achète tout simplement au poids et sans se rendre exactement compte de la proportion de principes fertilisants renfermés dans la marchandise qui lui est livrée, et s'il paie au prix moyen de 9 francs la tonne, il déboursera, dans le premier cas, 70 fr. 75 pour 100^{kg}05 d'azote et, dans le second cas, 110 fr. 15 pour 49^{kg}40 seulement de ce principe, ce qui revient à dire que, dans ce second cas, il paiera presque double pour avoir moitié moins.

Nous avons pu voir, d'ailleurs, dans le cours de l'étude succincte à laquelle nous venons de nous livrer, au sujet des fumiers de ferme, combien les évaluations peuvent différer, relativement à la proportion de principes fertilisants qu'ils sont susceptibles de renfermer.

Aussi ne doit-on attacher à ces évaluations que les savants se sont attaché à établir aussi exactes que possible, à l'aide des éléments qu'ils avaient sous la main, qu'une valeur d'indication générale dont le praticien doit essayer de tirer parti et qui facilite sa tâche; mais rien ne serait plus dangereux que d'établir une opération raisonnée sur des moyennes de ce genre, qui peuvent, comme nous l'avons déjà dit, varier dans des proportions considérables. Le fumier, qu'on le sache bien, est une matière dont le poids, la quantité, la composition sont le résultat de tant de facteurs divers, qu'il y a pour ainsi dire autant d'espèces que de cas particuliers. En achetant du fumier au petit bonheur, sans savoir ce qu'il contient, en ignorant s'il est plus ou moins consommé, comment il a été soigné, de quels animaux il provient, enfin sans s'entourer de données précises de nature à le fixer sur le caractère de la marchandise dont il se rend l'acquéreur, l'agriculteur agit avec autant d'imprudence, avec aussi peu de discernement, que lorsqu'il se laisse attraper par les faiseurs qui parcourent les campagnes, offrant des engrais chimiques à bon marché, dans lesquels les proportions de principes fertilisants sont souvent à l'état d'illusion.

Répétons que la nature de l'alimentation fournie au bétail influera toujours d'une manière remarquable sur la nature du fumier qu'il produira; que la composition chimique du fourrage quel qu'il soit, donné aux animaux de l'étable, correspondant à celle du terrain sur lequel ce fourrage a végété, si ce terrain est riche ou pauvre en principes fertilisants, l'aliment sera également riche ou pauvre dans des proportions à peu près identiques.

Ajoutons que la nature de l'alimentation exerce aussi, sur cette composition, une influence toute spéciale. C'est ainsi que les légumineuses, luzerne, trèfle, etc., introduisent, dans le fumier, une plus forte proportion d'azote et d'acide phosphorique que les graminées; les topinambours, la pomme de terre, la betterave, y apporteront de plus grandes quantités de potasse; enfin les grains en général et les tourteaux en particulier, donnent au fumier une plus grande valeur fertilisante.

Le purin. — Les liquides qui s'écoulent de la masse des fumiers de ferme mis en tas constituent ce qu'on appelle le purin qui est constitué en partie par les urines des animaux, lesquelles, nous l'avons vu au commencement de ce chapitre, sont très riches en principes fertilisants, et en partie par les eaux de pluie et d'arrosage qui dissolvent les matières solubles de l'engrais.

La richesse du purin est, naturellement, d'autant plus grande qu'on aura pris davantage le soin de laisser écouler le moins d'eau possible dans les fosses appelées à le recueillir et dans lesquelles on laisse généralement s'écouler, en même temps, les urines pures venant des étables, les eaux pluviales qui se déversent sur les tas non abrités.

On conçoit que, dans ces conditions, comme pour le fumier lui-même, on doive arriver à des différences considérables, dans la proportion des principes utiles que peuvent contenir les purins traités de manières différentes.

L'azote se trouve le plus souvent dans les purins, à l'état de bicarbonate d'ammoniaque provenant de la formation de l'urée et qui communique à cet engrais puissant, des propriétés caustiques. Aussi, lorsqu'on a affaire à des urines presque pures qui donnent au purin une valeur fertilisante très grande, doit-on prendre la précaution de le ne déverser sur les plantes, qu'après les avoir étendues d'eau. Les matières fertilisantes contenues dans ce liquide s'y trouvent d'ailleurs à l'état soluble et, par suite, presque immédiatement assimilables.

La proportion centésimale des matières utiles que renferme le purin, peut s'établir moyennement, comme suit, d'après la nourriture du bétail et en admettant que le liquide n'ait pas subi un lavage trop considérable.

Azote.	0.46 à 0.76
Acide phosphorique. .	0.01 à 0.02
Potasse.	0.52 à 1.30

La teneur en potasse de ces engrais liquides est relativement élevée, car nous savons que cet élément se trouve dans les urines. L'acide phosphorique, au contraire, y est en proportion moindre, car il est concentré dans les déjections solides où il se maintient à l'état peu soluble.

On ne saurait, dans une exploitation bien conduite, recueillir avec trop de soin ces matières liquides, dans des fosses parfaitement étanches et parfaitement closes, l'ammoniaque n'y étant pas, comme nous venons de le dire, à l'état libre mais à l'état de bicarbonate d'ammoniaque qui se volatilise à une température peu élevée.

CHAPITRE IV

Conservation des fumiers. — Fixation de l'azote par la terre; le plâtre; le plâtre phosphaté; les sels de potasse; les scories de déphosphoration; le sulfate de fer; les acides: Expériences de M. Holdefleiss. — Effets des réactifs chimiques sur les purins. — Procédés généraux de conservation des fumiers: aménagement de l'étable; mise en tas; fosses à fumier et à purin. — Soins à donner au fumier en tas. — Emploi du fumier. — Conditions et époques d'enfouissement des fumiers. — Influence du fumier sur les qualités physiques du sol. — Usage et mode d'emploi des purins.

Fixation de l'azote par les substances absorbantes. — Afin d'éviter autant que possible les déperditions de principes fertilisants et notamment les pertes d'azote auxquelles sont exposés les fumiers de ferme, divers procédés peuvent être employés.

Tout d'abord le choix des litières, suivant la faculté qu'ont celles-ci de retenir ou d'absorber les liquides, exerce une influence considérable, au point de vue de la fixation de l'ammoniaque produite dans les déjections, au fur et à mesure de sa production pendant la fermentation.

La tourbe, la sciure de bois, la tannée, occupent le premier rang parmi les matières qui ont la propriété de retenir l'ammoniaque à l'état de véritables combinaisons.

Les pailles et les fanes n'ont pas, au même

degré, cette propriété qu'elles ne doivent, du reste, qu'à ce fait qu'elle ne retiennent l'ammoniaque qu'en raison de leur faculté d'imbibition du liquide, sans avoir aucun pouvoir fixateur spécifique.

Les feuilles mortes, les bruyères, etc., sont dans le même cas, avec une infériorité plus marquée.

La terre et, particulièrement, celle qui contient les plus grandes proportions de matières organiques, possède un pouvoir d'imbibition remarquable en même temps qu'une faculté propre d'absorption de vapeurs ammoniacales, qui rendraient ce mode de litière très recommandable, n'étaient les frais de transport qui résultent de son poids et de son volume élevés en raison de la quantité qui est nécessaire pour le bon couchage des animaux.

Quoi qu'il en soit, cet agent d'absorption à défaut de ceux que nous allons passer en revue, ne saurait être trop recommandé.

Au surplus, grâce à des expériences méthodiques, entreprises par M. Holdefleiss, le savant directeur de l'Institut agronomique de Proskau, on possède, aujourd'hui, les moyens de réduire dans des proportions considérables, et même d'annihiler complètement les pertes d'azote dans les fumiers, par l'emploi d'agents chimiques que nous allons passer en revue.

C'est à M. L. Grandeau, l'éminent directeur de

la station agronomique de l'Est, que nous empruntons la relation résumée des expériences de M. Holdefleiss et des résultats obtenus par ce dernier.

M. Holdefleiss, disons-nous, s'est livré à une série d'expériences sur les altérations du fumier et sur les divers modes préconisés pour les enrayer.

Nous ne parlons pas des procédés qui consistent, tout simplement, dans les soins que l'on doit apporter à la ferme, pour mettre ce précieux engrais à l'abri des pertes que la négligence invétérée de certains agriculteurs leur laisse subir; nous nous sommes suffisamment étendu à cet égard.

Nous nous bornons ici à examiner les substances qui, agissant, soit comme simples agents d'absorption, soit comme agents chimiques par voie de réaction, sont susceptibles de fixer l'azote et d'empêcher sa déperdition.

Ces agents sont les suivants :

1° La terre, dont un judicieux emploi, dans les litières, peut limiter à 2 0/0, les pertes d'azote.

2° Le plâtre répandu sur la litière à la dose de 2 kilog. par jour et par tête de gros bétail, ce qui représente une consommation de 7 à 8 quintaux métriques par année, fixe l'azote ammoniacal à peu près aussi complètement que la terre, soit à 2 0/0 près du poids de l'azote total du fumier. La dépense peut s'élever environ à 14 ou 15 francs par an, tandis que la perte en azote dans le fumier non traité correspond à 25 francs environ, et, dans le fumier arrosé, à 15 francs. On a donc encore intérêt, même dans le second cas, à employer le plâtre, puisque l'azote retenu par lui agira dans le sol, mais l'opération n'est pas très rémunératrice, le plâtre ordinaire n'agissant efficacement qu'à la dose de 2 kilog. par tête. De plus, la combustion de la matière organique du fumier, n'est pas enrayée par l'emploi du plâtre.

3° Le plâtre phosphaté qui n'est entré que récemment dans la pratique des cultivateurs anglais, allemands et belges, et qui est à peu près inusité encore, dans les exploitations françaises.

Le plâtre phosphaté est un déchet du traitement des phosphates pour la fabrication des superphosphates riches (35 à 40 0/0 d'acide phosphorique). Il est constitué par un mélange, en proportion variable, de sulfate de chaux hydraté (plâtre) très divisé et d'acide phosphorique aux trois états de solubilité. Le plus actif pour la conservation du fumier, et le plus économique par conséquent, malgré son prix plus élevé, est le mélange le plus riche en acide phosphorique soluble à l'eau.

Voici, d'après Holdefleiss, la composition et le prix de tous ces plâtres phosphatés, dont la vente est courante à l'étranger.

	I Pour cent.	II Pour cent.	III Pour cent.
Acide phosp. total . .	4 à 5	8.5 à 9.5	11.5 à 12.5
Dont : soluble à l'eau environ.	2	5 à 6	8 à 9
Soluble au citrate . .	1.5	3 à 4	3 à 4
Sulf. de chaux ppté ($CaO, SO^3, 2 HO$)	75 à 80	70 à 75	65 à 70
Prix approximatif des 100 kilog..	3 fr. 50	5 fr. 50	7 fr. 50

Dans les sortes II et III qui doivent être préférées à la première, on ne paye pas l'acide phosphorique plus cher que dans les superphosphates de bonne qualité et la quantité de sulfate de chaux, agissant aussi comme absorbant, ainsi que nous l'avons dit tout à l'heure, y est beaucoup plus considérable.

Le plâtre phosphaté retient *intégralement* l'azote du fumier ; il ralentit la combustion de la matière organique destinée à devenir du terreau dans la proportion de 31 (perte du fumier seul) à 22 0/0 du poids de la matière organique du fumier frais; enfin, l'azote absorbé par le plâtre phosphaté nitrifie, dans une proportion notable, 10 0/0 environ de l'azote total du fumier qui acquiert ainsi une activité plus prompte comme fertilisateur.

L'acide phosphorique retient l'azote du fumier à l'état de combinaison, beaucoup plus énergiquement que le plâtre seul : l'acidité de ce corps, que ne possède pas le plâtre, enraye la décomposition de la substance organique.

La première sorte de plâtre phosphaté (à 2 0/0 d'acide soluble) ne doit pas être employée; elle n'agit qu'à la dose de deux kilog. par jour et par tête de bétail, tandis que 1 kilog. à 1,200 grammes du n° 2, ou mieux encore 500 à 600 grammes du n° 3 suffisent pour le fumier arrosé. Cette dernière dose correspond donc à l'épandage sous chaque bête de 180 à 210 kilog. de plâtre phosphaté du n° 3 par année, ce qui représente une dépense de 14 à 16 francs par an, dépense largement compensée par la seule plus-value de l'enrichissement du fumier en phosphate, indépendamment de la conservation de l'azote.

Dans toutes les exploitations où l'apport d'acide phosphorique au sol est nécessaire, ce qui est le cas de la presque totalité de nos terres, on peut donc dire que l'emploi du plâtre phosphaté pour la conservation du fumier n'entraîne aucune dépense. Au lieu d'appliquer directement au sol l'acide phosphorique dont il a besoin, on le donne au fumier de ferme qui se trouve ainsi enrichi et, par surcroît, protégé contre toute déperdition d'azote et particulièrement défendu contre la combustion lente de sa matière organique.

Holdefleiss cite un fait qui donne une idée frappante de l'énergie avec laquelle l'acide phosphorique, mêlé au sulfate de chaux précipité, retient les vapeurs ammoniacales. Dans l'une de ses expériences sur une masse de 6,000 kilog. de fumier traité par le plâtre phosphaté et abandonnée en plein air, pendant six mois, dans le voisinage d'une bergerie, il trouva, à la démolition du tas, que non seulement le fumier n'avait pas perdu d'azote, mais qu'il en contenait 2 0/0 de plus qu'au moment de la sortie de l'étable. Cette augmentation s'explique, d'après lui, par la proximité de la bergerie dont les émanations ammoniacales avaient été fixées par le plâtre phosphaté du tas de fumier.

Le meilleur mode d'emploi de cet absorbant consiste, d'après les essais de Holdefleiss, dans l'épandage journalier du plâtre phosphaté à l'étable. Son contact avec les pieds ou le corps des animaux est absolument sans inconvénient. Il va sans dire que l'aire de l'étable doit être étanche, afin d'éviter la déperdition de l'acide phosphorique dilué dans l'urine.

L'azote du purin est également fixé complètement par le contact du plâtre phosphaté.

Le superphosphate produit sensiblement les mêmes effets que le plâtre phosphaté. Mais ce dernier est préférable parce que, d'un prix relativement plus bas, il introduit dans le fumier une plus grande quantité de sulfate de chaux.

4° L'emploi des sels bruts de potasse (chlorures et sulfates de Stassfurt) a été préconisé, dès 1868, par le docteur Franck, pour le traitement et la conservation du fumier d'étable. Les expériences faites, de 1884 à 1888, par Holdefleiss sur des masses de fumier de 6 à 7,000 kilogrammes, c'est-à-dire dans les conditions qui se présentent dans une exploitation rurale, sont venues confirmer les bons résultats de cette pratique. Nous allons résumer à grands traits ces intéressantes expériences, les premières, à notre connaissance, qui aient été faites méthodiquement sur une échelle suffisante, pour permettre d'en tirer des déductions applicables dans nos fermes.

Rappelons d'abord la composition et le prix des sels de potasse, qui peuvent être avantageusement et économiquement employés, comme nous le verrons tout à l'heure, au traitement du fumier. Ces sels sont au nombre de trois : la kaïnite, la carnallite, la kisérite; en voici la composition et le prix (aux usines de Stassfurt) [1] :

	Kaïnite 0/0	Carnallite	Kisérite
	—	—	—
Sulfate de potasse.	21.3	0.0	0.0
Chlorure de potassium . .	2.0	15.5	11.8
Sulfate de magnésie. . . .	14.5	12.1	21.5
Chlorure de magnésium. .	12.4	21.5	17.2
Chlorure de sodium. . . .	34.6	22.4	26.7
Sulfate de chaux	1.7	1.9	0.8
Matières insolubles	0.8	0.5	1.3
Humidité	12.7	26.1	8.8
Potasse réelle 0/0.	12.4	9.8	7.5
Prix des 100kg à Stassfurt Fr.	1 89	1 15	1 16
Prix du kilo du potasse. . .	» 15	» 125	» 155

Holdefleiss a constaté, dans ses expériences,

1. Les cultivateurs pourraient se procurer ces produits par l'intermédiaire des syndicats, qui les feraient venir de Stassfurt, par wagons complets, ce qui diminuerait notablement le prix de revient.

que la dose de l'un de ses sels à répandre chaque jour sur la litière, doit être par tête de gros bétail, de 750 grammes à 1 kilog., soit d'environ 275 à 360 kilog. par année, ce qui correspondrait à une dépense annuelle d'achat de 4 à 7 francs, suivant la nature du sel : en doublant ce prix pour frais de transport, il s'agirait donc d'une dépense de 8 à 15 francs par tête de gros bétail et par an; l'apport de potasse, qui se trouverait ainsi payé 0 fr. 30 c. le kilog. par le cultivateur, s'ajouterait dans la plus-value du fumier à la la valeur de l'azote dont l'emploi des sels de potasse empêche, on va le voir, toute déperdition.

Holdefleiss a expérimenté comparativement l'action des sels de potasse sur le fumier non arrosé et sur le fumier arrosé de purin; les expériences ont porté sur des masses de 6,000 kilog. environ; elles ont eu une durée de six mois.

Les résultats de ces deux séries d'essai ont été les suivants :

Fumier non arrosé. — Additionné de 260 kilog. de kaïnite, par épandage à l'étable sur la litière. Masse mise en expériences : 6,050 kilog.

	Poids du fumier — kilog.	Poids de la substance sèche — kilog.	Poids de l'azote total — kilog.
Au sortir de l'étable .	6,050	1,247.4	24.26
Six mois après . . .	4,700	1,099.0	24.30
Perte	1,350	148.5	néant
Perte 0/0 . .	23.3	11.6	néant

Fumier arrosé. — Additionné de 300 kilog. de kaïnite ; a reçu en outre, en trois fois, 656 litres de purin. La masse traitée pesait 6,250 kilog.

	Poids du fumier	Poids de la substance sèche	Kilog.
	kilog.	kilog.	
Au sortir de l'étable .	6,250	1,258.2	18.26
Six mois après . . .	4,840	1,086.3	18.59
Perte	1,410	171.9	gain
Perte 0/0 . .	22.5	13.7	0.33

L'addition des sels de potasse supprime donc totalement la perte d'azote et diminue, dans une proportion notable, celle de la matière organique sèche du fumier. Quelles transformations subit l'azote organique pendant la conservation du fumier par les sels de potasse? Dans le cas de l'addition de ces derniers, sans arrosage, 11 0/0 de l'azote organique du fumier se sont transformés en ammoniaque et en acide nitrique dans les proportions suivantes :

Azote ammoniacal . . .	3.75 0/0
Azote nitrique	7.17
Total	10.92 0/0

L'acide phosphorique (expériences avec le superphosphate et le plâtre phosphaté) a transformé également 11 0/0 de l'azote organique du fumier qu'il a fait passer presque intégralement à l'état d'azote nitrique (13.10 0/0 au lieu de 7.17 au cas présent).

Le fumier potassique arrosé de purin n'a subi pour ainsi dire aucune nitrification, il ne s'est formé que de l'ammoniaque. Voici, d'ailleurs, le rapprochement des résultats obtenus, sous ce rapport, dans les divers modes de traitement :

	FUMIERS NON ARROSÉS Procédés de traitement			FUMIERS ARROSÉS		
	Terre	Plâtre phosphaté	Sels de potasse	Terre	Plâtre phosphaté	Sels de potasse
	—	—	—	—	—	—
Azote transformé en acide nitrique . . .	0/0 18	0/0 10.13	0/0 7.19	0/0 8.5	0/0 4.6	0/0 0.6
Ammoniaque. .	—	0.54	3.75	6.5	6.2	6.0

Une particularité relative à l'action des sels de potasse présente une réelle importance : elle a trait à la conservation des caractères physiques du fumier. Tandis que les fumiers d'étable conservés par la terre, par le superphosphate ou abandonnés seuls durant trois mois sont, en grande partie, décomposés et également consommés, le fumier additionné de sels de potasse paraît aussi frais, après six mois, qu'au bout de quelques semaines seulement. La texture de la paille est presque intacte : la transformation est donc beaucoup moins intense que dans les trois autres cas.

Tenant compte de ces différences et notamment des écarts si notables dans la nitrification, Holdefleiss estime que, dans le choix du mode de traitement par la terre, le plâtre phosphaté ou les sels de potasse, le cultivateur devra s'inspirer de la nature des terres à fumer et des qualités spéciales qu'elles réclament des fumiers qui leur sont destinés. Le directeur de l'Institut de Proskau, dont les conclusions basées sur les expériences et analyses que nous avons rapportées ont été confirmées par des essais directs de culture dont il est parlé plus loin, a formulé à peu près comme suit les motifs qui guideront le cultivateur dans le choix du mode de conservation du fumier :

1° Veut-on préparer, en vue de la fumure des terres fortes, humifères, un fumier dont l'action soit à la fois la plus prompte et la plus énergique, mais qui, par contre, sera le moins riche en matières organiques capables de se transformer en humus, on donnera la préférence à la conservation par une couche de terre.

2° Recherche-t-on, en même temps qu'une action prompte du fumier, un apport de la plus grande quantité possible de matière organique (ce qui conviendra aux terres fortes (argileuses) pauvres en humus), c'est le fumier traité par le plâtre phosphaté ou le superphosphate qui répondra le plus complètement au but.

3° S'agit-il, au contraire, de sols légers, très perméables, dans lesquels un fumier déjà très modifié se brûlerait trop vite; veut-on appliquer une fumure dont la transformation soit plus lente et qui, en même temps, apporte beaucoup de substance organique, si importante pour cette catégorie de sols, c'est le traitement du fumier par les sels de potasse qui devra être préféré aux précédents.

On remarquera que les terres fortes manquent généralement de phosphate et sont presque toujours suffisamment riches en potasse, tandis qu'au contraire cette base fait fréquemment défaut dans les terres légères calcaires ou siliceuses. Au point de vue de l'apport aux sols de quantités supplémentaires d'acide phosphorique ou de potasse, les indications de Holdefleiss nous paraissent donc encore très justifiées.

Les scories de déphosphoration dont l'emploi va croissant et qui donnent d'excellents résultats agricoles, peuvent-elles être employées en épandage sur le fumier? Contribuent-elles à la conservation de l'azote et de la substance organique? Exercent-elles, au contraire, par suite de la présence de la chaux libre qu'elles contiennent, une action nuisible? Ou bien sont-elles sans action favorable ou défavorable sur la conservation du fumier? Tels sont les points à l'étude desquels l'extension de ce nouvel engrais phosphaté a prise dans la fumure des terres, donne un intérêt spécial. Holdefleiss a consacré à la solution de ces questions une dernière série d'expériences.

Une étable d'une vaste exploitation comprenant vingt-quatre vaches, a été divisée en deux parties égales. Le fumier de l'une des moitiés recevait journellement 12 kil. 1/2 de scories à

18 0/0 d'acide phosphorique et 53 0/0 de chaux; l'autre ne subissait aucun traitement. Après deux mois de séjour à l'étable du fumier produit par les vingt-quatre vaches, les masses retirées de chacune des deux moitiés de l'étable pesaient: l'une 29,515 kilog., l'autre, 27,460. Les taux d'azote ont été trouvés identiques; l'azote n'avait nitrifié ni dans l'une, ni dans l'autre des masses. En un mot, l'action des scories avait été nulle sur la composition des fumiers, sauf l'enrichissement en acide phosphorique et en chaux de la masse qui avait reçu cet engrais.

Mises en tas à la sortie de l'étable, les masses de fumier ont été abandonnées à l'air libre pendant trois mois et demi. Au bout de ce temps, les fumiers ont été analysés à nouveau. Voici les résultats obtenus :

	PERTES en substances sèches		PERTES EN AZOTE	
	Traité par scories	Sans addition	Scories	Rien
Fumier mis en tas pendant 3 mois 1/2 . . .	31.6	24.7	15.5	11.6

Ainsi, contrairement à ce qui s'est produit pendant le séjour du fumier sous les animaux, condition qui assure sa conservation parfaite, comme nous l'avons vu précédemment, le fumier mis en tas de 30,000 kilog. environ, a perdu plus de substance organique et plus d'azote sous l'influence des scories qu'en l'absence de cette matière. La conclusion à tirer de ces faits est que l'emploi des scories ne saurait être conseillé que dans le cas où le fumier peut être enfoui dans le sol immédiatement à sa sortie de l'étable. S'il doit séjourner à l'air, les procédés de la terre, du superphosphate ou des sels de potasse qui assurent la conservation presque intégrale de l'azote, doivent lui être préférés. Dans le cas presque général où l'apport direct du phosphate dans le sol est nécessaire, c'est incontestablement à l'emploi du plâtre phosphaté ou du superphosphate que le cultivateur doit avoir recours pour le traitement de ses fumiers.

On a également préconisé le sulfate de fer pour fixer l'ammoniaque du fumier, lequel ne se trouve jamais à l'état libre, mais bien combiné avec l'acide carbonique, formant ainsi du carbonate ou du bicarbonate alcalin. Il se forme ainsi une combinaison dans laquelle l'acide sulfurique du sulfate de fer se substitue au carbonate et donne lieu ainsi à la formation de sulfate d'ammoniaque, sel parfaitement fixe qui ne sera plus susceptible de se volatiliser comme l'était le carbonate d'ammoniaque, lequel, ainsi que nous l'avons fait remarquer en parlant des purins, se volatilise à une température peu élevée.

Mais dans le fumier, à côté du carbonate d'ammoniaque, se trouvent des carbonates alcalins de potasse et de soude, sur lesquels le sulfate de fer réagit également en les transformant en sulfates correspondants, de telle sorte que la réaction se manifeste presque tout entière au profit de ces derniers et que ce n'est qu'à la condition d'introduire du sulfate de fer en excès sur le carbonate d'ammoniaque, qu'on arrive à empêcher la volatilisation de ce dernier.

Or, comme le prix du sulfate de fer est assez élevé (8 fr. les 100 kilog.), il n'est pas permis de s'en montrer trop prodigue, malgré qu'il améliore les terres dans lesquelles on l'introduit, en leur apportant du fer.

Nous en dirons tout autant des acides sulfurique et chlorhydrique qui sont, cependant, d'un emploi plus commode. Il suffit, en effet, après les avoir étendus d'eau en quantité suffisante pour obtenir un liquide à 2 ou 3 degrés Baumé, d'en arroser les couches de fumier au fur et à mesure qu'on les forme, à la surface du tas. Mais ces acides ont le même inconvénient que le sulfate de fer ; comme ils saturent d'abord les carbonates alcalins, il faudrait aussi les employer en quantité assez considérable, avant que leur effet se manifeste sur le carbonate d'ammoniaque. Il est cependant assez facile avec ces acides de déterminer la quantité qu'il faut en ajouter au fumier pour atteindre le terme exact de la saturation. Il suffit pour cela d'ajouter peu à peu, à un volume déterminé de fumier, de la liqueur acide jusqu'à ce que le mélange présente une réaction légèrement acide au papier de tournesol. On peut alors verser sur la couche entière une dose proportionnelle du liquide, pour obtenir une saturation complète de toute l'ammoniaque.

On peut encore, au lieu d'acide sulfurique pur, employer celui qui a servi à la désagrégation des os ou des cadavres des animaux morts sur la ferme. Ce liquide agira comme l'acide sulfurique lui-même et apportera en outre au fumier les principes azotés et les phosphates qu'il renferme.

Effets des réactifs chimiques sur les purins. — Dans les purins, la plus grande partie de l'azote s'y trouve à l'état de bicarbonate d'ammoniaque, lequel ainsi que nous l'avons dit plus haut, se volatilise facilement, à une température peu élevée; il y a tout intérêt à en empêcher le départ, non seulement en prenant les précautions que nous avons indiquées et qui consistent dans la parfaite étanchéité et la clôture hermétique des fosses qui les contiennent mais aussi en saturant l'ammoniaque, à l'aide des agents chimiques que nous venons de passer en revue. L'acide sulfurique et l'acide chlorhydrique ajoutés en proportion convenable, c'est-à-dire jusqu'à légère réaction acide du liquide, remplissent ce but. Il est bon d'étendre ces acides, au préalable, de huit à dix fois leur volume d'eau et d'agiter la masse après chaque addition. On fait de nouvelles additions toutes les fois que le purin a une réaction alcaline qui se manifeste par le virage au bleu du papier rouge de tournesol.

On peut encore employer le sulfate de fer qui agit par l'acide sulfurique qu'il renferme, mais ajoutent MM. Müntz et Girard à qui nous emprun tons ces recommandations, il faut de plus grandes quantités de ce réactif et, par suite, son emploi est plus onéreux. Si l'on voulait s'adresser à lui, on devrait, au préalable, le dissoudre dans huit ou dix fois son poids d'eau, avant de l'incorporer au purin. Là encore on peut se guider sur l'alcalinité de la liqueur, pour apprécier les doses de vitriol à employer.

Quant au plâtre, il n'a aucun effet utile; il tombe au fond de la fosse et, en raison de sa très faible solubilité, il n'intervient que d'une manière très limitée dans les réactions chimiques qui s'y passent.

Enfin nous avons vu plus haut, lorsque nous avons rapporté les expériences de M. Holdefleiss, touchant les substances absorbantes susceptibles de s'opposer à la déperdition de l'azote dans le fumier de ferme, que l'azote du purin est également fixé par le contact du plâtre phosphaté.

Procédés généraux de conservation des fumiers. — En résumé, à l'aide de certaines substances absorbantes dont la plupart agissent plutôt comme réactifs chimiques, lesquels constituent avec les éléments divers qui se trouvent dans le fumier, des combinaisons susceptibles de fixer l'azote et de s'opposer à la volatilisation de ce gaz, on peut conserver, à cet engrais, la richesse naturelle qu'on lui laisse perdre, trop souvent, par des négligences impardonnables.

Mais l'emploi de ces substances, hâtons-nous de le dire, ne serait que d'un faible secours, si on ne prenait pas à l'égard du fumier, certaines précautions, si on ne lui donnait pas, constamment, certains soins, à la portée de tous les agriculteurs et qui, plus que tout autre procédé, participeront à maintenir dans cet engrais, les principes fertilisants utiles et lui conserveront sa valeur réelle.

Nous allons passer en revue les différents procédés employés à cet effet.

Aménagement de l'étable. — Et tout d'abord on ne saurait trop recommander l'étanchéité du sol des étables, écuries, porcheries, vacheries ou bergeries dans lesquelles les animaux sont réunis. Si ce sol est bitumé, pavé ou planchéié, il n'en vaudra que mieux. On conçoit que, de la sorte, on évite la perte gratuite de la partie la plus riche du fumier, c'est-à-dire des urines qui, autrement, s'infiltrent dans la terre, s'y écoulent sans profit pour personne et n'ont d'autre effet que de rendre bientôt tous les locaux insalubres et défavorables à la santé des animaux. A défaut de planchers établis de la sorte, on prendra la précaution de recouvrir le sol d'une couche de terre meuble, qu'on choisira aussi spongieuse que possible, qui absorbera le liquide qui s'échappe de la litière et que l'on recueillera en même temps que le fumier lui-même, car il contiendra de grandes proportions de principes fertilisants.

Il serait à désirer que le sol des étables, au lieu d'être plan, s'en allât en déclivité avec un système de caniveaux ou de petits ruisseaux aboutissant à la fosse au purin, dans laquelle ils déverseraient les parties liquides. Par ce système on économise d'abord la litière qui moins imprégnée d'urines épuise moins vite son pouvoir absorbant et, de la sorte, a besoin d'être renouvelée moins souvent; on évite, également, de la sorte, le trop grand dégagement de chaleur qui se manifeste au sein du milieu pailleux, lequel en contact avec une plus grande quantité d'urine entre plus vite en fermentation, peut dessécher et altérer les cornes des pieds des animaux et qui, dans tous les cas, provoque un développement très actif de vapeurs ammoniacales dont les bêtes de l'étable sont toujours fort incommodées, en même temps que, de ce fait, résulte une perte notable d'azote.

Ce n'est point à dire, cependant, que ces mesures permettent de laisser séjourner indéfiniment le fumier dans les écuries. Dans toutes les fermes bien dirigées, l'enlèvement doit s'en faire plutôt chaque jour que plus rarement. On relève sous l'auge la paille qui peut encore servir et on fait sortir les crottins et les pailles qui ont été souillées par les excréments, que l'on transporte à l'aide d'une brouette sur le tas. Ces précautions ne sont pas seulement imposées par le souci de conserver à l'engrais toutes ses qualités, mais encore et surtout au point de vue de l'hygiène du bétail qui, autrement, souffre de la chaleur, ne respire que dans une atmosphère impure, saturée de gaz ammoniacaux et dépérit dans le cloaque où on le confine, de sorte que l'agriculteur négligent qui ne prend pas ces précautions vulgaires, y perd doublement, d'abord par la qualité de son engrais qui s'abaisse et ensuite par la valeur de ses animaux qui diminue soit qu'on les destine à la boucherie ou au travail.

Mise en tas. — Nous avons vu que rien n'était plus préjudiciable à la conservation des principes fertilisants contenus dans les fumiers, d'abord de les étendre sur une vaste surface, et ensuite de les laisser exposés au lavage incessant des eaux pluviales qui dissolvent les éléments utiles, les entraînent et les perdent.

Bernard de Palissy qui vivait au XVIe siècle, c'est-à-dire bien avant que la science de la chimie eût éclairé, d'une lumière toute nouvelle, la théorie de la conformation des plantes et, successivement, l'obligation de restituer au sol les matières minérales qui lui ont été enlevées par les récoltes, accentuait déjà, dans son *Traité d'agriculture*, la nécessité de prendre un soin tout particulier du fumier.

Après avoir de nouveau déploré la négligence

que les cultivateurs apportent à l'aménagement de leurs fumiers et rappelé que la *teinture* emportée par les eaux qui les lavent est « *la principale et le total de la substance du fumier* et qu'ainsi lavé le fumier ne peut servir *sinon de parade* », il ajoutait : « Tu dois entendre premièrement la cause pourquoi on porte le fumier aux champs et, ayant entendu la cause, tu croiras aisément ce que je t'ai dit. Il faut que tu me confesses que, quand tu apportes le fumier au champ, *c'est pour lui rebailler une partie de ce qui lui a été ôté,* car il en est ainsi qu'en semant le blé on a espérance qu'un grain en apportera plusieurs; *or, cela ne peut être sans prendre quelque substance à la terre et, si le champ a été semé plusieurs années*, sa subtance est emportée avec les pailles et grains. Par quoi il est besoin de rapporter les fumiers, boues et immondicités, et même les excréments et ordures, tant des hommes que des bêtes, si possible était, *afin de rapporter au lieu la même substance qui lui aura été ôtée*. Et voilà pourquoi je dis que *les fumiers ne doivent pas être mis à la merci des pluies, parce que les pluies, en passant par lesdits fumiers, emportent le sel qui est la principale substance et vertu du fumier*. »

Et plus loin, l'illustre potier de Saintes s'exprimait encore ainsi : « Par quoi ceux qui laissent leurs fumiers à la merci des pluies sont fort mauvais ménagers et n'ont guère de philosophie acquise ou naturelle, car les pluies qui tombent sur les fumiers, découlant en quelque vallée, emmènent avec elles le sel dudit fumier qui se sera dissous à l'humidité, et par ce moyen le fumier ne servira plus de rien étant porté au champ. »

C'est ainsi que nous voyons, cependant, les choses se pratiquer dans maintes petites exploitations, où le fumier est accumulé contre un mur, souvent au-dessous d'une gouttière ou bien au milieu d'une cour en déclivité, si bien que la pluie en tombant, les lave constamment, s'approprie ses principes solubles et s'écoule enfin, en raison de la pente du terrain, dans les ruisseaux du dehors, à moins qu'elle ne soit absorbée par le sol ou bien par l'évaporation, ce qui amène un résultat identique.

Ces pratiques déplorables accusent encore plus de négligence que d'ignorance et témoignent, dans tous les cas, d'un bien faible souci de la propreté et de l'hygiène qui sont, cependant, les meilleurs agents de la prospérité. C'est là ce qu'il nous serait facile de démontrer si le cadre de cet ouvrage nous permettait le développement de cette thèse.

L'objectif est donc de réunir les déjections du bétail sous la plus petite surface possible, en tas homogène, puis de les soustraire à l'action des eaux.

Dans les petites exploitations dont nous parlons où l'on craindrait de se livrer à la dépense d'aménagements trop compliqués il est facile de réaliser ce désidératum.

Là, expliquent MM. Müntz et Girard, à qui nous empruntons encore ces recommandations, il faut asseoir le tas sur un terrain parfaitement plat, bien battu ou mieux pavé ou bitumé, à l'abri des gouttières ou des eaux qui ruissellent dans les cours; les purins ne pouvant pas être recueillis à part, on creusera une petite fosse que l'on remplira d'une bonne terre passée à la claie qui absorbera les liquides et se transformera ainsi en un véritable fumier; en outre on entourera le tas de fumier d'un fossé destiné à retenir les purins qui s'écoulent et que l'on garnira de terre meuble comme la fosse. Voilà des procédés simples et peu coûteux, éminemment pratiques et que le plus petit cultivateur peut suivre.

Nous ne saurions trop condamner le système employé dans certaines fermes où l'on s'imagine éviter l'écoulement du liquide qui découle du fumier en déposant celui-ci dans des creux, des enfoncements que la nature a seuls créés dans les cours ou que l'on s'est donné la peine d'établir soi-même. Ces creux qui, la plupart du temps, sont loin d'être étanches et où, par conséquent, les liquides s'infiltrent dans le sol, s'ils ne présentent pas cet inconvénient rédhibitoire, ont celui encore bien plus regrettable de retenir, en même temps que le purin, les eaux pluviales qui dégouttent des toits ou tombent sur le sol. Placé dans des enfoncements aussi rudimentaires, le fumier est constamment lavé, il diminue de volume, ne fermente plus et abandonne à l'eau stagnante dans laquelle il est presque plongé, une très grande partie des principes solubles et fertilisants qu'il contient.

Fosses à fumier et à purin. — Une disposition que l'on peut adopter comme fosse à fumier consiste à établir un plan incliné de longueur et de largeur proportionnées à la quantité de fumier que l'on peut produire et ayant 50 à 60 centimètres de profondeur en son point le plus bas. Les parois de cette fosse doivent être revêtues sur ses trois côtés d'un revêtement cimenté, le fond sera pavé ou formé d'un argile tenace ou d'une couche de terre glaise bien battue, en un mot on s'arrangera de façon à prévenir toute infiltration dans le sol. A la partie la plus basse de la fosse, on pratique un ou deux petits canaux munis d'un grillage à l'intérieur et d'une vannette à l'extérieur, dont la destination est de recueillir les parties liquides dans une fosse à purin bien étanche, creusée à l'extrémité de la partie la plus basse de la fosse à fumier. Cette fosse à purin est recouverte d'un plancher et munie d'une pompe au moyen de laquelle on peut, à l'aide d'une conduite en planches, déverser le purin sur le fumier. Il est très recommandable, dans ces conditions, d'installer des cabinets d'aisances au-dessus de la fosse à purin ; de cette manière, aucune des déjections susceptibles de fournir des éléments de fertilisation ne sont perdus dans la ferme (*fig. 1*).

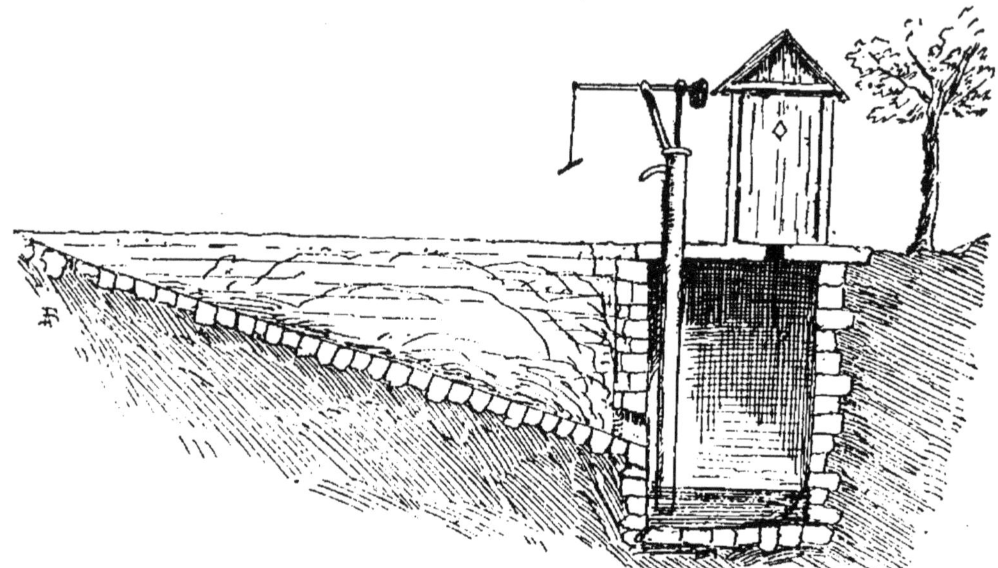

Fig. 1. — Fosse à fumier en déclivité avec fosse à purin sur laquelle est établie un cabinet d'aisances.

On peut encore donner à la fosse la forme d'un entonnoir très évasé et au centre (partie la plus basse) ménager une ouverture recouverte d'une

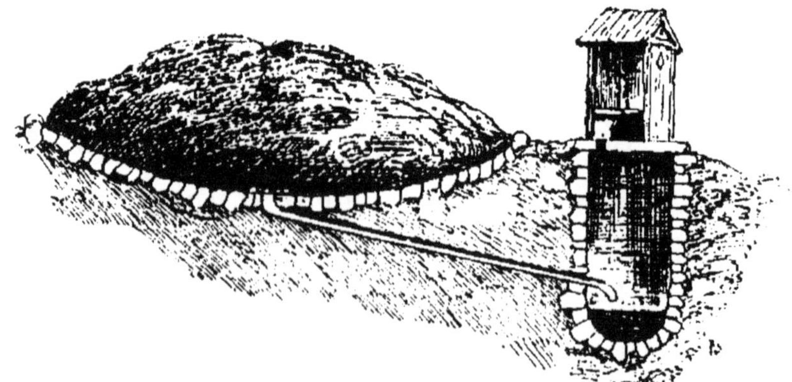

Fig. 2. — Fosse à fumier en forme de cuvette, avec fosse à purin sur laquelle est établi un cabinet d'aisances.

grille, permettant aux liquides de s'écouler au moyen d'un caniveau dans une fosse à purin placée sur l'un des côtés (*fig.* 2).

La fosse à purin, au lieu d'être placée sur le côté, peut encore être placée au centre même de l'excavation (*fig.* 3); on la recouvre alors de

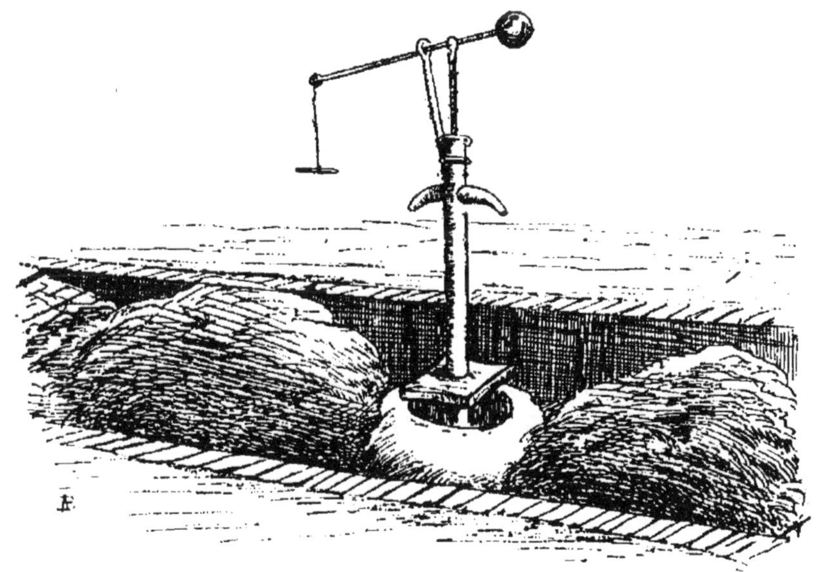

Fig. 3. — Fumier avec fosse à purin centrale.

madriers peu espacés les uns des autres et assez forts pour pouvoir supporter le poids du fumier. La pompe se trouve ainsi au centre du tas, et le purin est à l'abri de l'évaporation en été et des gelées en hiver.

Deux fosses sont souvent adossées l'une à l'autre, séparées par un chemin empierré sur lequel peuvent passer les voitures. La fosse à purin est alors placée dans l'un des angles et reçoit les liquides des deux fosses.

Quelquefois, on élève autour de la fosse un petit mur de 35 à 40 centimètres de hauteur, qui a l'avantage de garantir le tas et de le mettre à l'abri contre la chaleur et les eaux du dehors ; mais cette disposition a l'inconvénient de rendre les abords de la fosse plus difficiles pour les voitures.

Les fosses à fumier présentent toujours l'avantage de ralentir la fermentation ; elles sont donc surtout favorables à la conservation du fumier de cheval, qui n'a que trop de tendance à s'échauffer et à prendre le blanc lorsque l'air y a trop facilement accès. Mais, d'un autre côté, elles ont l'inconvénient d'exiger plus de main-d'œuvre, lorsqu'il s'agit d'en extraire le fumier pour le porter sur les terres; elles sont en outre d'une construction coûteuse et sont exposées, si elles ne sont pas parfaitement étanches, à laisser perdre les purins par infiltration dans le sol.

Les plates-formes à fumier sont d'une construction plus simple et moins coûteuse. On établit à quelques centimètres au-dessus du niveau du sol une aire rectangulaire légèrement bombée en béton ou en pavé cimenté, ou plus simplement en terre glaise bien battue qu'on entoure d'une rigole pavée. Cette rigole doit être en contre-bas de la plate-forme, de façon à recueillir les liquides qui s'écoulent du fumier, mais son bord extérieur doit être élevé de 10 à 12 centimètres pour que les eaux venant du dehors puissent y pénétrer.

Cette saillie est raccordée au sol naturel par un talus incliné.

La rigole doit présenter une légère pente, de façon à conduire les liquides qu'elle reçoit dans la fosse à purin. Assez souvent cette fosse, de forme allongée (*fig. 4*), divise la plate-forme en

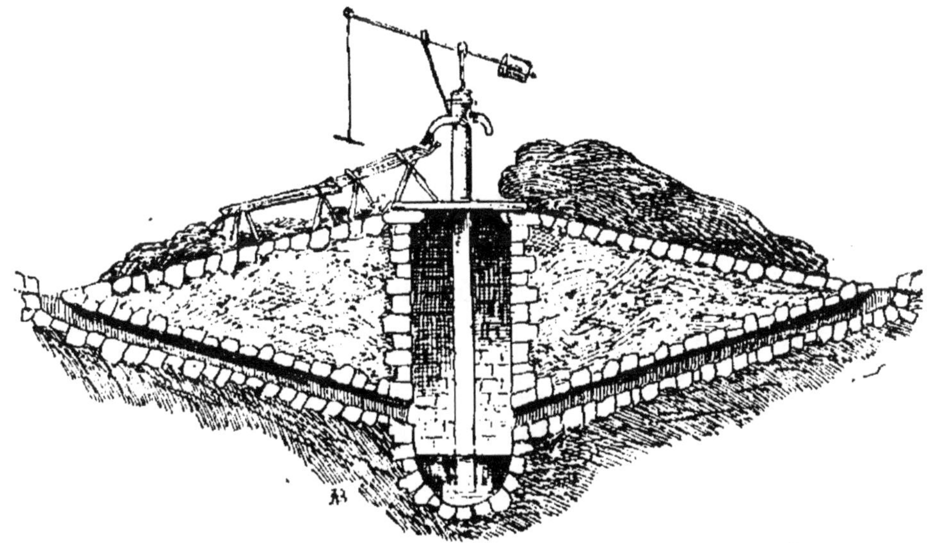

Fig. 4. — Fosse à fumier avec fosse à purin centrale.

deux parties : l'une pour le fumier fait, prêt à employer ; l'autre pour le fumier frais, en voie de formation. L'écoulement des purins dans la fosse peut se faire au moyen de tuyaux de drainage en poterie rejointoyés, ou au moyen de tuyaux en fonte. Ces tuyaux doivent être munis, à l'endroit où ils débouchent dans la rigole, d'une grille destinée à retenir les fragments de paille ou de fumier qui pourraient les obstruer, enfin la pompe qui plonge dans la fosse doit pouvoir tourner sur elle-même, ce qui permet d'arroser à volonté l'un ou l'autre des deux tas de fumier, ou bien avoir deux orifices de sortie que l'on bouche alternativement.

Pour confectionner le tas, on commence d'abord par former les bords avec du fumier de bêtes à cornes et on réserve pour le milieu le fumier de cheval ou de moutons qui, moins exposé à l'air, sera moins susceptible de prendre le blanc. Le tas peut aussi être établi en forme de rampe suivant sa longueur, ce qui permet aux voitures ou aux brouettes d'atteindre facilement jusqu'à son sommet.

Assurément les divers procédés de conservation des fumiers dans les fosses dont on peut varier à l'infini le système d'aménagement, pourvu toutefois qu'on observe les principes généraux que nous venons de déterminer, sont préférables à tous autres, par la raison qu'ils protègent mieux cette sorte d'engrais contre la sécheresse et l'oxydation de l'air. Mais, par contre, les installations qu'elles exigent sont plus coûteuses à établir et en outre augmentent les frais généraux de manutention autant à cause de l'accès rendu plus difficile aux brouettes que du déchargement rendu plus incommode.

Aussi a-t-on plus généralement adopté la plate-forme préconisée pour la première fois par Mathieu de Dombasle.

On désigne sous le nom de *plates-formes*, un espace presque plat et de niveau avec le sol, sur lequel on a disposé et battu de petits cailloux, recouverts quelquefois de ciment ou de mortier si le sol est perméable. Lorsque le fond est argileux, imperméable, on se dispense souvent de prendre cette précaution. Il suffit alors de battre le sol et de lui donner une forme légèrement convexe B *(fig. 5)*, afin que les urines ne séjour-

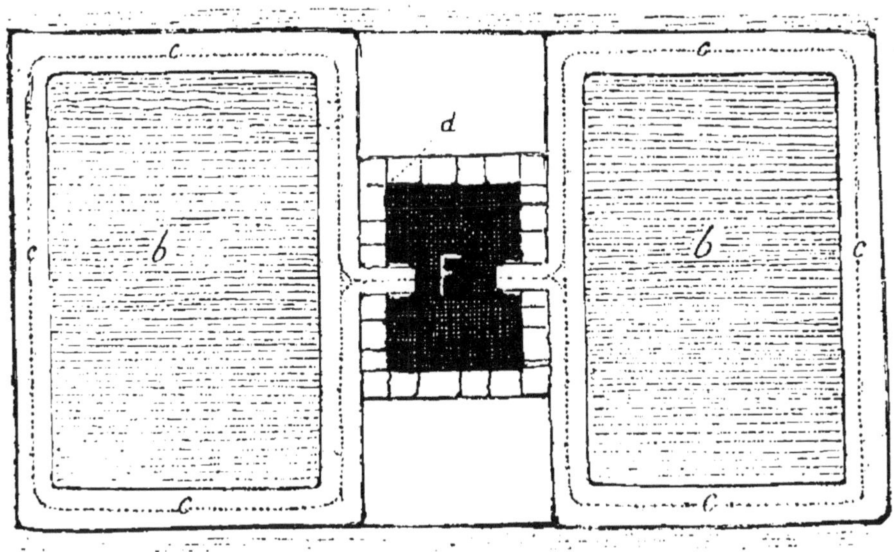

Fig. 5. — Plates-formes à fumier.

nent pas sous le fumier. Sur les quatre côtés de l'espace sur lequel le tas de fumier doit être établi règne une rigole CCCC, destinée à conduire tout le liquide qui s'écoule, dans le réservoir D, établi en dehors du tas, sur l'un des côtés et muni d'une pompe F. Cette rigole appelée à recueillir le purin, doit être établie dans les mêmes conditions d'étanchéité et de fermeture que celles dont nous avons déjà parlé plus haut.

En dehors de cette rigole, il doit exister une petite levée EE, en gravier mêlé d'argile, d'un mètre environ de largeur et d'une hauteur suffisante pour empêcher que le purin puisse jamais sortir des rigoles et que les eaux extérieures puissent s'y mêler. Cette petite levée ne doit avoir que 0^{m}10 à 0^{m}15 de hauteur; il est utile de ne pas lui donner plus d'élévation qu'il n'est nécessaire, afin de ne pas gêner l'accès des voitures, au moment où l'on transporte le fumier dans les champs.

Lorsque le sol est convenablement préparé, on y conduit le fumier des étables, écuries, bergeries, etc., en ayant la précaution de le placer par couches peu épaisses et d'alterner, autant que possible, la variété des fumiers. Quand le tas est arrivé à une hauteur de 2^{m} à 2^{m}50 et que ses côtés sont bien perpendiculaires, bien verticaux, on le couvre d'une couche de terre, de boues des rues, de curures de routes ou de fossés, de 0^{m}20 à 0^{m}25 d'épaisseur. Cette terre a l'avantage d'agir par son poids, sur la masse du fumier, de le tasser uniformément, de le priver de l'action de l'air, de condenser une partie des vapeurs ammoniacales qui se dégagent pendant la fermentation et de tempérer l'action quelquefois trop vive du soleil, pendant l'été. Ainsi comprimé, le fumier fermente plus régulièrement et plus promptement. Quand on néglige de couvrir, d'une couche de terre, les tas de fumier ainsi disposés, il est rare que les matières qui les composent se convertissent, par les progrès de la fermentation, en une masse pour ainsi dire homogène.

Soins à donner au fumier en tas. — Lorsque le tas de fumier a été établi dans de bonnes conditions, c'est-à-dire constitué en couches bien homogènes, fortement tassées de façon à les préserver autant que possible de l'action de l'air qui ne manquerait pas de provoquer, au sein de la masse, une fermentation active avec développement considérable de chaleur, favorable à la dispersion de l'ammoniaque, il convient de l'entretenir dans un état convenable d'humidité.

Il faut que l'on sache, en effet, que le fumier accumulé en tas de six à sept mille kilogrammes, pendant six mois, perd, en l'absence d'arrosage, 31 0/0 de son poids, cette perte étant due presque exclusivement à la destruction de la matière organique, et 23.4 0/0 de l'azote qu'il contient au sortir de l'étable. L'arrosage répété réduit les pertes à 29 0/0 du taux de la matière organique et à 13.6 0/0 de celui de l'azote originel.

On arrive facilement à éviter la perte maxima à l'aide d'arrosages fréquents mais peu abondants, pour lesquels on se sert du liquide recueilli dans la fosse à purin. On remonte ce liquide au moyen de la pompe installée au-dessus de la fosse et dont nous avons déjà parlé, et la répartition se fait aussi également que possible sur toute la surface du tas, soit à l'aide de rigoles en bois formées de deux planches bien jointes et soutenues par des chevalets en forme d'X, dont l'extrémité aboutit au milieu même du tas, soit en recevant le purin dans un baquet reposant sur le tas même et qu'on répartit ensuite sur toute la surface, au moyen d'une écope.

Ces arrosages doivent être d'autant plus fréquents que la température ambiante est plus élevée. En hiver ils sont généralement inutiles, mais à mesure que la chaleur arrive, ils deviennent indispensables et si on n'avait pas de purin à sa disposition, il conviendrait plutôt d'employer simplement de l'eau. C'est même pour ne pas être pris à court sur ce point, que dans beaucoup de fermes on s'arrange de telle sorte que les eaux pluviales s'écoulent dans la fosse à purin.

Lorsque, pendant les grandes chaleurs, on estime que l'humidité n'existe pas dans la masse, dans une proportion favorable à la fermentation, on fera bien de pratiquer de mètre en mètre, en tous sens sur la surface du tas, des trous au moyen d'une barre de fer. Ces ouvertures faciliteront la pénétration du purin dans la masse, lors des arrosements.

Dans un fumier bien tassé et bien arrosé, disent MM. Müntz et Girard, les *chancissures* ou *blanc de fumier*, qui vivent aux dépens de cet engrais et lui enlèvent une partie de ses principes fertilisants, et qui ne se manifestent ordinairement que lorsque l'air a trop facilement accès, ne peuvent se développer; il n'y a pas d'élévation sensible de la températnre. Dans la masse pénétrée de purin, la fibre végétale se désagrège et se solubilise, l'engrais devient gras et onctueux,. prend une homogénéité très grande et se coupe à la bêche. Une fermentation lente s'établit, mais sans qu'il y ait dégagement notable d'ammoniaque. Les pertes, dans ce cas, ne dépassent guère 14 0/0 de l'azote total.

Observons d'ailleurs que le fumier *chanci*, couvert de petits filaments blancs (mycelium) est incapable d'entrer de nouveau en fermentation; il se comporte en tous points comme la paille qui n'a pas été imprégnée de parties salines et alcalines et il s'altère sous l'action seule de l'humidité et des agents atmosphériques.

Nous avons dit que les fumiers placés à l'abri de la pluie sont toujours plus riches que ceux qui y sont laissés exposés. Partant de ce principe, certains agriculteurs, dans diverses régions, n'hésitent pas à mettre leur fumier à l'abri, sous des hangars fermés sur trois côtés et recouverts d'une toiture légère. Nous pensons que c'est là une pratique aussi inutile que dispendieuse. En effet, ces constructions ont l'inconvénient de se détériorer rapidement, sous l'influence de l'humidité et des gaz ammoniacaux auxquels elles sont constamment exposées, et leur bois est bientôt atteint de pourriture. Un système plus recommandable et moins coûteux consiste à établir au-dessus du tas, une toiture en paille de seigle ou d'entourer la fumière d'arbres, ormes ou thuyas qui la préservent partiellement des pluies. Cette couverture est soutenue par des perches reposant sur des fourches.

Mais un procédé beaucoup plus simple et tout aussi efficace, réside dans l'établissement du tas de fumier en forme de toit à deux ou quatre pans et recouvert d'une couche de terre, de tannée ou de tourbe de 10 ou 15 centimètres d'épaisseur, qu'on tasse fortement. Non seulement cette couche met le fumier à l'abri du soleil et de la pluie, mais encore il condense les vapeurs ammoniacales qui s'en dégagent.

Terminons ces recommandations par une observation de M. Boussingault, dont tous nos agriculteurs devraient se pénétrer : « On peut, à première vue, exprimait l'illustre savant, juger de l'industrie et de l'intelligence d'un cultivateur, par les soins qu'il donne à son tas de fumier; c'est une chose déplorable, ajoutait-il, de voir avec quelle négligence on laisse perdre les engrais, dans une grande partie de la France.

Emploi du fumier. — Le fumier disposé en couches successives sur le tas ne saurait, naturellement, avoir la même composition de la base qui a atteint un degré de décomposition à peu près complet, aux parties supérieures qui sont encore fraîches et pailleuses. Lorsque l'on attaque un tas, comme on le fait souvent sans y réfléchir, par son sommet, au moment où on doit le répartir dans un champ, on s'expose donc à doter chaque partie de ce champ d'une manière tout à fait inégale, au point de vue des principes fertilisants. Les couches supérieures sont plus homogènes, s'incorporent difficilement au sol et les principes utiles qu'elles contiennent ne sont pas encore immédiatement assimilables, par la raison qu'elles n'ont pas encore subi toutes leurs transformations chimiques. Le contraire se produit pour la base du fumier, de sorte que, dans ces conditions, telle partie du champ peut se trouver fumée au détriment de l'autre.

Cette simple observation suffira pour faire comprendre que le tas de fumier doit être attaqué par ses côtés et non par le haut.

Lorsqu'il s'agit d'utiliser le fumier dans les champs, plusieurs systèmes se présentent : on peut tout d'abord l'enfouir immédiatement dans le sol et pour cela on procède de deux manières.

Dans le premier cas, on charrie le fumier sur le terrain où il doit être utilisé et là on le répartit en petits tas appelés *fumerons*, de capacités autant que possible égales, également espacés les uns des autres et disposés de telle sorte que l'épandage en soit facile. L'espacement qui paraît le plus convenable est de 7 mètres, environ, en tous sens. On aura ainsi, pour une fumure de 30,000 kilog. à l'hectare, 204 fumerons du poids de 147 kilog. chacun. Cela fait, on procède aussitôt à l'épandage à la fourche, et on fait passer la charrue qui incorpore l'engrais dans le sol.

Dans le second cas, on place le fumier à la main et à même dans le sillon après le passage de la charrue de sorte que l'enfouissement se trouve complètement effectué par la bande de terre que la charrue doit détacher et renverser à son retour. Cette méthode est préférable, lorsque le fumier est long et pailleux. L'incorporation a lieu, de la sorte, avec un seul labour, tandis que, par le premier procédé, le mélange intime, même si le fumier est consommé, n'est jamais complet, si on ne répète pas le labour.

Le fumier une fois incorporé dans le sol, ne perd plus rien; tous les principes fertilisants qu'il contient participeront à la végétation, il y a donc tout intérêt à l'enfouir sans retard.

Un autre système consiste à n'enfouir le fumier que plus tard. On le laisse séjourner un certain temps sur le sol, soit en tas, soit en le dispersant à la surface.

Ce système présente plusieurs inconvénients qui sont loin d'être compensés par les avantages que l'on peut en retirer.

Si on laisse séjourner le fumier en tas, les pluies viennent en dissoudre les principes solubles qui pénètrent dans le sol où ils provoquent une végétation exubérante, au point même où l'infiltration a eu lieu, ce qui, s'il s'agit de blé, notamment, produit la *verse*, tandis que les autres parties du champ sont insuffisamment fumées.

Bernard de Palissy que nous invoquions plus haut, à propos de la négligence de certains cultivateurs qui abandonnent leurs fumiers exposés aux eaux pluviales, faisait, relativement aux tas que l'on laisse séjourner dans les champs, les observations suivantes :

« Toutefois, après qu'un tel champ sera semé de blé, tu trouveras que le blé sera plus beau, plus vert et plus épais à l'endroit où lesdites piles auront reposé, que non pas en un autre lieu, et cela advient parce que les pluies qui sont tombées sur les piles ont pris le sel en passant au travers et descendant en terre : par là, tu peux connaître que ce n'est pas le fumier qui est la cause de la génération, *mais le sel que les semences avaient pris en terre....* »

L'épandage à la surface présente, assurément, l'avantage de maintenir, pendant les chaleurs de l'été, le sol en un état de fraîcheur très favorable.

Mais, dans les deux cas et surtout dans le dernier, le désavantage résulte de l'énorme déperdition de gaz ammoniacaux qui se manifeste forcément, lorsque le fumier reste ainsi exposé aux influences atmosphériques.

Nous ne saurions donc recommander ce système, pas plus d'ailleurs que la fumure en couverture qui présente les mêmes inconvénients et qui ne doit être employée que pour les prairies naturelles ou artificielles, ou bien encore pour compléter une fumure insuffisante.

C'est à l'automne pour les prairies et en hiver pour les céréales, qu'il convient d'appliquer la fumure en couverture. Les pluies, qui sont fréquentes à cette époque, entraînent les principes solubles dans le sol, la température n'est pas encore assez élevée pour provoquer un dégagement trop considérable d'ammoniaque; les pertes sont, de la sorte, beaucoup moins sensibles.

Nous croyons devoir placer ici une observation, c'est que, quel que soit le système employé, lorsque l'on opère sur des terrains en déclivité, les quantités de fumures doivent toujours être plus considérables au sommet, en raison des pluies qui ont toujours une tendance à entraîner les principes fertilisants dans les parties basses.

Quant à la profondeur à laquelle doit être enterré le fumier, elle est subordonnée au climat que l'on habite, à la nature du terrain et aux plantes que l'on cultive. Il ne doit, dans aucun cas, être enfoui à une profondeur moindre que le point où, le plus ordinairement, se maintient la fraîcheur, c'est-à-dire l'humidité que réclament les plantes pendant la végétation. Au-dessus de ce point, l'engrais se dessèche, il fermente mal pendant les chaleurs et il ne sert plus aux végétaux, puisque, ainsi placé, il ne peut plus subir les effets de la décomposition. C'est pour cette raison que les froments, les seigles végétant sur les sols argilo-siliceux qui manquent de fraîcheur pendant l'été, parce que la couche arable est peu profonde et qu'elle réside sur un sous-sol inerte, sont toujours peu productifs, malgré des apports suffisants de fumures. Mais si l'expérience apprend chaque jour combien sont graves les inconvénients que présente une fumure enterrée trop superficiellement dans les pays méridionaux, dans les terrains secs, dans les sols qui ne retiennent que 12 à 15 0/0 d'humidité à une profondeur plus grande que celle à laquelle est placé l'engrais, on doit, d'un autre côté, éviter d'enfouir les fumiers trop profondément, dans les sols humides et dans les terres où les pluies peuvent entraîner les substances solubles qu'ils contiennent, à une profondeur où les racines des plantes cultivées ne parviennent pas. C'est pour ces motifs que les fumiers, dans les contrées humides, dans les pays où il tombe annuellement beaucoup d'eau, dans les localités où ils sont appliqués quelques jours avant les semailles d'automne, doivent être enterrés le moins profondément possible.

Lorsque l'engrais est destiné à favoriser l'existence de plantes pivotantes, comme la luzerne, le sainfoin, la carotte, le panais, etc., on doit l'enterrer par un bon labour dont la profondeur est toujours déterminée par celle de la couche arable. Pour de telles plantes, il ne faut pas craindre de placer l'engrais trop bas, car il est certain que leurs racines se porteront toujours vers les points où il sera situé, ainsi que l'humidité. Les plantes annuelles et bisannuelles, ainsi que les plantes à racines traçantes, demandent, au contraire, que les fumiers soient placés plus superficiellement (1).

Conditions et époques d'enfouissement des engrais. — On a souvent discuté la question de savoir s'il était préférable d'utiliser les fumiers à l'état frais, c'est-à-dire de les transporter sur le champ à peu près au fur et à mesure de leur sortie de l'étable, ou bien si, au contraire, il valait mieux ne les employer que lorsqu'ils sont complètement faits, c'est-à-dire quand ils ont subi toutes leurs fermentations chimiques.

A vrai dire, et sachant qu'une fois incorporé au sol, le fumier ne perd plus rien, que les sels minéraux y restent fixés et que l'ammoniaque qui tendrait à se dégager est retenu par l'humus, il semblerait qu'il y ait avantage à adopter la première hypothèse, puisque nous n'ignorons pas que, malgré toutes les précautions possibles, cet engrais perd une importante proportion de ses principes fertilisants, pendant sa transformation et sous l'action même des fermentations qu'il subit.

(1) Heuzé, *les Matières fertilisantes.*

On pourrait dès lors, dans certains cas, conseiller l'adoption de ce système, à la condition, toutefois, que l'enfouissement ait lieu immédiatement, ce qui, du reste, ne peut se pratiquer qu'à certaines époques de l'année, lorsque l'on procède aux labours.

Mais, dans aucun cas, on ne saurait y recourir s'il s'agit tout simplement d'épandre cette fumure en couverture sur le sol, puisque alors, les déperditions d'azote seraient d'autant plus importantes que, ainsi que nous l'avons dit plus haut, les surfaces de volatilisation seraient plus étendues. Il faut considérer, en outre, que lorsque le fumier est frais, il contient toujours une grande quantité de graines diverses encore en état de germer et qui favorisent, d'une manière très défavorable, la multiplicatiom des mauvaises herbes, dans les champs où on l'appliquerait directement sur le sol. Avec les fumiers consommés, cet inconvénient n'est pas à redouter, les semences ayant perdu leur faculté germinative, en même temps que les œufs d'insectes nuisibles ont avorté.

D'un autre côté, nous savons que les plantes n'utilisent l'engrais que si celui-ci leur cède facilement ses principes fertilisants, à l'état assimilable, c'est-à-dire, en ce qui concerne les fumiers, lorsque ceux-ci ont subi, sous l'influence d'une fermentation préalable, la désagrégation des matières organiques qu'ils contiennent et que leurs divers éléments constitutifs ont été rendus solubles.

Or, si au lieu de se faire en tas et au contact de l'air, ces transformations doivent se produire dans le sol, elles seront infiniment plus longues à se manifester et l'action sur les plantes sera, naturellement, bien plus lente à s'exercer.

Il convient donc de tirer, de ces données, cette conclusion que les fumiers frais ne rendront des services réels que l'on en attend, que dans des conditions bien déterminées, dans des circonstances spéciales et en vue d'un objet bien spécifié.

Dans les terrains, par exemple, où leur décomposition s'opérera rapidement, tels que les terres légères, sablonneuses et calcaires, au travers desquelles l'air atmosphérique circule facilement, dont les propriétés absorbantes sont faibles, où l'azote se nitrifie en peu de temps et qui enfin, en raison de leur perméabilité, permettent aux eaux pluviales d'entraîner avec trop de facilité, les principes fertilisants qui leur sont confiés, il pourra y avoir intérêt à employer des fumiers pailleux.

Dans les terrains de cette nature, en effet, l'action plus lente des engrais frais constituera un avantage réel par rapport aux engrais faits, en ce sens que la perméabilité de ces terrains et leur faible pouvoir d'absorption, ne leur permettant pas de retenir les principes solubles des engrais, ceux-ci risqueraient d'être entraînés dans le sous-sol et d'être par conséquent perdus avant d'avoir pu être utilisés pour les récoltes, ce qui arriverait infailliblement avec le fumier décomposé, déjà préparé, pour ainsi dire, à céder ses principes utiles, et ce que l'on évitera dans de certaines limites avec le fumier frais qui aura encore un long travail à élaborer avant de pouvoir être utilisé par les plantes.

Mais il y a le revers de la médaille, car il faut considérer, d'un autre côté, que l'application des fumiers longs, dans les terrains ainsi constitués où ils s'incorporent plus difficilement au sol, en augmente la divisibilité, ce qui constitue, pour les terrains, une infériorité au point de vue du rôle qu'ils ont à remplir comme support des plantes.

Ajoutons ici que, dans les sols qui nous occupent, si l'on a recours aux engrais faits, il convient de ne les appliquer qu'en faibles quantités à la fois en les répétant plus souvent, de manière à établir la compensation, puis de n'en faire l'épandage qu'aux époques les plus rapprochées possibles de la végétation, afin de les soustraire à la déperdition qui résulterait forcément du lavage par les eaux pluviales.

Le fumier frais peut être encore adopté, dans toutes circonstances où on ne tient pas à ce que son action s'exerce sur la récolte de l'année et que l'on entend, tout simplement, constituer une réserve de fumier pour la récolte de l'année suivante.

A ce point de vue, les fumiers frais et longs conviennent tout particulièrement aux terres argileuses, aux sols compacts, où l'argile doué de propriétés très absorbantes s'empare de l'ammoniaque et où l'air n'ayant pas assez d'action sur ces fumiers, la nitrification ne s'opère que très lentement, de telle sorte que, dans ces conditions, aucune perte n'est à craindre.

Tous les éléments du fumier, expliquent MM. Müntz et Girard, dans leur Traité des engrais, sont retenus dans le sol et finiront par être utilisés; il ne faut donc pas craindre d'apporter dans les terres argileuses, de fortes quantités de fumier, même longtemps à l'avance, car souvent il ne produit aucun effet la première année, à cause de la lenteur avec laquelle il s'y décompose. C'est un capital qui peut être immobilisé pendant un certain temps, mais qui se retrouve toujours tôt ou tard. Pendant les années sèches, l'engrais produira peu d'effet; avec une humidité suffisante, son action se fera mieux sentir. L'apport aux terres argileuses, de grandes quantités de fumier, a en outre l'avantage de modifier heureusement leur constitution physique et de rendre plus légères, par l'addition d'humus, celles qui sont trop compactes. Les fumiers frais et longs conviennent plus particulièrement à ces sols, car par leur texture fibreuse, ils les ameublissent et en facilitent l'aération.

On voit, par ce qui précède, que la nature du

fumier à appliquer, demande beaucoup de discernement de la part de l'agriculteur; pour éviter tout mécompte on pourrait recommander. d'une manière générale, l'emploi du fumier à demi fermenté seulement, mais on peut cependant admettre en principe que chaque fois que la nature et les propriétés du sol ainsi que les conditions climatériques permettent d'appliquer le fumier à l'état frais avant toute fermentation, on prévient, par là, une perte de plus d'un cinquième et même du quart de la masse, et les plantes en végétation en même temps que le sol gagnent d'autant en principes actifs.

Influence du fumier sur les qualités physiques du sol. — De tout ce que nous venons de dire au sujet des fumiers de ferme, de la diversité de leur composition résultant aussi bien du mode d'alimentation des animaux qui les ont produits que de la manière dont ils ont été traités, soignés, recueillis, employés, etc., il ressort cette constatation évidente et sur laquelle nous avons plusieurs fois insisté au cours de ce travail, c'est que, à moins de se placer dans des conditions tout à fait spéciales, c'est-à-dire d'être exactement fixé, par l'analyse chimique, sur la valeur fertilisante de ces produits, le cultivateur qui les met en œuvre n'est jamais certain de la quantité de principes utiles dont il dote son champ, lorsqu'il a recours à cet engrais.

Dans cette indécision, peut-être serait-il amené

à penser qu'il y aurait plus d'avantage pour lui et surtout moins d'aléa, à s'adresser aux engrais chimiques, dont la teneur est généralement connue.

Hâtons-nous de dire que ce serait une grave erreur.

Le fumier, en effet, ne doit pas être considéré seulement au point de vue des principes fertilisants qu'il renferme : azote, acide phosphorique et potasse, mais encore à celui de ses propriétés organiques qui ont sur le sol une action importante, en ce sens qu'elles modifient sa constitution physique et constituent l'humus à qui incombe la double fonction de cimenter les particules terreuses dans les terres légères et d'affaiblir au contraire la cohésion dans les terrains argileux, de rendre ces derniers plus souples, en un mot de les ameublir.

L'humus, en outre, jouit, comme l'argile, de la propriété d'absorber certains principes fertilisants du sol, tel que l'ammoniaque et la potasse et de s'opposer, ainsi, à leur entraînement par les eaux; enfin par l'effet d'une combustion lente qu'il éprouve dans le sol, l'humus devient une source constante d'acide carbonique qui favorise la décomposition de certains éléments minéraux.

Mais par l'effet même de cette combustion lente à laquelle il est constamment soumis, l'humus tendrait à disparaître s'il n'était pas sans cesse renouvelé par l'apport des fumiers, de sorte que si, laissant de côté les engrais organiques, on n'employait, exclusivement, que des engrais chimiques, la terre ne tarderait pas à perdre sa fertilité.

On ne saurait donc trop insister sur la valeur réelle et sur l'indispensabilité, pour nous exprimer ainsi, de cette sorte de fumure. Mais il importe aussi de lui maintenir toute sa valeur, par de bonnes méthodes de préparation et de conservation, malheureusement, il faut le reconnaître, beaucoup trop négligées dans la plupart de nos exploitations rurales.

En résumé, la production du fumier partout où l'élevage du bétail est nécessaire ou rémunérateur, doit être conseillée et l'emploi de cet engrais doit rester la base de la fumure de nos terres arables, les engrais industriels devant en constituer le complément, accroître la fertilité du sol et remplacer les matériaux que les récoltes lui ont enlevé et que le fumier, même placé dans les meilleures conditions, ne lui restituent jamais complètement.

Mais encore est-il nécessaire que ce fumier n'ait pas, par des négligences inexplicables, perdu la plus grande partie de ses propriétés fertilisantes, puisqu'il faudra suppléer à cette perte par l'achat d'un surcroît d'engrais industriels, et à celui qui achète ce fumier, ne saurait-on trop recommander qu'il s'assure, au préalable, de sa valeur réelle, laquelle, généralement, peut varier du simple au double, au triple et même au quadruple, suivant les soins qu'on lui a donnés.

Le fumier de ferme incorporé au sol, dirons-nous en concluant, avec M. L. Grandeau, l'éminent directeur de la station agricole de l'Est, lui apporte trois catégories de substances d'une importance inégale, mais très grande cependant :

1° Des matières organiques de la décomposition ultérieure desquelles résultera l'humus, dont le rôle favorable comme modificateur des propriétés physiques du sol a été si clairement mis en lumière par les travaux de Th. Schlœsing. L'humus ou terreau donne aux sols légers la ténacité qui leur manque; il ameublit, au contraire, les sols trop compacts. Tous les cultivateurs avaient constaté cette double action. Th. Schlœsing en a donné l'explication. De plus, l'humus concourt d'une façon extrêmement sensible à la fertilisation du sol par son action sur les phosphates naturels, dont il hâte singulièrement l'assimilation par les plantes.

Ne serait-ce qu'en tant que source d'humus, principalement dans le cas des sols naturellement pauvres en débris organiques, le fumier doit donc rester l'objet de tous les soins du cultivateur.

2° A ce rôle bien connu de tous les praticiens ne se borne pas, tant s'en faut, son action bienfaisante. Il apporte à nos terres les matières azotées d'origine végétale et animale qui, par une transformation progressive et lente, deviendront des nitrates de chaux, de magnésie, etc. Or, on sait que seules les plantes légumineuses (luzerne, trèfle, pois, etc.) possèdent, comme les belles recherches d'Hellriegel et Wilfarth, Laurent et Schlœsing, etc., l'ont démontré, la faculté de fixer l'azote gazeux de l'air, pouvoir que la nature refuse aux autres végétaux de la grande culture, aux céréales notamment.

C'est la nitrification des matières organiques que nos cultures laissent dans le sol, qui est chargée, avec les engrais complémentaires (nitrate de soude, sels ammoniacaux, sang desséché, poudrette, etc.), de pourvoir aux besoins en azote de la plupart de nos récoltes.

3° Le fumier restitue enfin, partiellement, au sol des substances minérales, notamment de l'acide phosphorique, dont peu de terres sont assez abondamment pourvues, pour ne pas réclamer son importation directe : de la potasse, de la chaux, de la magnésie, etc.

D'un autre côté, quel que soit l'état de décomposition des fumiers, les éléments fertilisants qu'ils contiennent ne sont jamais immédiatement assimilables et l'azote, en particulier, doit subir une transformation préalable qui se manifeste seulement après un séjour d'une certaine durée dans le sol où, le fumier s'étant transformé en terreau et l'azote qu'il contient ayant pu nitrifier, c'est-à-dire se combiner avec certains principes qu'il rencontre dans la terre de manière à former des sels (nitrates) solubles, son action sur la végétation se fait sentir.

Ces conditions ont déterminé les époques les plus favorables à l'épandage du fumier qui peut varier suivant la nature du sol.

Lorsque le fumier est peu décomposé et surtout s'il doit être utilisé, dans des terres compactes, il y a intérêt à l'employer à l'avance, de manière à lui donner le temps de subir les diverses modifications auxquelles il est appelé, jusqu'au moment précis où les plantes en pourront tirer parti. L'automne ou l'entrée de l'hiver paraît être, à ce point de vue, l'époque la plus favorable, d'autant qu'à ce moment, la main-d'œuvre est moins occupée à la ferme et laisse des loisirs pour les charrois et l'enfouissement. Il faut recommander, toutefois, d'éviter autant que possible d'opérer ce travail lorsque les terres sont détrempées par les pluies. Dans ce dernier cas, il serait préférable de se borner à répandre le fumier sur le sol en ajournant les labours jusqu'à l'époque où celui-ci serait convenablement ressuyé.

Les fumures faites au printemps ne produisent pas tout leur effet utile sur la récolte de l'année; mais elles constituent, en partie, une réserve pour la récolte de l'année suivante.

Usage et mode d'emploi des purins. — Les divers éléments du purin : azote, phosphates, sels alcalins, étant dissous sont directement assimilables et leur effet, sur les plantes, se manifeste immédiatement, surtout si on les applique au moment de la végétation. Mais il n'est pas indifférent de les répandre sur telle ou telle plante, et sur tous les sols indistinctement.

Les céréales, par exemple, dont les racines sont peu profondes, se trouvent en contact immédiat avec le purin. Il se manifeste alors une exubérance de végétation qui amènerait la verse, surtout dans les terres qui ne renfermeraient pas assez de silice soluble. Dans ce cas, la végétation herbacée prend le dessus au détriment du grain. On pourrait peut-être, sans trop de danger, en essayer sur un blé dont la réussite serait douteuse; mais alors il faudrait arroser pendant l'hiver. Si l'arrosage était effectué au printemps, il deviendrait nécessaire d'étendre le purin avec une assez grande quantité d'eau, excepté pourtant si l'on avait affaire à des terres très riches en silice soluble.

Parmi les plantes dont le purin facilite et augmente la végétation, nous citerons la pomme de terre, la betterave, les choux, les navets, le tabac, le colza. Il supplée ici les engrais chimiques.

Afin d'assurer la réussite de ces cultures, il est bon de répandre une bonne dose de purin concentré, surtout de l'engrais flamand, avant le labour ou bien encore avant la semaille. Les arrosages au purin étendu d'eau devront ensuite se succéder aux diverses périodes de la végétation.

Lorsqu'elle commence à sortir de terre, la jeune plante a besoin de nourriture pour végéter promptement, résister à la sécheresse, et enfin prendre de la force et de la vigueur. La levée régulière d'une plante assure la réussite de la récolte.

Au nombre des plantes mentionnées plus haut, nous faisons exception pour la betterave à sucre. Le purin deviendrait un obstacle à la formation du principe sucré, en retardant la maturité. C'est au cultivateur habile à étudier, sur son terrain, les circonstances qui favorisent le plus l'action bienfaisante du purin. Cette action est particulièrement efficace sur les prairies.

Elles sont formées en grande partie de graminées et de légumineuses.

Ces dernières tirent une partie de leur nourriture de l'azote atmosphérique et enfoncent profondément leurs racines dans le sol; d'où il s'ensuit que le purin agit avec moins de puissance sur elles que sur les premières.

L'explication de ce fait est bien simple.

Les racines des gramens sont traçantes, peu profondes; dès lors, le liquide fait aussitôt sentir son action, et l'on voit, par l'exubérance de la végétation, une différence marquée avec celle des légumineuses traitées de la même manière.

L'arrosage des prairies est une opération très

facile. Il faut, pour cela, se servir du tonneau à purin, connu de tous les cultivateurs.

Sur les prairies destinées aux pâturages, l'arrosage peut avoir lieu souvent. Sur les autres, destinées à être fauchées, il ne pourrait être employé, sans inconvénient, lorsque l'herbe a atteint une certaine hauteur. Une prairie ainsi traitée, après chaque coupe, peut donner facilement trois récoltes, même sur des terres médiocres.

La nature des purins est généralement alcaline. Or, les engrais alcalins conviennent à tous les sols, en particulier à ceux qui renferment de l'humus acide.

D'après cela, l'effet qu'ils produisent à la surface des prairies est très salutaire. Ils favorisent la nitrification de l'azote organique des matières en décomposition; ils neutralisent l'acidité de la couche arable et des plantes; ils font disparaître les mousses, les herbes acides et dures; ils détruisent une multitude d'insectes nuisibles.

L'urée s'unit aux acides pour former des sels oxalates, azotates, etc. En présence de l'eau, elle se transforme en carbonate d'ammoniaque, en s'unissant à une portion de l'acide carbonique provenant de la formation de l'humus, tandis que l'autre partie reste dans l'eau. On sait le pouvoir dissolvant de l'eau chargée d'acide carbonique sur les sels alcalins contenus dans le sol.

Mais sur quelle terre convient-il de répandre les engrais? C'est une question qu'il nous faut maintenant étudier.

Bien que la couche arable soit éminemment apte à retenir les engrais qu'on y dépose, surtout les purins qui agissent non seulement au point de vue physique, mais encore au point de vue chimique, — c'est-à-dire que, considérés sous ce dernier aspect, leurs divers éléments se combinent avec les portions constituantes du sol et se transforment en sels soluble, — il y a cependant des terres qui semblent plus ou moins réfractaires à l'action du purin.

Tels, par exemple, les terrains compactes — imperméables — et dont la surface se durcit à la suite d'une pluie.

Dans ce cas, l'engrais liquide contribuerait à augmenter cette compacité, et il serait difficile de la combattre, même par les labours multipliés.

Il faut donc ici favoriser, le plus possible, la porosité de la terre; or, le fumier, en agissant physiquement et chimiquement, donne ce résultat; le purin qui n'exerce qu'une action chimique, ne doit être employé, dans ce cas, que comme auxiliaire du fumier.

L'engrais liquide appliqué sur les céréales, comme on le pratiquait depuis longtemps dans le Nord, favorisait, outre mesure, la végétation herbacée, au détriment du grain; il a fallu alors recourir au fumier de ferme qui a ramené les choses à leur place.

C'est par le fumier et la sidération que l'on fournira aux céréales ce principe essentiel à leur bonne végétation.

En second lieu, les terres légères, sableuses, perméables, ne s'accommodent pas de purin. Il pénètre immédiatement le sous-sol et son action est presque nulle.

Ces sortes de terrain doivent recevoir du fumier, même assez consommé, afin de leur donner une plus grande consistance et les mettre en état de fournir un appui solide aux racines de la plante.

Ils retiendront mieux les engrais et les eaux pluviales, et la jeune plante trouvera une humidité suffisante et la fraîcheur nécessaire à sa subsistance, pendant la sécheresse.

Quant aux autres sols, limoneux, argilo-calcaires, etc., tous peuvent retenir l'engrais liquide et les récoltes s'en trouveront bien.

Un temps sec convient mieux à l'épandage du purin, qu'un temps pluvieux ou humide. Par la sécheresse, la terre est plus poreuse — moins saturée d'eau, — elle se laisse mieux pénétrer et l'absorption des principes fertilisants s'opère dans de bonnes conditions.

Si, au contraire, on s'en sert immédiatement pour arroser les plantes ou l'herbe des prairies, il vaut mieux opérer par un temps humide et couvert.

On ménage ainsi les feuilles des jeunes plantes.

Les purins peuvent également servir à l'irrigation des prairies. Le liquide est amené pour la circonstance dans des rigoles disposées à cet effet. C'est ainsi qu'en fait usage M. Vandercolme dans sa ferme de Rexpoëde. Pour réussir, il faut que les étables des animaux dominent les propriétés qu'il s'agit d'arroser.

Un autre système, celui de M. Chadwick, a été employé avec succès pendant de longues années, en Angleterre.

Il consistait à faire distribuer le purin, au moyen de longs tuyaux, dans une citerne commune — et de là, par diverses ramifications, il était distribué sur tous les points de la ferme.

La pompe d'arrosage le prenait dans ces sortes de réservoirs pour le répandre sur les cultures.

En résumé, il faut considérer le purin comme un agent de fertilisation de premier ordre dont tous les éléments utiles, retenus par le pouvoir absorbant du sol, sont immédiatement à la disposition des plantes; aussi, d'une manière générale, peut-on en conseiller l'emploi sur les plantes en végétation et dans les conditions relatées plus haut, quand on peut pénétrer dans les champs.

Mais on doit tenir compte que le carbonate d'ammoniaque qu'il contient est très caustique et peut avoir pour effet de brûler les plantes: il convient dès lors, chaque fois qu'on l'emploie sur des plantes en végétation, de l'étendre d'eau afin d'atténuer cette causticité.

Le degré de dilution est naturellement subordonné à la richesse en ammoniaque que l'on peut apprécier par l'odeur plus ou moins piquante exhalée; on admet toutefois que le purin ordinaire étendu de quatre à six fois son volume d'eau, est dans des conditions satisfaisantes pour l'emploi sur la végétation.

Il ne faut pas oublier que le purin est un engrais incomplet, et particulièrement pauvre en acide phosphorique; que c'est en outre un engrais très dilué et dont les frais de transport sont élevés. Au lieu de l'employer en nature, sauf dans certains cas spéciaux où il y aurait, par exemple, intérêt à donner un vigoureux coup de fouet à une végétation languissante, il est préférable et plus économique de l'incorporer au fumier, par arrosage, ainsi que nous l'avons expliqué plus haut. La partie solide du fumier et la partie liquide envisagées isolément constituent l'une et l'autre un engrais incomplet, la première étant plus pauvre en potasse et la seconde en acide phosphorique; il y a donc intérêt à réunir ces deux parties pour obtenir un engrais complet.

CHAPITRE V

Engrais organiques naturels. — Déjections humaines : traitement ; composition ; mode d'emploi. — Les poudrettes. — Gadoues et boues des villes. — Curures de fossés et de mares, vases de rivières et d'étangs ; colmatage. — Composts ; tombes.

Déjections humaines. — Les déjections humaines constituent, comme les fumiers, une riche source de principes fertilisants; mais encore, plus que ces derniers, leur composition est variable, en raison même de l'alimentation de l'homme qui, à la campagne, se nourrit plus particulièrement de végétaux et dont les excréments sont, par suite, moins riches en azote et en acide phosphorique, que ceux des habitants des villes, où la consommation de la viande est plus répandue.

Il est regrettable qu'une exploitation judicieuse de l'engrais humain ne permette pas de faire bénéficier l'agriculture de toutes les richesses qui y sont contenues, car il a été établi que leur valeur pour une année et calculée sur la moyenne du rendement et de la population en France, n'était pas inférieure à 300 millions de francs.

Mais ici, on se trouve en présence de difficultés pour ainsi dire insurmontables, résultant de la nature et du caractère spécial de ces déjections dont l'accumulation est contraire aux nécessités de l'hygiène.

Ces nécessités ont d'ailleurs imposé dans les villes plus spécialement, c'est-à-dire là même où ces richesses se présentent en quantités plus considérables, des soins particuliers qui tous contribuent à appauvrir la valeur fertilisante des matières de vidanges, autant au point de vue de la quantité que de la qualité.

Parmi ces soins, il faut citer, notamment, l'aération des fosses qui entraîne une grande déperdition d'ammoniaque, et surtout le déversement de l'eau dans les tinettes, de manière à combattre les mauvaises odeurs en entraînant les matières fécales qui restent dans les conduits ; enfin les substances étrangères qui se trouvent presque toujours mélangées à ces matières telles que le papier, les eaux ménagères, les eaux de lavage et une infinité d'autres matériaux de tous genres, dont les habitants des villes se débarassent le plus souvent en les écoulant dans les cabinets, contribuent à modifier, dans de fortes proportions, la composition de cette nature d'engrais.

Dans les campagnes, les pertes de ce chef sont généralement bien moindres, lorsqu'on a soin d'établir les cabinets d'aisances au-dessus de la fosse à purin qui s'enrichit de la sorte de tous les produits fertilisants qui y tombent.

Les matières solides se trouvent ainsi délayées dans une grande quantité d'eau qui atténue leur odeur repoussante et facilitent leur répartition dans toute la masse du fumier, en même temps que les urines viennent s'ajouter au purin même. Enfin, par ce système, on évite une trop grande déperdition d'ammoniaque qui tendrait à se dégager.

Dans certaines fermes, on établit les cabinets d'aisances sur le fumier lui-même ou à côté du fumier. Mais cette méthode n'est pas recommandable si on n'a pas la précaution de procéder assez fréquemment à l'épandage des déjections humaines à la surface du tas de manière à éviter leur accumulation sur un seul point, ce qui ne tarderait pas à y faire naître un véritable foyer d'infection. Par des épandages fréquents, au contraire, ces déjections s'incorporent au fumier et la mauvaise odeur s'en trouve fortement atténuée; elles forment ainsi, avec le fumier, un tout homogène, et lorsque les ouvriers procèdent au transport, elles passent inaperçues.

On peut, d'ailleurs, recourir à tout autre système, pourvu qu'on arrive à ce double résultat d'éviter l'infection des lieux avoisinants et la déperdition des principes fertilisants.

En recueillant, par exemple, les matières fécales dans des fosses suffisamment étanches, ou dans des réservoirs mobiles, si on a soin d'y ajouter au fur et à mesure, des matières absorbantes telles que tourbe, tannée, sciure de bois, paille hachée, au besoin terre ou terreau, on réduit considérablement la mauvaise odeur, en même temps qu'on s'oppose, dans de certaines proportions, à la volatilisation de l'ammoniaque. On peut également, dans le même but, utiliser des matières désinfectantes comme le poussier de charbon, le plâtre cru en poudre, le sulfate de cuivre également en poudre, la suie de cheminée, etc.

De la sorte, on rend bien plus facile l'extraction des vidanges qui se présentent sous forme d'une sorte de compost qui peut être facilement manié à la pelle et à la pioche et qui ne répand pas d'odeur.

Voici approximativement les quantités de ces matières absorbantes ou désinfectantes qu'il convient d'employer par hectolitre de matières fécales.

Plâtre	2 kilog.
Sulfate de fer	1 —
Matières absorbantes : argile calcinée, tourbe, sciure, tannée, charbon	5 à 10
Terre ou terreau	10 à 15

Le plâtre cuit additionné de 15 à 20 0/0 de poussier de charbon donne des résultats meilleurs que le plâtre seul, de plus en faisant prise avec les liquides des vidanges, il les solidifie et en rend la manipulation plus facile.

Il convient de remarquer qu'en employant la terre ou le terreau, mais ce dernier préférablement au premier, on réduit en somme la valeur proportionnelle de l'engrais, au point de vue des principes fertilisants contenus dans la masse, tout en le grevant de frais de transport plus onéreux puisqu'il pèsera davantage tout en étant moins riche.

Quoi qu'il en soit, si on considère les matières fécales à l'état naturel, voici quelle est leur moyenne centésimale, au point de vue des principes fertilisants qu'elles contiennent.

	Déjections solides.	Urines.
	—	—
Eau.	75.00	93.00
Azote.	1.60	0.95
Acide phosphorique. .	1.00	0.20
Potasse	0.56	0.18

On en peut déduire les chiffres suivants comme représentant la composition centésimale moyenne des déjections, tant solides que liquides.

Eau	92.00
Azote	1.05
Acide phosphorique.	0.24
Potasse.	0.21

Et si on examine maintenant l'ensemble des déjections pour arriver à la totalité des substances utiles rendues par l'homme, comme résidu de son alimentation, on arrive, d'après un grand nombre d'auteurs, à cette constatation que chaque individu, étant admis que l'homme adulte émet par jour 130 à 150 grammes de matières solides et 1,200 à 1,500 grammes d'urine, produit par an :

	DÉJECTIONS solides	liquides	Ensemble
	kilog.	kilog.	kilog.
Quantité.	48.50	438.00	486.50
Matières fixes. . . .	11.00	23.30	34.40
Azote	0.80	4.40	5.20
Acide phosphorique.	0.60	0.66	1.26
Potasse.	0.26	0.81	1.07

D'après ces quantités, on arrive à établir que l'engrais produit par 20 personnes et représentant environ 10,000 kilogrammes, équivaut, au point de vue de la valeur fertilisante, à une masse de 20 à 25,000 kilogrammes de fumier de ferme à l'état frais.

Les matières fécales, lorsqu'elles peuvent être employées directement par la culture, constituent un engrais d'excellente qualité et qui à teneur égale en principes fertilisants, vaut au moins autant que les fumiers de ferme. Leur action sur la végétation est très rapide et n'était la répugnance qu'inspire leur manipulation, on ne saurait trop conseiller d'en faire le plus grand usage.

Toutefois, l'agriculteur ne devra pas perdre de vue que si, en dehors des matières de cette nature réalisées dans sa propre ferme et qu'il ne devra laisser perdre sous aucun prétexte, il était disposé à les employer sur une plus large échelle en recourant aux vidanges des villes, il aura à calculer exactement, en tenant compte de la valeur réelle de ces produits en principes fertilisants et des frais de transport toujours relativement considérables qu'ils nécessitent, s'il a plutôt avantage à faire cette opération qu'à s'adresser à d'autres engrais.

Nous avons dit, en effet, que la composition des matières de vidange des villes était loin d'être constante et nous avons expliqué les raisons de la différence qui peut exister entre elles.

Le mieux serait donc de recourir à l'analyse chimique, mais comme ce procédé n'est guère à la portée des agriculteurs qui, d'un autre côté, reculent devant la dépense que leur imposerait ce travail, s'ils le faisaient exécuter par des chimistes de profession, nous devons leur indiquer un moyen de se rendre à peu près compte de la valeur de cette sorte d'engrais. Ce moyen consiste dans l'emploi du densimètre, après avoir, au préalable, fait un mélange aussi homogène que possible, des matières solides et liquides. Plus la quantité d'eau sera grande, moins le poids de ce mélange sera élevé et conséquemment moins riche sera ce mélange en principes actifs. C'est autour de 1030, indiqué par le densimètre, que l'on peut considérer cette sorte d'engrais comme étant dans de bonnes conditions.

Mode d'emploi. — Les matières de vidange peuvent être considérées comme un engrais principalement riche en azote. Aussi ne doivent-elles être employées qu'avec circonspection pour toutes les cultures où une forte proportion de cet élément est inutile et même quelquefois nuisible.

On ne saurait donc en user que modérément à l'égard des céréales, où elles risqueraient de provoquer la verse; pas du tout pour les légumineuses qui n'ont aucun besoin de fumures azotées; encore moins pour les betteraves dont elles augmenteraient le poids au détriment de la saccharine. Par contre, les cultures maraîchère ou fourragère, les asperges, choux, choux-fleurs, les graminées des prairies permanentes ou temporaires en profiteront largement.

Il convient de noter, d'un autre côté, que les vidanges qui ont sur la végétation une influence beaucoup plus accentuée que les fumiers de ferme, à cause de leur état de division beaucoup plus grand, ont aussi une action beaucoup plus rapide que ces derniers et qui ne se prolonge pas au delà de l'année dans laquelle l'épandage a eu lieu.

Cet épandage se fait soit à l'écope, soit par tout autre système qui paraît plus commode au cultivateur qui fait usage de cette sorte d'engrais qu'il sera toujours plus avantageux d'étendre de deux ou trois fois son volume d'eau afin d'en régulariser plus commodément la distribution.

Faisons remarquer enfin que cette sorte d'engrais, contrairement aux allégations de quelques-uns, ne communique aux végétaux qui ont été soumis à son action, aucune mauvaise odeur et ne leur laisse aucune saveur particulière.

« Ce qu'on peut reprocher aux vidanges, expliquent MM. Müntz et Girard, c'est de donner en général des produits plus aqueux et d'une qualité inférieure quant à la finesse, de pousser plus à la production des parties ligneuses et foliacées qu'à celle du fruit et du grain. Cet inconvénient est commun aux fumures contenant un excès d'azote facilement assimilable.

» Pour ces raisons, ajoutent ces auteurs, on a exclu les vidanges des fumures données à la vigne et aux arbres fruitiers, moins par crainte du mauvais goût qu'elles pourraient communiquer, que pour éviter l'exubérance de la végétation et l'abaissement de la qualité des produits. Dans la Provence, cependant, on applique les gadoues à l'olivier, au figuier et même aux raisins muscats.

Disons toutefois, pour terminer, qu'en temps d'épidémie, il serait imprudent de faire emploi des vidanges, car on aurait à redouter la dissémination des germes infectieux qu'elles renferment toujours et qui ont leur siège dans le tube digestif de l'homme d'où elles ont été évacuées.

Les poudrettes. — L'emploi direct des déjections humaines, telles qu'elles sont au moment où elles ont été extraites des fosses, est assurément le mode d'utilisation de ces matières le plus avantageux pour la végétation. Les principes fertilisants qu'elles contiennent, sont immédiatement assimilables et on n'a, de la sorte, aucune dépense de préparation à faire.

Mais on a dû se préoccuper de trouver les

moyens d'utiliser les matières fécales produites en grande quantité dans les centres populeux et qui, en raison des frais relativement considérables qu'elles nécessiteraient s'il s'agissait de les transporter à l'état frais, à des distances un peu éloignées, ne pourraient être employées que dans un rayon très restreint et seraient, par suite, complètement perdues pour la culture.

Cette préoccupation a donné naissance à la production industrielle des poudrettes et du sulfate d'ammoniaque.

Voici comment il y est procédé :

Dans de vastes bassins que l'on nomme *dépotoirs*, sont déversées, journellement, toutes les matières fécales recueillies par la vidange des fosses.

Ces matières ne tardent pas à entrer en fermentation et à se séparer en trois couches distinctes : une première couche constituée par une mousse épaisse ou boue appelée ciel, qu'on enlève pour la faire sécher; une seconde, liquide, à laquelle on donne le nom d'eau vanne et qui contient les sels ammoniacaux; enfin une troisième couche constituée par le dépôt des matières solides qui, après avoir été desséchées, deviennent avec la boue de la première couche, ce que l'on désigne sous le nom de *poudrettes*.

Lorsque la dessiccation des matières solides destinées à être converties en poudrettes, a lieu à l'air libre et c'est la généralité des cas en France, il s'établit une fermentation très active et une déperdition considérable d'ammoniaque. Par suite, la quantité d'azote restante est pour ainsi dire à peu près nulle et ne s'élève plus guère, en moyenne qu'à 2 0/0, proportion qui du reste est rarement atteinte. Les phosphates, en raison de leur insolubilité, échappent à cette perte, et l'acide phosphorique, par suite, se maintient dans la proportion de 4 0/0 environ. Quant à la potasse elle est presque complètement éliminée dans la partie liquide et elle n'existe plus dans la poudrette que dans la proportion de 0.6 0/0.

Encore toutes ces proportions varient-elles à l'infini, suivant le mode de préparation adopté et les précautions prises, de sorte que, en définitive, la valeur réelle de la poudrette ne peut être réellement déterminée que par l'analyse chimique à laquelle le cultivateur devra toujours avoir recours, autant pour ne pas payer trop cher une marchandise dont il ne serait pas possible de faire l'appréciation autrement, que pour être fixé sur la quotité de principes fertilisants dont il dote ses cultures.

Ajoutons qu'il arrive généralement qu'on vende sous le nom de poudrettes, des matières auxquelles on a mélangé des principes riches en azote, ou en phosphates, c'est vrai, mais d'une assimilabilité beaucoup moindre, ce qui contribue, dès lors, à réduire aussi la valeur réelle de la substance acquise.

Dans l'achat des matières de ce genre, non

seulement on doit donc exiger la garantie de l'analyse, mais encore celle de leur pureté ou tout au moins l'assurance que des matières fertilisantes, de moindre importance, n'ont pas été introduites dans l'engrais.

La valeur réelle de la poudrette peut, en effet, nous l'avons dit, varier dans des proportions considérables, même quand elle n'a subi aucune adjonction et aller de 1 fr. 81 les 100 kilog., si elle est très pauvre, à 4 fr. 10 à l'état moyen, pour monter à 8 fr. 47 lorsqu'elle est très riche.

Les poudrettes, comme les matières de vidanges employées directement, ont, sur les cultures, une action très rapide et vite épuisée; elles doivent être employées dans les mêmes conditions que ces dernières et, en raison de leur composition exclusivement azotée et phosphatée, appliquées seulement aux cultures et aux sols qui ont besoin d'azote et d'acide phosphorique.

Terminons en disant que frappés des pertes énormes de principes fertilisants, résultant des méthodes employées actuellement pour obtenir les poudrettes, plusieurs esprits ingénieux se sont attachés à découvrir des procédés de traitement des matières excrémentielles, permettant de leur conserver la plus grande partie de leur richesse en principes utiles. Déjà même, dans cette voie, on a réalisé des perfectionnements importants, dont l'application ne saurait tarder à se généraliser et qui laissent espérer qu'avant peu, l'agriculture trouvera là une source considérable de matières fertilisantes.

Gadoues et boues des villes. — En outre des matières fécales, les grands centres de population disposent, en quantités considérables, de principes fertilisants qui sont, pour eux, une cause d'embarras et d'insalubrité et qui deviendraient pour nos sols de culture, si on pouvait les en doter, une source de richesse productive.

Nous voulons parler des balayures des rues, constituées, en grande partie, par les déchets de ménage, de cuisine, les détritus de toutes sortes provenant des halles et marchés, les crottins de chevaux, etc., dont la masse remplit, chaque jour, les innombrables chariots des entrepreneurs chargés du nettoyage de nos voies publiques, lesquels vont transporter ces débris hétérogènes dans des lieux spéciaux où ils s'amoncellent au grand déplaisir du voisinage.

Ces matériaux, en effet, qui lorsqu'ils sont à l'état frais, portent le nom de *gadoues vertes*, ne tardent pas à entrer en fermentation, répandant, aux alentours, des odeurs fort désagréables; ils diminuent considérablement de volume et ils se transforment, sous l'influence de ce travail intérieur, en *gadoues noires*, forme sous laquelle ils sont utilisés avec avantage par l'agriculture.

Ces gadoues noires, véritables terreaux lorsque

la fermentation s'est accomplie d'une manière à peu près complète au sein de leur masse, c'est-à-dire dans un délai qui ne dépasse guère trois à quatre mois, possèdent une richesse en principes fertilisants, qui est, à peu de choses près, comparable à celle du fumier de ferme.

Des analyses faites sur des matières de ce genre, provenant des balayures de Paris, ont donné les moyennes suivantes, pour 100 kilogrammes.

Azote	0.39 à 0.45
Acide phosphorique.	0.45 à 0.59
Potasse.	0.29 à 0.52
Chaux	2.92 à 3.75

En appliquant, à ces proportions, leur coefficient de valeur, on arrive à établir que 100 kilogrammes de gadoues noires représentent, environ, une valeur totale de 1 fr. à 1 fr. 25 c. Le poids d'un mètre cube de ces matières varie entre 800 et 1.200 kilogrammes.

Le cultivateur en possession de ces indications, doit donc calculer s'il a intérêt à user des gadoues pour fumer ses terrains et si les frais de transport auxquels il aura à faire face pour les amener au lieu où elles devront être utilisées, ne lui imposeront pas de plus grands sacrifices que s'ils recourt à d'autres fumures.

D'une manière générale, on n'utilise guère cette sorte d'engrais que pour la culture maraîchère aux environs des villes, parce qu'alors elle est à proximité des lieux d'emploi et on n'a pas de trop grandes dépenses de charroi à faire pour l'y amener.

Les gadoues forment un engrais chaud et peuvent, comme le fumier de cheval, servir à la confection des couches; les jardiniers s'en servent pour obtenir des légumes précoces.

Curures de fossés et de mares, vases de rivières et d'étangs, etc. — Les débris de toute nature, qui viennent s'accumuler dans les fossés, mares, étangs, rivières, etc. et qui y sont entraînés par les pluies d'orage ou autrement, y subissent une décomposition rapide au contact des éléments très variés qu'ils rencontrent au sein de la masse liquide et des substances minérales et organiques qui s'y trouvent.

Ils ne tardent pas, en s'y mélangeant aux parties terreuses, à constituer une espèce de boue que l'on pourrait assimiler au terreau, en raison des principes fertilisants que cette boue renferme et qui sont en proportion des éléments particuliers avec laquelle elle a été formée.

Ces débris provenant plus généralement de substances végétales, feuilles mortes, morceaux de bois, terre humique, etc., les boues qu'elles produisent sont d'ordinaire assez riches en azote; elles en contiennent, en moyenne, 0.4 à 0.5 0/0, c'est-à-dire presque autant que le fumier frais. Les particules terreuses avec lesquelles ils ont été entraînés, ayant été empruntées aux différents sols qu'elles ont parcourus, sont, suivant la nature de ces sols, plus ou moins riches en chaux et en acide phosphorique; quant à la potasse, elle n'y existe jamais en forte proportion.

Voici comment s'exprime M. Hervé-Mangon, au sujet de cet engrais :

« Les vases peuvent être employées comme engrais, de différentes manières. On peut les répandre sur les prairies ou bien les enfouir par un labour, en même temps que les fumiers : mais en général on peut en tirer un meilleur parti par une préparation particulière, variant avec leur composition et les circonstances locales d'exploitation agricole.

» Les vases non calcaires ou celles qui sont très riches en matières organiques incomplètement décomposées, forment avec la chaux d'excellents composts. Comme litières terreuses, la plupart des vases peuvent, également, rendre d'excellents services. Enfin, les vases séchées à l'air et écrasées, forment la meilleure substance à mêler aux engrais salins ou pulvérulents, que l'on répand, ordinairement, mélangés avec de la terre et des cendres.

» La vase, au moment où on l'extrait, est plus ou moins humide; exposée à l'air ou au soleil, elle perd rapidement, 50 à 70 0/0 de son poids d'eau. Ainsi desséchée, elle contient encore, en général, de 3 à 10 0/0 d'eau qu'elle n'abandonne qu'à une température de 105° environ.

» La vase séchée au soleil et réduite en poudre,

pèse, ordinairement, de 700 à 800 kilogrammes le mètre cube. Ce poids, comme celui de la vase fraîche qui est de 1,100 à 1,400 kilogrammes le mètre cube, doit varier beaucoup, suivant les localités. Certaines vases contiennent de fortes proportions de carbonate de chaux et constituent des marnes d'autant plus énergiques que le calcaire est plus divisé. D'autres vases sont presque complètement dépourvues de calcaire; elles abandonnent tout à l'eau froide, comme les terres fertiles, une certaine somme de produits solubles, formés en partie de matières organiques et de matières minérales.

» Les vases contenant des quantités notables de phosphates sont assez rares ; toutes, au contraire, renferment une assez forte proportion d'azote. Cette proportion est assez variable d'un échantillon à l'autre; cependant, on peut admettre que les vases de bonne qualité, desséchées à l'air, contiennent de 0.4 à 0.5 0/0 de leur poids d'azote, c'est-à-dire presque autant que le fumier frais. Cet azote n'est pas toujours aussi immédiatement assimilable par les récoltes, que celui du fumier, mais il constitue toujours pour la terre, une augmentation de fertilité en rapport avec son poids.

» Ce produit a donc, en général, pour l'agriculture, une valeur très supérieure à son prix d'extraction, de manipulation et d'emploi. On conclut, d'ailleurs facilement, des chiffres qui précèdent, que le produit des curages pourrait fournir par an, à la culture, autant d'azote que 200,000 tonnes de fumier de ferme.

» Car on a calculé que le produit des curages des cours d'eau de la France, pourrait s'élever à 250,000 mètres cubes par année. »

Un des inconvénients que l'on peut reprocher à l'emploi des vases, font observer MM. Müntz et Girard, ainsi que des curures d'étangs et des fossés, c'est de renfermer souvent des graines de mauvaises herbes, graines qui se conservent inaltérées pendant un temps assez long et qui peuvent germer après l'épandage sur le sol. Lorsque ces vases sont transformées en composts, par l'addition de chaux, cet inconvénient est moins à craindre. La vitalité d'un grand nombre de semences est ainsi détruite et l'introduction de plantes nuisibles à la culture est en partie évitée. Mais, cependant, afin d'être complètement à l'abri des inconvénients résultant de l'intervention de ces graines, il convient d'employer, de préférence, les curures ou les composts qu'elles ont fournis, sur les récoltes sarclées, afin que les mauvaises herbes introduites soient plus facilement éliminées par les façons culturales.

On appelle *colmatage*, les opérations qui ont pour but de retenir les *limons* que déposent certains fleuves lorsqu'ils sortent de leur lit et dont la composition est assez généralement analogue à celles des curures de fossés et d'étangs.

Souvent même, ces dépôts sont beaucoup plus riches en principes fertilisants. C'est ainsi qu'on a pu déterminer par l'analyse des limons desséchés de la Loire, déposés lors des inondations de 1856 et de 1866, que ceux-ci ne contenaient pas moins de 0.40 à 0.45 0/0 d'acide phosphorique. On voit ainsi, quelle perte considérable l'agriculture éprouve, du fait de l'entraînement des limons à la mer par le courant des fleuves et des rivières.

Composts. — On donne le nom de composts à des mélanges de matières végétales, de parties animales et de substances terreuses, que l'on abandonne à elles-mêmes jusqu'à ce qu'elles soient converties en une sorte de terreau. Ces engrais rendent, chaque année, de très grands services, lorsqu'ils ont été bien confectionnés, en ce sens qu'ils permettent d'utiliser des matières qui n'ont aucune valeur ou qui ne pourraient être employées seules comme substances fertilisantes.

Les substances les plus variées peuvent entrer dans la composition des composts : feuilles d'arbre, mauvaises herbes, épluchures de tous genres, joncs, roseaux, marcs de pommes ou de raisins, déchets de viandes, chiffons, débris de cuir, plumes, cadavres d'animaux, matières fécales, curures d'étangs et de fossés, cendres, suies, enfin tous les détritus quelconques de nature végétale ou animale, inutilisables qui constituent les résidus d'une exploitation rurale, d'une ferme et même d'une simple maison bourgeoise à la campagne.

Ces déchets doivent être mélangés avec de la terre de la meilleure composition possible, c'est-à-dire humifère ou tourbeuse, qu'on s'arrange de manière à placer par couches superposées, alternant avec les détritus en question, lesquels finissent de la sorte par subir une décomposition chimique, une désagrégation complète de tous leurs éléments organiques et se transforment en terreau qui, non seulement, contient les principes fertilisants assimilables, mais qui, en outre, est très favorable à l'état physique du sol dans lequel on l'incorpore.

L'introduction de la chaux, soit en pierre soit délitée se recommande d'une manière toute particulière dans la confection des composts. Elle a une action chimique considérable sur les substances avec lesquelles on la met en contact et dont elle rend la décomposition plus rapide et plus complète, en même temps qu'elle provoque, dans la masse, une fermentation nitrique très énergique dont le résultat est de transformer en nitrates de chaux, de potasse, de magnésie, etc., c'est-à-dire en principes assimilables, non seulement l'ammoniaque qui se forme par le fait de la fermentation qui s'opère au sein du compost, mais encore l'azote des matières organiques qui s'y trouvent incorporées.

Pour que la fermentation s'établisse d'une

manière convenable, au milieu de la masse, il est essentiel que celle-ci soit entretenue dans un état d'humidité constant. Il est donc essentiel que les composts soit fréquemment arrosés et préférablement avec des liquides contenant eux-mêmes des principes fertilisants ou de nature à agir chimiquement sur les matériaux dans lesquels on les introduit. On choisira donc de préférence, pour cela, des purins, des eaux grasses, des eaux de lessive ou de savon ou bien encore les eaux résiduaires de fabriques telles que les eaux de féculeries, les vinasses, les eaux de suint, ou celles qui ont servi au rouissage du lin et du chanvre. On devra s'arranger de manière que ces liquides pénètrent bien au sein de la masse sans la noyer toutefois, et pour cela on y pratiquera des trous, en même temps qu'on aura la précaution préalable d'en faciliter l'aération, en y introduisant des débris organiques grossiers : branchages, bruyères, ajoncs, roseaux.

Les composts comme les fumiers de ferme, doivent être établis en tas dont il est préférable de ne pas élever la hauteur à plus de 1m50 ou 2 mètres. Comme pour les fumiers, il convient d'établir des rigoles tout autour d'eux, de manière à recueillir les eaux d'égouttage qui en découlent, dans une citerne qui les retiendra, car les nitrates qu'ils contiennent sont très solubles et très faiblement retenus par le pouvoir absorbant de la terre. Ils sont, donc par suite, facilement entraînés par les eaux de pluie ou d'arrosage. Ces tas doivent être établis, autant que possible, à l'abri du soleil, afin d'éviter la dessiccation trop rapide.

Lorsque le sol auquel est destiné le compost, est compact et argileux, il est bon d'augmenter la dose de chaux ou encore d'y introduire de la marne. Lors de l'épandage, le compost remplira, de la sorte, le double rôle d'amendement calcaire. Si le sol, au contraire, est léger, poreux et suffisamment calcaire, on remplace la chaux par de l'argile cuite. Les curures de mares et de fossés pourront également, dans ce cas, être employées avec avantage.

Un compost établi dans de bonnes conditions, bien soigné, traité comme nous venons de le dire, peut être utilisé au bout de cinq ou six mois, surtout si on a pris soin de le recouper de temps en temps à la bêche, de manière à faciliter l'introduction de l'air atmosphérique et le mélange intime de tous les éléments qui concourent à sa formation. Lorsque l'on juge que l'engrais est en état, on démolit le tas, on le laisse pendant quelques jours se ressuyer à l'air, puis à l'aide de tombereaux, on le transporte sur les champs ou les prairies où on l'épand à la surface du sol.

L'établissement d'un tas de compost, font remarquer avec raison, MM. Müntz et Girard, devrait être annexé à toute exploitation rurale, qui utiliserait ainsi une foule de résidus, ordinairement perdus, ou d'un emploi difficile. Ce serait une ressource qui permettrait de compenser l'insuffisance du fumier de ferme. Cette pratique a, de plus, le grand avantage d'introduire dans l'exploitation des habitudes d'ordre et de propreté.

Tombes. — En Normandie, dans le Bessin et le Cotentin, dans la Mayenne et l'Anjou, on fabrique une sorte de compost auquel on donne le nom de *tombes* et qui sert plus spécialement à l'amendement des prairies.

Ces *tombes* que l'on forme au commencement de l'hiver, sont constituées avec un mélange de curures de mares et de fossés, de vases de rivières, de gazons, de boues des villes ou de terres extraites des herbages, au pied des haies et dans les endroits ombragés fréquentés par le bétail. On mélange le tout avec de la chaux et on en forme des tas de 1 mètre à 1^m,50 de hauteur qu'on recouvre d'une couche de 40 à 50 centimètres de terre et on abandonne ce tas aux influences de l'air et de l'eau.

La chaux se délite rapidement et désagrège les matières organiques. Au milieu de l'hiver, on opère un recoupage pour obtenir un mélange intime de tous les principes mis en contact, on reconstitue le tas et, vers le mois de février, on procède à un nouveau recoupage, mais cette fois en mélangeant une forte proportion de fumier de ferme, puis on abandonne de nouveau le mélange intime, pendant quinze jours ou trois semaines, après quoi on le transporte sur les sols où on veut l'utiliser, en l'y répartissant d'une manière uniforme.

Voici, d'ordinaire, quelle est la composition de ce compost.

Terre	20	mètres cubes.
Chaux	4	—
Fumier	10	—

Considérations générales. — On ne saurait déterminer, même approximativement, la valeur fertilisante des composts, ni traduire en quantièmes, les proportions de principes utiles qu'ils sont susceptibles de renfermer.

On ne pourrait davantage, et pour ce motif, indiquer le nombre de mètres cubes de ces compositions, qu'il convient d'appliquer par hectare. Tout dépend, en effet, de la richesse du mélange, suivant qu'il a été plus ou moins bien fait, plus ou moins bien entretenu et qu'il contient plus ou moins de matières organiques et inorganiques utiles aux plantes.

On peut dire, cependant, que les composts dans lesquels il est entré beaucoup de parties végétales ou animales, doivent être regardés comme analogues aux boues des villes, quant à leur action fertilisante ; il faut ajouter qu'un compost bien fait, formé de parties végétales et animales et de sels alcalins, arrosé avec du purin ou des urines, est un excellent engrais dont l'énergie est quelquefois surprenante en raison de ses facultés d'assimilation.

Cet engrais doit être réservé, plus spécialement, pour les prairies naturelles ou pour les prairies artificielles. On s'en trouvera également bien en le faisant servir à la fertilisation des terres que l'on consacre à la culture du lin, du chanvre, du pavot, du tabac et des légumes.

Il faut avoir soin, lors de l'épandage de ces mélanges, d'en éloigner toutes les pierres et les cailloux qui s'y pourraient trouver, et qui s'opposeraient à ce que la faux à l'époque des fenaisons, puisse couper rez de terre toutes les plantes.

On évitera cet inconvénient, soit en tamisant les composts à la claie, au moment de l'épandage, soit en prenant la précaution de n'employer pour leur confection, que des terres exemptes pour ainsi dire de cailloux ou préalablement tamisées.

CHAPITRE VI

Engrais végetaux. — Espèces cultivées pour servir d'engrais verts. — Conditions et mode d'emploi des engrais verts. — Débris végétaux abandonnés au sol. — Engrais verts apportés : plantes marines, varechs ; plantes aquatiques, roseaux ; plantes arbustives ; tourbe. — Résidus industriels ; tourteaux. — Résidus de sucreries : pulpes ; écumes de défécation. — Résidus de brasserie : drèches, touraillons. — Résidus de tannerie : tannée.

Dans certaines exploitations rurales et en certaines circonstances, on enfouit directement dans le sol des matières végétales que l'on a cultivées précisément dans le but de servir de fumure aux terrains mêmes qui les ont produites, ou bien des végétaux que l'on se procure au dehors : plantes marines de la famille des algues que l'on désigne sous le nom de *goémon*, de *varech* ou *fucus*, roseaux, bruyères, etc., qui n'ont rien emprunté au sol sur lequel on les répand.

Cette sorte de fumure que l'on désigne sous le nom d'engrais verts ou engrais végétaux, est moins active que les engrais animaux, mais elle produit d'excellents effets dans les régions méridionales, dans les terres compactes surtout lorsque celles-ci sont plus ou moins calcaires, car alors la nitrification des matières organiques y est particulièrement favorisée par la température chaude qui règne d'ordinaire dans ces régions ; enfin dans les terrains secs, où elle entretient un certain degré d'humidité et de fraîcheur utile à la végétation.

Dans les sols d'origine schisteuse ou granitique, l'engrais vert ne saurait convenir, car il formerait, en se décomposant, de l'humus acide, à moins qu'on ait pris la précaution d'y ajouter un alcalin, c'est-à-dire, comme cela se pratique parfois, de saupoudrer de chaux la plante que l'on vient de faucher.

Espèces cultivées pour servir d'engrais verts. — Les plantes que l'on cultive en vue d'être utilisées comme engrais verts peuvent se diviser en deux catégories, savoir : 1° celles qu'on peut enfouir au printemps ; 2° celles qu'on peut enfouir en été; mais beaucoup d'entre elles peuvent être, indifféremment, utilisées dans les deux cas.

La féverole d'hiver qu'on sème dans le Midi, vers la mi-novembre, fleurit en mars ou avril et l'on enterre à ce moment. Elle demande une terre un peu argileuse et elle végète dans les sols siliceux et légers; elle contient, d'ordinaire 75 0/0 d'eau et 0,51 0/0 d'azote. Cette légumineuse peut fournir de 30.000 à 40.000 kilogrammes de tiges et feuilles vertes par hectare.

Le colza d'hiver, dont le mérite est de très bien réussir sur les terres acides de bruyères et sur les sols granitiques, que l'on peut semer à deux époques, en juin pour l'enfouir en octobre et en août et septembre pour l'enterrer en mars ou avril. Lorsqu'on sème cette crucifère à la fin du printemps, on peut l'associer au sarrasin.

La navette d'hiver ou rabette que l'on emploie avec succès comme engrais vert, notamment en Alsace, dans le pays de Caux et généralement dans le nord de l'Europe, se sème généralement avant le 15 août pour être enterrée en septembre au profit du blé que l'on sème en octobre.

Le lupin blanc que Columelle considérait comme un excellent engrais pour les vignes maigres et épuisées, ainsi que pour les terres en général. Les tiges, les feuilles et les fleurs de cette légumineuse, renferment à l'état normal 75 0/0 d'eau et 0,47 d'azote. Le lupin réussit très mal sur les terres argileuses, compactes, ainsi que sur les sols très calcaires où crayeux; il se plaît dans une terre maigre et surtout dans une terre ferrugineuse, un sol ocreux ou rougeâtre, un terrain calcaire ferrique.

Dans les régions méridionales, on sème le lupin, le plus ordinairement, en août ou au commencement de septembre, afin de pouvoir enfouir les parties herbacées en octobre ou novembre, quelques jours avant les semailles d'automne. Mais dans certaines contrées, dans la vallée du Rhône et dans les environs de Nîmes, par exemple, ou sous les climats dont la température peut descendre très bas dès le début de l'hiver, on sème à la fin de février ou au commencement de mars, pour enterrer en mai ou juin. On répand environ de 150 à 200 litres de semences par hectare et on obtient ainsi un produit de 12.000 à 30.000 kilogrammes de tiges et feuilles vertes, suivant la nature des terres sur lesquelles cette légumineuse a été cultivée. Quand elle réussit, ses tiges ont près de un mètre de hauteur. On doit l'enterrer avant que la floraison soit passée ; pourtant, d'après Columelle, il n'y a pas d'époque plus favorable pour enfouir le lupin dans les sols sablonneux, que le moment de sa seconde fleur et de sa troisième dans les terres rouges. Dans le premier cas, on l'enterre lorsqu'il est encore tendre, afin qu'il se décompose plus aisément ; dans le second, on le laisse durcir pour qu'il puisse soulever plus longtemps les mottes de terre et les tenir, en quelque sorte suspendues, jusqu'à ce que, pénétrées et modifiées par les chaleurs de l'été, elles soient réduites en poussière.

Le lupin jaune qui végète très bien dans les terres sablonneuses, sèches et pauvres, à sous-sols ferrugineux et caillouteux, mais auquel les terrains calcaires ne conviennent pas, est cultivé depuis quelque temps avec succès en France, comme engrais vert. Ses tiges et ses feuilles contiennent 0,46 0/0 d'azote, mais il acquiert un développement beaucoup moins considérable que le lupin blanc. On le sème d'ordinaire au printemps en mai pour l'enfouir en été, en août ou septembre.

Le sarrasin, qu'on appelle aussi *carabin* ou *blé noir*, ne constitue pas un engrais vert très recommandable. Son seul mérite réside dans la promptitude avec laquelle il se développe dans les sols un peu riches et à la condition que sa végétation soit favorisée par une température chaude et humide à la fois. Dans les terres pauvres et les climats secs, la masse herbacée qu'il fournit est insuffisante pour assurer l'existence d'une céréale d'automne. Sa puissance fertilisante n'est pas très considérable : ses tiges et ses feuilles vertes, pour 70 0/0 d'eau, ne renferment guère que 0,16 0/0 d'azote. Lorsqu'on l'utilise comme engrais vert, on l'associe avec des chiffons de laine et du fumier, de manière à accroître sa faculté de fertilisation. Le sarrasin de Tartarie, beaucoup plus rustique et plus précoce que le sarrasin ordinaire, doit être employé de préférence. On sème en mai pour enterrer en août-septembre.

La spergule est considérée par certains agriculteurs comme un engrais vert très favorable à la fertilisation des terres arables. De Woght soutient que si l'on sème sur un champ consécutivement de la spergule, de manière à enterrer la production verte à la fin de juin, au commencement d'août et en novembre, ou peut compter que l'effet des trois enfouissements équivaudra à celui que peuvent produire 30.000 kilogrammes de fumier et qu'une telle fumure enrichit davantage le sol qu'une récolte de seigle ne l'épuise : de 13 hectolitres 75 de seigle qu'il obtenait antérieurement, ajoute-t-il, il est parvenu à une production de 31 hectolitres à l'hectare, dans l'espace de huit années, en enfouissant, chaque année, sur une terre sablonneuse, une ou deux récoltes vertes de spergule. Les tiges et les feuilles de cette plante, pour 66 0/0 d'eau, renferment 0,39 d'azote. La spergule ne réussit bien que dans les contrées humides et dans les terres sablonneuses et fraîches ; pour 66 kilogrammes de semences répandues, le produit herbacé dépasse, rarement, 3.000 kilogrammes à l'hectare.

Le trèfle incarnat est souvent enterré comme engrais vert dans la région du Sud-Ouest. On le sème au mois d'août ou de septembre et c'est au printemps que cette légumineuse est enfouie, lorsque ses fleurs rouges vont s'épanouir. On l'emploie aussi avec succès, comme engrais vert, dans la culture de la vigne où on l'enterre au moment où on procède au premier labour.

La moutarde blanche fournit une abondante fumure verte ; elle réussit très bien sur les terres argilo-siliceuses et argilo-calcaires. Elle a sur le colza l'avantage d'occuper le sol moins longtemps et de pouvoir être semée en août pour être enfouie avant les semailles d'automne. Enfin sa précocité est telle, qu'on peut l'enterrer deux fois dans une année, sur les terres en jachère,

On fait suivre, le plus ordinairement, son enfouissement par un froment.

Le navet dont les habitants de Hœrdt emploient avec succès les fanes de raves ou navets comme engrais vert, a été recommandé, pour cet usage et dans ces conditions, par la Société d'agriculture de l'Ain qui en a reconnu les bons effets au point de vue de la fertilisation du sol, et constaté que chaque voiture de ses feuilles supplée, à peu près, une voiture de très bon fumier. Le cultivateur devra néanmoins considérer si l'avantage qu'il obtient ainsi, récupère, en juste proportion, la perte qu'il éprouve en privant de la sorte les animaux de sa ferme d'un excellent fourrage.

En somme, les engrais verts peuvent être considérés comme une jachère renforcée. On sait que la jachère est un système qui consiste à laisser reposer le sol, c'est-à-dire à ne pas lui demander de récolte et à enfouir par un labour, la végétation spontanée qui se produit à sa surface, lorsqu'on remet le champ en culture, de manière à faire profiter la récolte suivante des éléments assimilables dont le sol s'est ainsi enrichi. Dans la pratique des engrais verts, on fait développer sur ce terrain une végétation luxuriante, dont l'action est, naturellement, bien plus considérable que celle toujours maigre et clairsemée qui pousse spontanément sur les champs abandonnés à eux-mêmes.

Cette végétation soustrait à l'air atmosphérique, par ses organes foliacés, de fortes proportions d'aliments azotés sous forme d'ammoniaque, dont les récoltes subséquentes profitent, et comme les plantes ordinairement employées dans la pratique des engrais verts ont des racines profondes, celles-ci vont chercher dans les parties inférieures du sol les principes fertilisants, les ramènent à la surface sous forme de matière végétale, et les mettent ensuite à la disposition des plantes à racines plus superficielles.

« L'engrais vert, expliquent MM. Müntz et Girard, ne doit pas être considéré comme un créateur, mais comme un collecteur, comme une sorte de condensateur des principes fertilisants. Les principes minéraux qui se trouvent dispersés et diffusés dans un grand cube de terre se trouvent réunis par la récolte préparatoire et mis en masse, par suite de l'enfouissement, à la disposition d'une nouvelle récolte qui développera ainsi ses racines dans un sol plus riche. La plante employée comme fumure verte, a fait pour la culture qui doit la suivre, un travail préliminaire profitable à cette dernière ; elle met à sa disposition, sous une forme organisée et d'une désagrégation facile, des éléments qui se trouvaient auparavant dans le sol, sous une forme concrète, peu accessible aux racines des plantes.

« De plus, la matière organique influe sur l'état physique de la terre qui s'améliore par cette fumure naturelle. en s'enrichissant en humus et en acquérant plus de fraîcheur. Dans une ferme cultivée exclusivement avec des engrais chimiques, la pratique des fumures vertes s'impose pour ainsi dire. »

Conditions et mode d'emploi des engrais verts. — Nous avons déjà dit que l'agriculteur, lorsqu'il recourt à ce mode de fumure, devait se préoccuper d'établir par des calculs s'il a réellement profit à adopter ce système, et s'il ne lui serait pas, au contraire, plus avantageux de faire consommer par le bétail le fourrage qu'il serait disposé à enfouir.

Si on s'en tenait à un simple calcul arithmétique, on arriverait, dans la généralité des cas, à constater que l'opération présenterait plutôt un déficit.

En effet, en admettant, par exemple, que sur une superficie d'un hectare, on ait récolté 3,000 kilogrammes de trèfle à l'état vert, on aurait ainsi un engrais représentant en éléments fertilisants une valeur d'environ 122 fr. 60 c., savoir :

Azote . . .	63 kilog.	à 1 fr. 50 le kilog.	Fr.		94 50
Acide phosphorique.	17	— à 0 fr. 50	—	. . .	8 50
Potasse. . .	58	— à 0 fr. 40	—	. . .	23 20
		TOTAL ÉGAL.	Fr.		122 60

Mais si nous tenons compte du prix courant de ce même trèfle, à l'état de fourrage, soit, en moyenne, 7 francs les 100 kilos, nous trouvons une valeur de 210 francs qui, défalcation faite des frais de fauchage, de charrois et de fanage, estimés à 50 francs, n'en représente pas moins, dans cet état, une valeur supérieure d'environ 38 francs à celle que représente ce produit à l'état d'engrais.

La pratique de l'enfouissement, dans ce cas, serait donc absolument désavantageuse, d'autant plus qu'après consommation par le bétail, ce même fourrage restituera, à l'état de fumure, une valeur d'environ 88 francs.

Mais, par contre, il est des circonstances où il peut y avoir profit à recourir à cette méthode, lorsque, par exemple, le terrain qui y est soumis est éloigné de la ferme, d'un accès difficile, et que, conséquemment, les frais de transport des produits récoltés au lieu où ils sont destinés à être consommés, puis ceux de charrois pour transporter le fumier de ferme sur ce même terrain, seraient onéreux et établiraient la compensation.

Enfin, on peut se trouver dans des conditions telles où le fumier de ferme lui-même est d'un prix très élevé, tandis que celui du fourrage est faible.

Il ne faut pas perdre de vue, au surplus, que cette pratique réalise toujours, au profit des terres où on l'applique, une transformation favorable, ainsi que nous l'expliquons plus haut, et dont il faut tenir compte dans le calcul des sacrifices que l'on peut faire en sacrifiant un fourrage qui aurait profité au bétail.

D'une manière générale, toutefois, on peut tirer cette conséquence de ce que nous venons de dire, que la pratique des engrais végétaux se recommande plus spécialement pour les terrains déjà riches par eux-mêmes, et dont ils augmentent la fécondité, plutôt que pour les terres pauvres et épuisées dans lesquelles les plantes ne végéteraient que faiblement et ne donneraient qu'une quantité très limitée de fumure.

On procède à l'enfouissement de la production verte lorsque celle-ci est en fleurs et qu'elle a atteint son complet développement sans avoir épuisé la terre des principes nutritifs qu'elle contient et qu'elle abandonne toujours aux végétaux qui forment et mûrissent leurs graines; alors aussi leurs tiges sont gonflées, chargées de sucs alimentaires solubles, de sécrétions altérables, de principes mucilagineux, albumineux, etc.

Autrefois, on fauchait les plantes destinées à servir d'engrais, on les fanait avec soin sur le sol et on les enterrait ensuite après un labour. Mais ce mode de procéder a été abandonné comme présentant de trop grandes difficultés, en raison de ce que les masses herbacées se réunissent devant la charrue, l'embarrassent et sont mal enfouies.

Aujourd'hui, on commence par faire passer un

rouleau bien plat sur la surface du champ qui a produit la plante à enfouir, de telle sorte que les tiges soient parfaitement couchées, puis on laboure dans le sens où les plantes ont été renversées. Il s'agit donc de combiner aussi exactement que possible le passage du rouleau, auquel doit succéder celui de la charrue. Dans tous les cas, il est essentiel que l'enfouissement ait été effectué d'une manière complète, car, autrement les parties qui n'auraient pas été enterrées continueraient à végéter, ce qui constituerait un grand embarras, ou bien elles dessécheraient à la surface du sol, sans profit pour les végétations futures.

On ne peut se dispenser des fumiers, quand on fait usage d'engrais verts, que si on répète leur emploi tous les ans sur le même champ.

Débris végétaux abandonnés au sol. — On peut aussi considérer comme devant être rangés dans la catégorie des engrais verts, tous les débris végétaux abandonnés au sol pendant la végétation des plantes ou après la récolte.

Dans cette catégorie, nous rangerons les chaumes des céréales, les feuilles de betteraves, les fanes de pommes de terre, les feuilles de vigne, etc., que l'on abandonne généralement sur le terrain, en raison de leur peu de valeur.

Les principes fertilisants fournis exclusivement par les débris verts de la nature de ceux que nous venons d'énumérer ne sont certes pas à négliger, et un fait contribuera à l'établir.

M. Schober ayant divisé un champ de navets en deux parties, l'une dans laquelle on a enterré les feuilles, l'autre dans laquelle on les a enlevées, a obtenu pour une récolte d'avoine subséquente :

	Grains	Paille
	Kilog.	Kilog.
Champ avec feuilles enfouies. . .	1.150	1.700
— — enlevées. . .	900	1.100

Voici, au surplus, un tableau indiquant approximativement la proportion de principes fertilisants que peuvent fournir au sol les feuilles de divers végétaux, lorsque celles-ci sont restituées au champ, en considérant la production moyenne d'un hectare.

	Betteraves fourragères	Betteraves à sucre	Carottes	Navets	Pommes de terre	Topinambours
	Kilog.	Kilog.	Kilog.	Kilog.	Kilog.	Kilog.
Azote.	60	36	51	45	20.6	53.2
Acide phosphorique	16	15.6	21	19.5	4.2	8.5
Potasse	86	48	37	48	12.6	14.5
Chaux	34	43	86	67.5	21.1	202.3

Engrais verts apportés. — Dans la catégorie des engrais verts, nous avons vu qu'il faut comprendre également certains végétaux que l'on peut se procurer au dehors, c'est-à-dire qui n'ont pas végété sur le champ où ils sont destinés à être enfouis, tels que varechs, roseaux, bruyères, etc.

Plantes marines : varechs. — On désigne sous le nom de varech, goémon ou fucus, des plantes marines de la famille des *algues* qui sont employées comme engrais verts, depuis fort longtemps, sur les côtes de Bretagne, de l'Aunis, de la Normandie, de l'Écosse, de l'Irlande et de la Méditerranée.

Ces plantes sont le plus ordinairement fixées aux rochers, d'une manière tout à fait rudimentaire qui n'a que peu d'analogie avec les racines et qui s'en détachent, dès lors, très facilement. Quelques-unes même ne tiennent ni au sol ni au rocher, et flottent simplement à la surface de la mer. Elles végètent avec une rapidité telle que l'on peut, sur divers points des côtes de l'Océan, en faire jusqu'à deux récoltes chaque année.

Les varechs adhérents aux rochers sont dénommés : *goémons vifs ou goémons de coupe;* ceux qui, détachés des roches ou du fond de la mer sont amenés au rivage par les flots, sont désignés sous le nom de *goémons épaves* ou *goémons morts.*

Ces plantes maritimes renferment des proportions de principes fertilisants qui en font un engrais très précieux, lorsque celui-ci peut être utilisé sur place, mais qui ne pourrait cependant pas supporter des frais de transport à grande distance lorsqu'il est encore imprégné de son eau, ce qui en augmente considérablement le poids mort. Du reste, ces proportions sont à peu de chose près égales, qu'il s'agisse de goémons de coupe ou de goémons d'épaves, quoique en

Bretagne, par exemple, on attache une valeur plus considérable aux premiers.

Voici, d'après diverses analyses, la composition centésimale de ces végétaux à l'état humide et à l'état sec.

A l'état humide.

	Goémons d'épaves		Goémons de coupe	
	—		—	
Eau.	61.11	à 76.06	66.92	à 69.75
Azote.	0.57	0.68	0.36	0.53
Acide phosphorique	0.20	0.07	0.13	0.15
Potasse.	0.34	2 »	0.34	0.43
Chaux	0.68	1.10	0.86	1.10

A l'état desséché.

	Azote	Acide phosphorique	Potasse	Chaux
	—	—	—	—
Goémons en branche	1.75	0.44	2.15	1.93
— pulvérisés.	1.05	0.30	3.24	2.24
— épaves . .	1.33	0.36	»	3.01
— de coupe .	1.10	0.21	»	1.29
Goémons séchés et broyés	1.68	0.47	4.27	»

Remarquons tout d'abord qu'à l'état desséché, ces végétaux ayant perdu de la moitié aux deux tiers de leur eau et, conséquemment, leur poids ayant diminué en même temps que la concentration de leurs principes fertilisants les a rendus plus riches, il peut y avoir avantage à leur faire supporter des frais de transport qui auraient été trop onéreux à l'état humide, alors que le mètre cube de goémons frais ne pèse pas moins de 400 à 450 kilogrammes, tandis que le poids du mètre cube de cette matière desséchée n'est plus que de 250 à 300 kilogrammes et que sa valeur fertilisante a presque triplé.

Les algues maritimes sont, du reste, employées comme engrais de très diverses manières. Les uns les utilisent à l'état vert et les enterrent aussi vite que possible. Ainsi appliqué, le goémon se décompose promptement et son action sur la végétation est très énergique, mais de peu de durée. Les autres stratifient le goémon avec le fumier; ce procédé est surtout employé en Bretagne et en Normandie. Ceux-ci en font des composts avec des coquillages marins, du merl ou des vases de mer; ceux-là ne l'emploient qu'après l'avoir utilisé comme litière dans les étables, il fermente alors plus aisément et se décompose plus facilement. A l'état décomposé, les algues s'incorporent mieux dans le sol, mais elles ont perdu une certaine proportion de leur azote et surtout de leurs sels potassiques; le procédé est donc d'autant moins à recommander, que ces plantes se décomposent rapidement dans le sol et qu'elles n'ont nul besoin, par suite, de subir une préparation préalable qui rende leur désagrégation plus facile.

Enfin, quelques cultivateurs n'emploient les goémons que lorsqu'ils sont secs et qu'ils ont été lavés par la pluie, afin de les débarrasser d'une partie du sel qu'ils retiennent en assez grande quantité et dont l'excès, à la vérité, peut être nuisible à la végétation.

« Les goémons, disent MM. Müntz et Girard, n'introduisent aucune semence de mauvaise herbe et ont ainsi un avantage marqué sur d'autres résidus végétaux. On les emploie à des doses très variables; dans le Finistère, on va jusqu'à 60 à 80 mètres cubes à l'hectare; une fumure de 40 mètres cubes permet d'obtenir d'abondantes récoltes. Ainsi les côtes de Guingamp, Morlaix, Brest, qui forment ce que l'on appelle *la ceinture dorée*, produisent jusqu'à 40 hectolitres de blé à l'hectare; on y voit des cultures admirables de légumineuses, de lin, de chanvre et de légumes; les plantes qui ont de grands besoins en potasse, telles que les pommes de terre et les navets, sont très sensibles à l'application de cette fumure. »

Plantes aquatiques : Roseaux. — En Provence, dans le Languedoc, sur la rive droite du Rhône, on emploie beaucoup pour la fumure des oliviers, des vignes et des mûriers, les roseaux, les joncs qui poussent dans les étangs et les marais.

On les coupe au moment de la floraison, vers le mois de juillet; on les laisse pendant quelques jours en petits tas pour qu'ils se fanent et perdent un peu de leur humidité, puis on les enfouit dans le sol où ils se décomposent rapidement.

Lorsque la saison est favorable, la coupe d'un hectare de joncs suffit à la fumure de trois hectares de vignes.

Suivant M. Payen, cet engrais agit utilement en s'opposant à la dessiccation des terres et en fournissant peu à peu son humidité au sol. Dans les terres argileuses et fortes, son action chimique et physique est constatée avec avantage.

D'après M. Wolff, la teneur centésimale des roseaux et des joncs, en principes fertilisants, serait à l'état frais, savoir :

	Roseaux	Joncs
Eau.	18 »	14 »
Acide phosphorique .	0.18	0.43
Potasse	0.60	1.69
Chaux	0.27	0.42

La teneur en azote varierait de 0.27 à 0.43 pour les roseaux frais et elle atteindrait 1.07 pour les roseaux secs.

Plantes arbustives. — On emploie encore avec succès, comme engrais vert, diverses plantes, telles que la fougère, la bruyère, les genêts et les rameaux de buis, dont les teneurs en principes fertilisants sont relativement importantes, ainsi que l'on peut en juger par le tableau ci-après où nous réunissons, d'après un certain nombre d'analyses, les proportions centésimales constatées.

	Fougère	Bruyère	Genêts desséchés
Eau	15 à 25	13 à 20	12.50 à 25
Matières organiques. . .	75.75	85.06	84.79
Azote	2.38	0.80 à 1.00	2.54
Acide phosphorique. .	0.33 à 0.37	0.03 à 0.11	0.30 à 0.11
Potasse. . . .	2.75 à 1.86	0.37 à 0.21	0.90 à 0.50
Chaux. . . .	0.84 à 0.60	0.23 à 0.36	0.40 à 0.22

Les rameaux de buis, dont la richesse en azote est d'environ 1 0/0 à l'état vert, pour s'élever à 3.5 0/0 et plus à l'état sec, sont employés avec succès en vert dans certains vignobles où on les enfouit dans des fosses profondes de 2 mètres de large et espacées de 20 mètres. On a remarqué qu'ils procurent aux vins récoltés sur des terrains ainsi fumés une saveur particulièrement agréable.

D'une manière générale, s'il est exact de considérer les plantes arbustives que nous venons d'énumérer comme étant assez riches en principes fertilisants pour constituer, par leur apport au sol, une fumure réellement appréciable, il convient de dire aussi, en ce qui les concerne, que ces plantes, en raison des ramifications ligneuses qu'elles comportent, sont d'une décomposition assez lente. Pour hâter cette décomposition, on s'arrange de manière à faire écraser et diviser ces végétaux, avant de les enfouir, en les plaçant sur le parcours habituel des voitures et des animaux. Cette simple préparation les dispose à une désagrégation rapide une fois qu'ils sont incorporés au sol. On obtiendrait, du reste, de meilleurs résultats encore, en les utilisant d'abord comme litière avant de s'en servir comme fumure. Elles remplacent ainsi, lorsque l'on peut se les procurer facilement et à bon marché, des litières d'une valeur vénale plus élevée et que l'agriculture peut ainsi réaliser en argent.

De préférence, on devra employer cette fumure dans les sols contenant de la chaux ; l'action de cette base activera son assimilation. Dans les terres argileuses et compactes, elle présente l'avantage de diminuer la compacité du sol et de le rendre plus malléable et plus léger.

Tourbe. — On appelle ainsi le résultat de la décomposition, au sein de l'eau, des plantes mortes qui s'y sont accumulées. Ce produit est généralement riche en azote dans une proportion qui peut varier de 0.65 à 2.5 0/0. Il contient aussi des quantités plus ou moins grande de potasse. Il constitue donc un engrais d'une valeur réelle, quand on peut se le procurer économiquement. Son action se fait particulièrement remarquer dans les sols riches en calcaire où la tourbe ne tarde pas à se transformer en humus et où l'azote qu'elle renferme passe à l'état de nitrates et devient ainsi assimilable par les plantes ; les sols de cette nature sont donc, par l'apport de cette substance, influencés d'une manière doublement favorable, c'est-à-dire aussi bien au point de vue physique que chimique.

Le meilleur procédé pour utiliser cette fumure consiste à la transformer, au préalable, par l'action de la chaux ou du calcaire, en faisant des composts qui l'amènent à un plus grand degré de décomposition.

Nous dirons de la tourbe ce que nous avons déjà dit au sujet des végétaux ligneux, c'est que l'agriculteur trouvera toujours un avantage réel à se servir au préalable de cette substance comme litière, système par lequel il économisera la paille qu'il pourra vendre, sans perdre pour cela une parcelle des principes fertilisants que ces matériaux renferment et dont l'assimilation, au contraire, aura été rendue plus favorable au contact des déjections des animaux qu'ils retiendront.

Résidus industriels. — *Les Tourteaux.* — Sous le nom de tourteaux, on entend plus spécialement désigner les masses compactes formées du résidu de certaines graines et de certains fruits dont on a exprimé l'huile qu'ils contenaient, après les avoir soumis à l'action de la presse.

L'huile une fois écoulée, c'est-à-dire une fois que les matières végétales ont abandonné par le procédé de l'expression, les principes gras qu'elles renfermaient et qui sont une combinaison du carbone, de l'hydrogène et de l'oxygène, le résidu qui n'a rien cédé de son azote, de son acide phosphorique, ni de sa potasse, se trouve d'autant plus riche en matériaux fertilisants de cette nature, que ceux-ci y sont davantage concentrés. En outre, ces résidus retiennent encore une certaine proportion de substances grasses, d'amidon, de sucre et de corps ternaires facilement digestibles, qui en font un appoint précieux pour la nourriture du bétail.

Les tourteaux ne doivent donc pas être considérés seulement comme engrais, mais encore et dans la plupart des cas, comme aliments pour le bétail et c'est ainsi, d'ailleurs, qu'ils sont le plus ordinairement utilisés.

Toutefois, tous les tourteaux ne sont pas susceptibles d'être consommés par les animaux de la ferme, soit que ces résidus proviennent de fruits vénéneux, tels que pulghère, ricin, pignon d'Inde, moutarde, amandes amères, belladone, etc., soit que les procédés d'extraction dans lesquels on met maintenant en œuvre le sulfure de carbone, de manière à enlever toute l'huile existante, aient communiqué à ces déchets une saveur désagréable qui rebute les animaux auxquels on les offre pour s'en alimenter.

Dans ce dernier cas, les tourteaux sont exclusivement désignés pour l'engrais direct et leur prix est beaucoup moins élevé, d'ailleurs, que celui des résidus de même origine que l'on peut utiliser pour l'alimentation.

Nous devons ranger dans la même catégorie, les tourteaux qui ont subi un commencement d'altération due à des fermentations particulières qui se manifestent au sein de leur masse et à des moisissures susceptibles de provoquer de véritables intoxications.

Les tourteaux sont employés pour la fumure des terres, depuis près d'un siècle, et à l'origine on pensait que c'était à l'huile qu'ils contenaient encore, qu'était due leur bienfaisante action fertilisante.

Aujourd'hui, on sait qu'il n'en est rien et certains agriculteurs sont même disposés à attribuer à la présence de l'huile, des insuccès résultant de ce mode de fumure, les grains huilés, prétend-on, n'étant plus susceptibles de germer.

« C'est à tort, expliquent MM. Müntz et Girard. C'est à une autre cause qu'il faut attribuer les accidents qui ont été quelquefois signalés. Dans nos expériences, nous avons remarqué que les tourteaux avaient une très grande tendance à se recouvrir de moisissures et à se putréfier. Les graines qui sont en contact avec eux à ce moment, sont envahies également et les germes pourrissent. C'est parce que le tourteau leur communique l'infection dont il est le siège, que la levée des grains ne se fait pas ; il faut donc éviter de mettre la semence en contact avec le tourteau, aussi longtemps que celui-ci est dans la période de putréfaction, laquelle, d'ailleurs, n'est pas de longue durée. Ainsi, il serait imprudent de répandre les tourteaux immédiatement avant ou après les semailles et surtout de les mélanger à la semence pour l'épandage simultané, ou encore de mettre dans le même sillon, la graine et le tourteau. Le mieux est d'employer cet engrais avant les semailles ; de cette manière les graines n'ont plus rien à craindre, la pourriture des tourteaux étant terminée. »

On peut encore le répandre en couverture, lorsque la plante est déjà bien développée et qu'elle n'a plus à craindre l'action pernicieuse des moisissures.

Les tourteaux doivent être considérés, surtout, comme des engrais azotés pauvres en acide phosphorique. L'azote qu'ils contiennent en proportion à peu près égale au fumier de ferme, ainsi qu'on en pourra juger par le tableau ci-après, se transforme rapidement en ammoniaque et en nitrate, sous l'influence de l'humidité. Leur action s'exerce donc assez vite et n'est pas de longue durée, aussi leur emploi ne se recommande-t-il, que peu de temps avant que les plantes sont en état d'utiliser les éléments fertilisants qu'ils renferment.

On peut même rendre plus rapide encore l'action des tourteaux en les soumettant à une décomposition préalable qui s'obtient en les délayant dans de l'eau ou mieux dans le purin. Il se manifeste alors une fermentation putride donnant naissance à une odeur particulièrement infecte, mais les éléments de l'engrais sont rendus, de la sorte, beaucoup plus assimilables par les plantes, à raison de la formation de sels ammoniacaux ou d'autres combinaisons azotées.

Les tourteaux ne conviennent comme fumure ni aux terres compactes ni aux terrains acides, comme les terres de bruyères, de landes, etc. Leur décomposition y serait trop lente, à moins qu'on ne modifie la nature de ces sols par l'apport d'amendements calcaires, susceptibles de réagir sur l'azote que contiennent ces matériaux, en combinant avec eux des sels azotés.

Tout comme les engrais organiques, fumiers de ferme, etc., les tourteaux sont susceptibles de donner naissance à l'humus, et quand ils sont placés dans des conditions de décomposition favorables, ils réussissent, comme ces engrais, à améliorer et à alléger les terres trop compactes, en même temps qu'ils donnent plus de cohésion aux terres légères, auxquelles ils conviennent davantage, du reste.

L'agriculteur, tout en faisant garantir par son vendeur, la teneur centésimale en principes fertilisants des tourteaux dont il fera l'acquisition, aura toujours avantage à acheter ces résidus en pain plutôt qu'en poudre. La fraude, en effet, est beaucoup moins facile et beaucoup plus rare dans le premier cas que dans le second, attendu qu'il arrive souvent que, dans les tourteaux en poudre, on mélange des matières n'ayant aucune valeur, et cela, en proportions quelquefois considérables. Lorsque pourtant ces marchandises seront offertes à l'état pulvérulent, comme les tourteaux de repasse, qui ne se présentent généralement pas autrement, on doit rigoureusement les refuser si elles sont vendues sans garantie d'analyse.

L'action fertilisante des tourteaux sur certains végétaux est généralement tout à fait remarquable. M. de Bec, dans les Bouches-du-Rhône, a obtenu, par l'application de 1,000 kilog. environ de ces produits sur un hectare, une récolte de blé équivalente à celle fournie par 40,000 kilogrammes de fumier de ferme.

Dans le Nord, on utilise les tourteaux à raison de 1,000 à 1,500 kilogrammes à l'hectare, pour la culture du blé, et de 2,000 à 2,500 kilogrammes pour la culture de la betterave.

Dans le Midi, cette fumure, appliquée aux vignes, produit des effets remarquables et qui ne tardent pas à se faire sentir.

Le tableau suivant donne la composition moyenne des principaux tourteaux pouvant être employés par l'agriculture, soit pour l'alimentation du bétail qui, après les avoir consommés, rend un fumier beaucoup plus concentré que le fumier de ferme normal, soit pour l'engrais à appliquer directement aux terres.

L'agriculteur établira lui-même la différence entre ces deux modes d'utilisation, par le prix de vente respectif de chacun de ces divers tourteaux, lequel est toujours beaucoup plus élevé dans le premier que dans le second cas, toutes proportions gardées, d'ailleurs, relativement à leur richesse en principes fertilisants.

	Azote — p. cent	Acide phosphor. — p. cent	Potasse — p. cent	Huile — p. cent
Tourteau d'arachides brutes	5.37	0.59	»	8.12
Tourteau d'arachides décortiquées.	7.51	1.33	1.50	7.90

	Azote	Acide phosphor.	Potasse	Huile
	p. cent	p. cent	p. cent	p. cent
Tourteau de noix de Bancoul	4.90	1.40	»	7 »
Tourteau de béraf	4.65	1.60	»	7.70
— de cameline	5.52	1.90	»	8.80
— de chanvre	6.20	1.90	»	6.30
— de chenevis	4.21	»	»	6.80
— de colza indigène	4.90	2.83	1.36	11.10
Tourteau de colza exotique	5.40	1.90	1.25	7.25
Tourteau de coprah	3.90	1.12	2.54	4.70
— de coton brut	3.90	1.24	1.65	6.18
— de coton décortiqué	6.55	3.05	1.58	16.40
Tourteau de faînes brutes	4.50	1 »	»	4.80
Tourteau de lin indigène	5.04	2.17	1.29	9.90
Tourteau de lin exotique	5.40	1.06	»	»
— de moutarde blanche	5.81	2.05	»	11.80
Tourteau de moutarde noire	5.15	1.67	1.20	12.10
Tourteau de navette	4.53	1.65	1.46	»
— de niger	5 »	1.72	»	5.80
— de noix décortiquée	5.40	1.40	1.54	10.50
Tourteau d'œillette indigène	5.36	2.50	»	10.50
Tourteau d'œillette exotique	5.80	2.90	»	6.33
Grignon d'olives	1.35	0.25	0.81	10 »
Tourteau de palmiste	2.40	1.20	0.55	13.50
— de pignon d'Inde	3.14	1.50	»	17 »
Tourteau de pulghères	3.04	1 »	»	»
Tourteau de ravison	5 »	1 »	1.44	6.20
— de ricin brut	3.67	1.62	1.12	8.25

	Azote — p. cent	Acide phosphor. — p. cent	Potasse — p. cent	Huile — p. cent
Tourteau de ricin décortiqué	7.42	2.26	»	8.75
Tourteau de sésame noir.	6.34	2.03	1.45	9.70
Tourteau de sésame roux	6.14	1.60	»	11.15
Tourteau de thlaspi . .	3.56	»	»	»

Autres résidus industriels. — D'autres industries viennent également offrir à l'agriculture des déchets de diverses natures, susceptibles d'être utilisés, soit pour l'alimentation du bétail, soit pour la fumure directe.

Nous allons les passer rapidement en revue, en faisant observer toutefois que chaque fois que pour une raison quelconque, ces résidus ne peuvent pas être appliqués à la nourriture des animaux, en raison des traitements acides ou alcalins que l'industrie a dû leur faire subir, ou bien parce qu'ils sont avariés, l'agriculture ne devra en faire l'acquisition qu'après en avoir fait déterminer exactement la valeur par l'analyse et avoir constaté que, rendus à pied d'œuvre, leur prix n'excède pas celui d'une autre fumure.

Résidus des sucreries. — En outre des *noirs*, dont nous parlerons lorsque nous nous occuperons des engrais phosphatés, les déchets de l'industrie sucrière sont : 1° les *pulpes* que l'on peut diviser en pulpes de presse et pulpes de diffusion, lesquelles sont les unes et les autres, presque généralement employées à l'alimentation et dont les teneurs, en principes fertilisants, sont, d'ailleurs, très modiques, ainsi qu'on peut s'en rendre compte par le tableau ci-après qui donne leurs proportions centésimales.

	Pulpes de presse.		Pulpes de diffusion.
	—		—
Azote.	0 3	. . . .	0.10
Acide phosphorique. . .	0.1	. . . .	0.02
Potasse.	0.3	. . . .	0.05
Chaux.	2.5	. . . .	1.10

2° *Les écumes de défécation*, produites par l'action de la chaux sur les jus sucrés bruts et qui peuvent être employés avec succès comme amendement calcaire, à moins que, ce qui est préférable, on les introduise dans les composts auxquels ils apportent, outre la chaux, leurs principes fertilisants propres qui existent dans ces produits, dans la proportion suivante, pour cent.

Azote	0.3 à 0.8
Acide phosphorique.	0.8 à 1.5
Potasse.	0.1 à 0.5
Chaux.	15.00 à 36.00

Résidus de brasserie. — 1° *Drêches.* — L'orge germée qui a servi à la fabrication de la bière est utilisée comme engrais, lorsqu'elle est altérée, qu'elle a subi un commencement d'acétification, et que, par suite, il n'y a pas avantage à l'employer pour la nourriture du bétail. A l'état normal, elle contient 60 0/0 d'eau et 4.51 d'azote.

Cet engrais humide, en se décomposant, fournit aux plantes de fortes proportions de principes mucilagineux et saccharins qui ajoutent à sa valeur fertilisante. Lorsqu'il s'est acétifié au contact de l'air, il convient de ne l'épandre qu'après avoir neutralisé l'excès d'acide en faisant un compost dans lequel on mélange les drêches à deux ou trois fois leur volume de terre et un volume de chaux vive. On abandonne le mélange à lui-même pendant trois ou quatre mois, en ayant soin de remuer la masse de temps à autre.

2° *Touraillons.* — Les radicelles qui se détachent de l'orge germée, dans les brasseries, lorsqu'elles sont desséchées, forment une poudre grossière, roussâtre, à odeur très forte, dont les propriétés fertilisantes sont presque égales à celles des tourteaux. A l'état normal, cet engrais contient 6 0/0 d'eau et 4,51 d'azote. Sa décomposition est lente ; pour la hâter, on met ces radicelles en tas et on les arrose de purin, de manière à leur faire subir une fermentation qui les rend plus immédiatement assimilables.

Résidus de tannerie. — *Tannée.* — La valeur de la tannée, au point de vue des principes fertilisants qu'elle contient, est sensiblement comparable à celle de la tourbe. Mais le tannin qu'elle contient, encore, en grandes proportions, à sa sortie des tanneries, la rend nuisible aux végétaux.

Pour remédier à cet inconvénient, on accélère sa décomposition, on détruit les principes astringents qu'elle renferme et on augmente ses propriétés fertilisantes en la laissant en tas, pendant une année, mélangée à de la chaux vive et à de la terre et en l'arrosant avec des urines et du purin.

Ainsi préparée, la tannée peut être employée avec avantage sur tous les sols.

CHAPITRE VII

Les exigences des plantes en principes fertilisants : céréales ; légumineuses cultivées pour leurs grains ; légumineuses cultivées comme fourrage ; plantes fourragères ; plantes industrielles ; plantes cultivées pour leurs racines ; la vigne ; arbres fruitiers divers ; le mûrier.

Lorsque l'on fait l'analyse chimique d'un végétal quelconque, on détermine ce que ce végétal contient en principes fertilisants de diverse nature (azote, acide phosphorique, potasse et chaux) et en rapportant le chiffre trouvé à la moyenne d'une récolte annuelle, on en déduit la proportion approximative des éléments ci-dessus, que la plante a dû emprunter dans le sol, pour accomplir son développement, produire ses fruits, ses feuilles et ses racines.

Ces proportions représentent les exigences des végétaux, en principes fertilisants divers.

C'est ainsi que, par exemple, si nous envisageons une récolte moyenne de 18.000 kilog. de pommes de terre, pour un hectare, fournissant 23 0/0 de fanes, soit 4.200 kilog. on établit que ce rendement a utilisé les quantités de principes fertilissants suivantes :

	Tubercules. — Kilog.	Fanes. — Kilog.	Total. — Kilog.
Azote	57.6	21.0	78.6
Acide phosphorique.	32.4	4.2	36.6
Potasse	100.8	12.6	113.4
Chaux	3.6	21.0	24.6

On dira dès lors que les exigences d'une récolte moyenne de pommes de terre, de l'importance ci-dessus, répondent aux proportions d'éléments fertilisants, indiquées dans ce tableau.

Théoriquement et ce produit, sauf les fanes qui restent le plus souvent dans le champ et qui retournent immédiatement à la terre, étant le plus généralement exporté de la propriété, l'agriculteur devra restituer au sol, sous forme de fumures, les substances qui lui ont été enlevées. Théoriquement, on pourrait dire également, que pour porter la production du simple au double, il suffirait simplement de doubler l'apport des principes nutritifs mis à la disposition de la plante. Mais ici la théorie ne s'accorde pas toujours avec la réalité des faits.

En premier lieu, il y a lieu de tenir compte de la proportion d'éléments fertilisants, naturellement contenus dans le sol et si celui-ci est riche en potasse, par exemple, il serait inutile de lui en apporter par surcroît, puisque la plante sera suffisamment pourvue sur ce point. Nous en dirons tout autant pour l'acide phosphorique, pour la chaux et même pour l'azote.

D'un autre côté, il est bien évident que la production végétale n'est pas indéfiniment extensible et que s'il est vrai qu'en plaçant les plantes au sein de l'abondance, en les entourant de tous les soins de culture désirables, on peut en accroître quelquefois considérablement le rendement, il est non moins démontré que pour des causes dont la nature est très diverse, cette augmentation s'arrête à certaines limites physiologiquement infranchissables ou bien qu'il ne serait pas avantageux de poursuivre, en raison des frais qui en résulteraient et qui ne seraient pas compensés par les résultats obtenus.

La théorie de la fumure doit donc avoir l'expérience comme correctif. En d'autres termes et en prenant pour point de départ les chiffres que nous allons donner et qui représentent les exigences normales des plantes, en principes fertilisants, l'agriculteur pourra se livrer à des essais comparatifs qui lui permettront de déterminer jusqu'à quel degré la terre qu'il exploite est susceptible d'accroître ses rendements, par l'apport toujours plus élevé d'éléments de fertilisation, sauf à s'arrêter au moment où il serait bien établi qu'un apport plus important n'aurait pas augmenté la quantité des produits, ou bien que l'augmentation n'aurait pas compensé la dépense de fumures données en surcroît.

Sous le bénéfice de ces observations, nous allons reproduire d'après les auteurs les plus autorisés : MM. Boussingault, Lawes et Gilbert, Müntz et Girard, Wolff, etc., les chiffres représentant la moyenne des éléments fertilisants, utiles aux plantes, pour mener à bien leur production annuelle.

Céréales. — *Blé* — Dans la culture du blé, il

y a deux produits à envisager : le grain et la paille. La répartition des principes de fertilisation, dans ces deux catégories de produits, fait ressortir les quotités ci-après, pour une récolte moyenne de 15 hectolitres de blé à l'hectare, représentant 1,200 kil. de grains et 2,750 kil. de paille.

	Grain — kilog.	Paille — kilog.	Total — kilog.
Azote.	25.0	13.2	38.2
Acide phosphorique	9.8	6.3	16.1
Potasse	6.6	13.5	20.1
Chaux	0.7	7.1	7.8
Magnésie	2.7	3.0	5.7

Théoriquement et sous les réserves spécifiées ci-dessus, pour accroître le rendement d'un hectolitre par hectare, il faudrait ajouter aux fumures ci-dessus, un quinzième des quotités totales indiquées. En général et en ce qui concerne cette culture, le principe s'accorde avec la réalité et il n'est pas extraordinaire d'arriver, dans des sols favorables, à pousser la production au moyen de fumures supplémentaires, jusqu'à 30, 35 et 40 hectolitres à l'hectare.

Orge. — Les quotités de principes fertilisants enlevés au sol, par une récolte moyenne d'orge, comprenant 25 hectolitres de grains par hectare du poids de 1,625 kilog. et 2,800 kilog. de paille, sont à très peu de choses près, égales à celles du blé.

On pourra donc se régler sur les chiffres ci-dessus, pour l'apport des proportions de fumures nécessaires. MM. Lawes et Gilbert ont pu établir toutefois que l'augmentation du rendement pour cette céréale s'obtenait avec un excédent de matières fertilisantes, moindre que s'il s'agissait de froment.

Seigle. — Pour le seigle, une récolte moyenne de 20 hectol. de grains à l'hectare, du poids de 1,460 kilog., avec 3,600 kilog. de paille, enlève au sol :

	Grain — kilog.	Paille — kilog.	Total — kilog.
Azote.	25.7	14.4	40.1
Acide phosphorique	12.0	9.0	21.0
Potasse.	7.9	28.8	36.7
Chaux	0.7	13.0	13.7
Magnésie	2.8	5.0	7.8

L'expérience a permis de constater que l'on peut accroître, dans des proportions importantes, le rendement de cette céréale, par l'apport d'engrais supplémentaires.

Avoine. — Une récolte moyenne de 25 hectol. à l'hectare, comprenant 1,200 kilog. de grains et 2,100 kilog. de paille, absorbe :

	Grain — kilog.	Paille — kilog.	Total — kilog.
Azote.	23.0	8.4	31.4
Acide phosphorique	6.6	5.9	12.5
Potasse.	5.0	20.4	25.4
Chaux	1.2	7.6	8.8
Magnésie	2.1	3.8	5.9

L'observation présentée ci-dessus, au sujet du seigle et relative à la possibilité d'accroître sensiblement le rendement de cette céréale, en lui fournissant de plus fortes quantités de fumure, s'applique également à l'avoine.

Maïs. — Une récolte moyenne de maïs, donnant 25 hectolitres de grains à l'hectare, du poids de 1,750 kilog. avec 600 kilog. de rafles et 2,000 kilog. de paille, enlève au sol, environ :

	kilog.
Azote	51.0
Acide phosphorique	20.0
Potasse	53.0
Chaux	15.0
Magnésie	12.0

On doit donc considérer cette plante comme très exigeante en principes fertilisants et nécessitant de fortes fumures. Il est vrai qu'une bonne partie de l'azote et de l'acide phosphorique et la presque totalité de la potasse, contenues dans les rafles et dans la paille qui sont utilisés soit comme fourrage, soit comme litière se retrouvent dans le fumier.

Le grain, en effet, qui, généralement, est la seule partie de la plante exportée, ne représente en principes fertilisants, que les quotités ci-après :

	kilog.
Azote	28.0
Acide phosphorique	9.6
Potasse	5.7
Chaux	0.5
Magnésie	3.1

Le surplus est réparti sur la paille et les rafles.

Sarrazin. — Une récolte moyenne de 25 hectolitres de sarrazin à l'hectare, représentant 1,500 kilog. de grains et 2,000 kilog. de paille exige :

	Grain	Paille	Total
	—	—	—
	kilog.	kilog.	kilog.
Azote.	25.8	15.6	41.4
Acide phosphorique	9.1	3.6	12.7
Potasse.	6.7	24.6	31.3
Chaux	1.5	38.2	39.7
Magnésie	4.3	17.8	22.1

On peut donc considérer également cette céréale comme une plante assez épuisante et qui nécessite, conséquemment, un sol riche ou de fortes fumures.

Légumineuses cultivées pour leurs grains. — Dans cette catégorie sont compris : les haricots, les pois, les féveroles et les lentilles.

Les végétaux de cette nature contiennent, ainsi qu'il ressort des tableaux ci-après, de grandes quantités d'azote. Il semblerait dès lors qu'ils ne peuvent être cultivés que dans les sols qui sont très riches en cet élément, ou à la condition de leur fournir des fumures azotées, en proportions considérables.

Mais, heureusement, les légumineuses ont la précieuse faculté d'emprunter à l'atmosphère même, une grande partie de l'azote qui leur est nécessaire, à l'état d'ammoniaque. A cet égard donc, leur composition chimique ne saurait constituer une indication précise, relativement à l'appréciation des quantités de fumures qu'il convient de leur appliquer.

Sous le bénéfice de cette observatiou, voici la proportion de principes fertilisants nécessaires à ces produits, pour 100 kilog. de récolte, fanes comprises.

	Haricots	Pois	Féveroles	Lentilles
	kilog.	kilog.	kilog.	kilog.
Azote.	5.15	6.00	6.49	5.24
Acide phosphorique	1.30	1.77	1.80	1.20
Potasse	2.43	3.48	4.16	1.50
Chaux	2.00	4.47	2.10	3.00

L'examen de ce tableau fait ressortir l'exigence de ces végétaux en chaux ; leur culture ne serait donc avantageuse que dans les terrains qui contiennent cet élément, en proportions suffisantes.

Observons, d'autre part, que les fanes faisant généralement retour au sol, après avoir été utilisées comme fourrages ou comme litière et celles-ci représentant les parties de la plante qui absorbent la plus grande quantité de chaux, cet élément, dans ces conditions, n'a pas besoin d'être restitué à la terre dans les proportions que sembleraient devoir indiquer les déterminations du tableau ci-dessus. Il en est de même pour la potasse et pour les autres substances d'ailleurs.

Voici, en effet, en faisant abstraction des fanes, la quotité d'éléments de fertilisation, exportés par 100 kilog. de grains.

	Haricots	Pois	Féveroles	Lentilles
	kilog.	kilog.	kilog.	kilog.
Azote.	4.15	3.58	4.06	3.81
Acide phosphorique	0.94	0.88	1.11	0.52
Potasse	1.40	0.98	1.20	0.77
Chaux	0.20	0.12	0.15	0.10

Légumineuses cultivées comme fourrage. — Dans la catégorie des légumineuses cultivées comme fourrage, nous comprendrons, notamment, le trèfle, la luzerne, le sainfoin, les vesces qui sont les plus importantes. Celles-ci, comme les légumineuses cultivées pour leurs grains, sont très exigeantes en azote, mais, comme ces dernières, elles empruntent cet élément à d'autres sources et particulièrement à l'atmosphère et il n'est donc pas nécessaire de le leur restituer sous forme de fumures.

Bien plus, la culture de ces végétaux, malgré la quantité de principes fertilisants qu'ils absorbent, peut être plutôt considérée comme améliorant le sol, et les terres sur lesquelles elles ont végété, loin de s'en trouver appauvries, sont, au contraire, en meilleur état qu'auparavant et capables de fournir, sans fumure, de superbes récoltes de céréales.

La cause de ce phénomène réside dans ce fait que les légumineuses fourragères ayant un développement radiculaire très considérable et leurs racines, comme celles de la luzerne spécialement, descendant à de grandes profondeurs dans le sous-sol, non seulement elles prennent à la terre les éléments nutritifs nécessaires à leur végétation, mais encore elles emmagasinent, dans leurs tissus, d'énormes quantités de principes fertilisants, lesquels ramenés à la surface lorsque l'on rompt ces racines au moyen d'un profond labour, viennent enrichir les couches superficielles où tous ces débris végétaux, racines, tiges, feuilles se décomposent lentement, constituant ainsi une fumure presque analogue à celle du fumier de ferme.

Pour fixer les idées à cet égard, nous citerons les résultats d'expériences poursuivies par les soins de M. Joulie sur une ferme d'Arcy et desquelles il résulte que le défrichement d'une luzerne de trois ans a laissé dans le sol 10,130 kilog. de matière sèche à l'hectare. Or, cette matière sèche à donné à la calcination, 7,035 0/0 de cendres représentant la quantité de matière minérale qu'elle contenait. Il restait donc pour la matière organique, 92.965 0/0; soit à l'hectare, 9,417 kilog., c'est-à-dire la quantité contenue dans 72,436 kilog. de fumier.

Aussi voyons-nous dans beaucoup d'exploitations rurales, méthodiquement conduites, adopter le système de rotation suivant.

Après une luzerne poursuivie pendant trois ou quatre années consécutives, dans un terrain à sous-sol perméable dans lequel les racines auront pu aller chercher la nourriture qui leur est nécessaire, on laboure aussi profond que possible en novembre, de manière à bien rompre les racines et en amener, à la surface, les débris riches en azote, en acide phosphorique et en potasse et qui, en raison de leur état de division, contribuent à ameublir très favorablement le sol.

Sur le terrain ainsi aménagé, on sème, sans engrais, courant mars, une avoine qu'on obtient généralement magnifique. Cette avoine aussitôt coupée en juillet-août, on fait pâturer les moutons qui consomment les brins d'avoine échappés à la faucille, ainsi que les repousses de luzerne jusqu'au milieu du mois de septembre, époque à laquelle on applique un labour de 20 centimètres environ, juste suffisant pour enterrer les radicelles et le chaume. Ensuite roulage puissant du sol, et après, parquage des moutons jusqu'à courant octobre, moment où on sème le blé, toujours sans engrais. Après récolte du blé, nouvelle avoine, puis poursuite en jachère et enfin betteraves ou pommes de terre avec fumures appropriées.

Après les betteraves, on peut de nouveau semer blé ou avoine sans engrais. Si, après la récolte du blé on a jugé préférable de semer du trèfle au lieu de betteraves ou de pommes de terre, après la récolte enlevée on fait généralement une avoine sans engrais; mais alors, sur cette avoine, on poursuit en jachère.

Faisons observer ici que les terrains, quelle que soit leur richesse, sol et sous-sol, ne sauraient s'accommoder d'une trop longue culture en légumineuses ; au bout d'un certain nombre d'années, celles-ci y dépérissent ou, tout au moins, ne donnent plus, à beaucoup près, les beaux rendements du début. Cela tient évidemment à ce que les racines des végétaux de cette nature, absorbant à leur profit tous les éléments nutritifs assimilables qu'elles trouvent à leur portée dans les couches qu'elles pénètrent, ces éléments ne s'y trouvent bientôt plus en quantités suffisantes pour leur alimentation et restent emmagasinés dans leurs tissus, prêts à être utilisés par d'autres cultures, ainsi que nous venons de l'expliquer

Dans une culture bien conduite, on ne fait généralement porter au sol de nouvelles légumineuses, qu'après un temps au moins égal à celui pendant lequel on a fait servir un terrain à leur production.

Voici, maintenant, les proportions de principes fertilisants qui, chimiquement, sont absorbés par les végétaux de cette catégorie, suivant leur rendement moyen à l'hectare.

Trèfle. — Les deux coupes de trèfle ordinairement pratiquées dans une année produisent, en moyenne, 8,000 kilogrammes de foin sec, dans lesquels l'analyse révèle les quantités de matériaux fertilisants suivantes :

	Kilog.
Azote	160.0
Acide phosphorique	44.8
Potasse	156.0
Chaux	153.6
Magnésie	55.2

Luzerne. — Trois coupes de luzerne, donnant dans de bonnes conditions de sol et de climat environ 10,000 kilogrammes de foin, absorbent :

	Kilog.
Azote	200
Acide phosphorique	51
Potasse	152
Chaux	288
Magnésie	35

Sainfoin. — Le sainfoin, très rustique et qui végète dans des sols secs et pierreux dans lesquels d'autres cultures ne pourraient pas prospérer, est bien moins exigeant. Un rendement de 4,500 kilogrammes de cette légumineuse, renferme :

	Kilog.
Azote	81.0
Acide phosphorique	21.2
Potasse	80.6
Chaux	65.5
Magnésie	13.5

Gesses et vesces. — Un rendement de 4,000 kilogrammes à l'hectare de ces légumineuses, absorbe en moyenne :

	Kilog.
Azote.	90.8
Acide phosphorique	24.8
Potasse.	80.0
Chaux	77.2
Magnésie	20.0

On voit, par les teneurs ci-dessus, que ces végétaux, outre leur exigence en azote, dont on n'a pas besoin de se préoccuper pour les raisons que nous avons données, absorbent en grande quantité la potasse et la chaux, dont l'exportation continue finirait par appauvrir le sol si on ne lui restituait ces matériaux par des apports de fumures appropriées. Mais il convient surtout de ne cultiver cette nature de plantes que dans les terrains naturellement bien pourvus au point de vue de ces divers éléments.

Plantes fourragères. — Nous distinguerons, dans cette catégorie de végétaux, le foin de prairie des autres plantes cultivées comme fourrages, telles que le seigle en vert, le maïs fourrage et certains choux fourrages.

Foin de prairie. — De même que les légumineuses, la culture herbacée des prairies, quelque quantité de principes fertilisants qui soit nécessaire à sa végétation, loin de déterminer un appauvrissement du sol où elle est pratiquée, l'enrichit au contraire et constitue plutôt à son profit une source continue d'engrais.

L'explication de ce phénomène réside dans ce

fait que, d'une part, l'herbe des prairies soutire à l'atmosphère, à l'état d'ammoniaque, par ses organes aériens, la plus grande partie de l'azote nécessaire à son alimentation, tandis que ses racines, dont le développement successif considérable multiplie à l'intérieur la surface d'absorption, accaparent et retiennent dans leurs tissus tous les matériaux utiles qui arrivent à leur portée : azote, acide phosphorique, potasse, etc., dont les eaux d'irrigation qui circulent d'ordinaire en masse énorme dans les prairies sont un inépuisable réservoir.

Aussi, et bien que les prairies ne soient pas insensibles à un apport judicieux de fumures appropriées, à l'aide desquelles on arrive à augmenter leur rendement dans de larges proportions, peut-on ajouter que leur production peut se maintenir dans des limites égales et même grossissantes pendant de longues années et sans le secours d'aucun engrais.

C'est ainsi que, d'après des constatations dues à MM. Lawes et Gilbert, une prairie restée sept années sans engrais, a donné, en moyenne, pendant cette période, 3,165 kilogrammes de foin, et, pour les quatre dernières années, 3,275 kilogrammes.

Voici, maintenant, pour une récolte moyenne de foin et regain de 6,000 kilogrammes à l'hectare, à l'état frais, la quantité de principes fertilisants absorbée par cette végétation :

	Kilog.
Azote.	78.6
Acide phosphorique	21.0
Potasse.	96.0
Chaux	46.2
Magnésie	15.6

Seigle en vert. — On cultive assez souvent le seigle pour le faucher en vert, avant la floraison, afin de l'employer comme fourrage. Une récolte moyenne de 20,000 kilogrammes d'herbe de cette nature, absorbe les quotités de principes fertilisants suivantes :

	Kilog.
Azote	86
Acide phosphorique	48
Potasse	126
Chaux.	24
Magnésie.	10

Cette culture exige la restitution au sol des principes fertilisants exportés et des fumures appropriées, attendu qu'elle n'a pas, comme celles que nous venons de passer en revue, l'avantage d'enrichir indirectement les terres sur lesquelles elle végète.

Maïs fourrage. — Le maïs que l'on cultive également comme fourrage vert dans beaucoup de régions et qui est, en cet état, très apprécié par les animaux, fournit des quantités considérables de produits atteignant généralement, dépassant souvent même 60,000 kilogrammes à l'hectare, et qui, par suite, épuisent considérablement les sols sur lesquels on les récolte.

Dans ces conditions, les quotités de principes fertilisants exportés peuvent être évaluées comme suit :

	Kilog.
Azote	170
Acide phosphorique	42
Potasse	192
Chaux	72
Magnésie	54

Ces quantités sont énormes, fait remarquer M. Müntz, et il n'y a pas lieu de s'étonner qu'il faille de fortes fumures pour produire des récoltes pareilles de maïs fourrage.

Choux fourrages. — Certaines espèces de choux sont aussi cultivées pour servir de nourriture aux animaux, notamment les espèces dites choux *cavaliers*, choux *branchus* et choux *moelliers*. Ces derniers, dont la tige remplie de moelle est presque entièrement mangée par les animaux, sont les plus appréciés pour cet usage.

Ces sortes de végétaux enlèvent au sol, pour une récolte moyenne de 40,000 kilogrammes à l'hectare, les énormes quantités de principes fertilisants suivantes :

	CHOU		
	Moellier	Cavalier	Branchu
	Kilog.	Kilog.	Kilog.
Azote	137.4	128.4	114.0
Acide phosphorique	116.8	108.8	96.0
Potasse	240.5	223.0	195.0
Chaux	134.5	127.0	115.0
Magnésie	31.5	29.0	25.0

Cette culture très épuisante exige, pour prospérer, des terrains riches en matières organiques, en potasse et en acide phosphorique, ou bien des fumures appropriées.

Plantes industrielles. — Dans cette catégorie, il y a lieu de comprendre les plantes oléagineuses et les plantes textiles, le tabac et le houblon, tous végétaux qui ne sont cultivés qu'en vue d'en retirer certaines substances qu'ils renferment ou d'utiliser certaines parties de leurs organes.

Pour le calcul des principes fertilisants à restituer au sol, après la récolte de ces produits, il convient donc de considérer si les éléments qui constituent ces plantes ont été exportés en totalité ou seulement en partie, calcul auquel l'agriculture peut facilement se livrer en connaissant la quotité de ces principes, nécessaire pour la constitution de chacun des organes de la plante.

Colza. — Dans le colza, par exemple, nous devons distinguer les graines dont on extrait l'huile et dont on peut admettre l'exportation totale du domaine, tandis que la paille et les siliques qui servent de litière et s'en vont ensuite au fumier, y font généralement retour, et, dès lors, n'appauvrissent pas le sol.

Or, voici, pour une récolte moyenne de colza fournissant 30 hectolitres de grains à l'hectare du poids de 2,040 kilogrammes, avec 3,200 kilogrammes de paille et 1,600 kilogrammes de siliques, les quotités de principes fertilisants enlevés par chacun de ces organes :

	Graines	Paille	Siliques	Total
	Kilog.	Kilog.	Kilog.	Kilog.
Azote.	63.2	16.0	13.6	92.8
Acide phosphorique . .	33.4	8.6	5.8	47.8
Potasse	17.9	31.0	9 1	58.0
Chaux	10.6	32.3	54.1	97.0
Magnésie	9.4	6.7	14.1	30.2

Œillette. — Une production moyenne de 20 hectolitres de graines d'œillette à l'hectare, du poids de 1,200 kilogrammes, enlève au sol les quantités de principes fertilisants ci-après, y compris la paille correspondante, du poids de 3,000 kilogrammes environ :

	Graines	Paille	Total
	Kilog.	Kilog.	Kilog.
Azote.	33.6	12.0	45.6
Acide phosphorique . .	19.7	6.9	26.6
Potasse	8.5	60.0	68.5
Chaux	22.2	45.0	67.2
Magnésie	6.0	12.9	18.9

Faisons remarquer ici que, lorsque l'extraction de l'huile produite par les deux végétaux que nous venons d'examiner, se fait à la ferme, les tourteaux servant à l'alimentation du bétail, tandis que les pailles sont utilisées pour la litière et le tout retournant au fumier, il ne résulte de ces cultures aucune déperdition de principes fertilisants pour le domaine, à la condition, naturellement, d'y épandre le fumier ainsi obtenu.

Lin. — Le lin et le chanvre sont des plantes

cultivées presque exclusivement dans le but d'en retirer les fibres textiles qu'elles fournissent. Cette partie de leurs organes ne représentant qu'une très faible proportion de leur contexture intégrale, il s'ensuit que l'exportation de cette partie ne constitue qu'une perte peu appréciable en principes fertilisants, pour le sol qui a produit ces végétaux, à la condition toutefois qu'on lui restitue les débris de la plante qui n'ont pas été utilisés et dont on a pu se servir comme litière.

Une récolte moyenne de 4,000 kilogrammes de tiges de lin à l'hectare, comprenant 520 kilogrammes de graines, exige la quotité de principes fertilisants ci-après :

	Kilog.
Azote	33.3
Acide phosphorique	21.8
Potasse	40.2
Chaux	30.3
Magnésie	10.2

Chanvre. — Une récolte de 12,500 kilogrammes de chanvre, en y comprenant la tige, les feuilles et les graines, absorbe :

	Kilog.
Acide phosphorique	43.7
Potasse	65.0
Chaux	152.0
Magnésie	34.0

Dans l'exploitation du chanvre, il est important de restituer au sol les eaux de rouissage, en même temps que les parties de la plante non utilisées, si on veut n'occasionner aucune perte pour le domaine. Ces eaux, qui contiennent des proportions très appréciables de principes fertilisants, sont reversées sur les terres par irrigation ou bien servent à arroser les fumiers.

Houblon. — Le houblon n'est cultivé qu'en vue d'en obtenir les cônes qui servent à la fabrication de la bière. Cette culture donne lieu à un développement végétal considérable qui exige, pour 1.000 kilogrammes de cônes secs à l'hectare, les quotités de principes fertilisants suivantes, y compris les tiges, les branches et les feuilles.

	kilog.
Azote	52
Acide phosphorique	13
Potasse	24
Magnésie	14

Dans ces quotités, la part revenant aux cônes qui sont les seules parties exportées du domaine, est représentée par les chiffres ci-après :

	kilog.
Azote	24.2
Acide phosphorique	8.0
Potasse	11.5
Magnésie	5.0

Il y a donc lieu de ne se préoccuper que de ces derniers chiffres qui réprésentent les proportions de principes fertilisants dont le sol se trouve définitivement privé et qu'il convient de lui restituer, les tiges, les branches, les feuilles, lui faisant retour sous diverses formes.

Tabac. — Dans une culture de tabac, les feuilles seules sont exportées du domaine et une récolte de 1,500 kilog. de ces feuilles, en moyenne, par hectare, appauvrit le sol, dans les proportions suivantes :

	kilog.
Azote	75.0
Acide phosphorique	6.7
Potasse	27.2
Chaux	112.8
Magnésie	13.1

Les exigences de cette culture sont donc très considérables, notamment en azote et en potasse.

Plantes cultivées pour leurs racines. — Dans les plantes de cette nature, il convient d'envisager à part : 1° les organes aériens, feuilles et tiges, que l'on peut considérer comme n'appauvrissant pas le sol sur lequel ils restent généralement à l'état d'engrais vert ou auquel les éléments fertilisants qu'ils contiennent sont restitués, après qu'ils ont servi à l'alimentation du bétail de la ferme, faisant ainsi retour à la terre sous forme de fumier; 2° les organes souterrains, racines ou tubercules, qui constituent les seules parties du végétal exportées et sur la proportion desquelles il y a lieu de régler les fumures nécessaires à la culture de ces produits.

Carottes. — Une récolte moyenne de cette plante, comportant 30,000 kilog. de racines à l'hectare, avec une quantité correspondante de 10,000 kilog, de fanes, exige les proportions de principes fertilisants suivants :

	Racines.	Fanes.	Total.
	kilog.	kilog.	kilog.
Azote	63	51	114
Acide phosphorique . . .	33	10	43
Potasse	96	37	133
Chaux	27	86	113
Magnésie.	15	12	27

Navets, Raves et Choux-raves ou Turneps. — En admettant une production moyenne de 25,000 kilog. de racines à l'hectare, avec un poids de 15,000 kilog. de feuilles correspondant à cette production, on enlève au sol :

	Racines	Feuilles	Total
	kilog.	kilog.	kilog.
Azote.	50.0	45.0	95.0
Acide phosphorique . .	27.5	19.5	47.0
Potasse	62.5	48.0	110.5
Chaux	20.0	67.5	87.5
Magnésie	2.2	9.0	11.5

Rutabagas et choux-navets. — Une bonne récolte de 45,600 kilog. de ces racines à l'hectare, avec un poids correspondant de 20,000 kilog. de feuilles, assimile les proportions de principes fertilisants ci-après :

	Racines	Feuilles	Total
	kilog.	kilog.	kilog.
Azote.	112.5	70.0	182.5
Acide phosphorique . .	63.0	52.0	115.0
Potasse	180.0	72.0	252.0
Chaux	40.5	168.0	208.5
Magnésie	9.0	20.0	29.0

Ces énormes exigences impliquent nécessairement, pour la culture de ces végétaux, en même temps des terrains très riches et de fortes fumures.

Betteraves fourragères. — Un rendement moyen de 40,000 kilogrammes de betteraves fourragères à l'hectare avec 20,000 kilogrammes de feuilles correspondant à ce rendement, assimile :

	Racines — Kilog.	Feuilles — Kilog.	Total — Kilog.
Azote.	72	60	132
Acide phosphorique .	32	16	48
Potasse.	172	86	258
Chaux.	16	34	50
Magnésie.	16	28	44

Betteraves à sucre. — Pour une récolte de 30.000 kilogrammes de betteraves à sucre avec 12.000 kilogrammes de feuilles, on enlève au sol les proportions de principes fertilisants ci-après :

	Racines — Kilog.	Feuilles — Kilog.	Total — Kilog
Azote.	48	36	84
Acide phosphorique.	33	12	45
Potasse.	120	48	168
Chaux.	15	43	58
Magnésie.	21	39	60

La production des betteraves à sucre, font remarquer MM. Müntz et Girard, exige une moindre quantité de fumures azotées ; celles-ci données en excès, nuiraient à la richesse saccharine et à l'extraction du sucre. Dans la betterave fourragère, au contraire, on cherche à augmenter le taux des matières azotées, afin d'obtenir un aliment plus riche.

Pommes de terre. — Nous avons fait connaître, en tête de ce chapitre, les exigences de ce turbercule, au point de vue des principes fertilisants qu'il emprunte au sol. Il nous paraît donc inutile de les reproduire ici.

Topinambours. — Une récolte de 28,400 kilogrammes de topinambours à l'hectare, comprenant 4,850 kilogrammes de feuilles, absorbe :

	Tubercules — Kilog.	Fanes — Kilog.	Total — Kilog
Azote	102.7	20.8	123.5
Acide phosphorique	35.7	3.3	39.0
Potasse	221.2	19.9	241.1
Chaux	6.2	44.3	50.5
Magnésie	1.1	4.5	5,6

On voit que toutes les plantes cultivées pour ieurs racines ou leurs tubercules, sont surtout exigeantes en potasse. Les engrais potassiques conviendront, dès lors, d'une manière toute particulière à ces cultures. Au surplus, pour l'apport des fumures aux sols appelés à produire ces végétaux, le cultivateur devra toujours tenir compte des restitutions faites par les parties abandonnées sur le terrain ou qui lui font retour par le fumier.

La vigne. — Nous devons à une récente et très complète étude de M. Müntz, professeur à l'Institut national agronomique, des données absolument précises qui nous fixent sur les exigences de la vigne en principes fertilisants.

Il résulte de cette étude, que les matières fertilisantes absorbées par un hectare de vigne ayant produit 44 hectolitres 39 de vin, ont atteint les chiffres suivants :

	Azote	Ac. phosph.	Potasse	Chaux	Magnésie
	Kilog.	Kilog.	Kilog.	Kilog.	Kilog.
Vin, 44 hectol. 39 .	0.457	0.639	6.099	0.679	0.042
Marcs de pressoir, 243 kil. secs. .	4.374	1.677	2.619	1.944	0.292
Marcs de chapeau, 24 kil. secs. . .	0.432	0.151	0.305	0.218	0.038
Rafles enlevées, 12 kil. 670 sèches. .	0.244	0.068	0.351	0.122	0.029
Feuilles, 1.566 kil. sèches	32.268	7.206	13.000	80.670	17.074
Sarments, 1.754 kil. secs	10.524	3.686	14.918	20.006	4.562
Total. . . .	48.299	13.427	37.322	103.639	22.037

Ces chiffres sont du plus haut intérêt et méritent d'être attentivement pris en considération par les viticulteurs. Ils établissent tout d'abord que si la vigne a des exigences assez élevées en potasse, celles-ci sont loin d'atteindre les proportions généralement admises par l'opinion.

Si l'on envisage la consommation annuelle totale de la vigne en principes fertilisants sans en soustraire les quantités de chacun d'eux qui font naturellement retour au sol par les feuilles et qu'il est aisé de leur restituer par les marcs et par les cendres de sarments, on voit que l'azote est de beaucoup la dominante physiologique de la vigne : 48 kilogrammes d'azote à l'hectare, contre 13 kilogrammes d'acide phosphorique et 37 kilogrammes de potasse. L'approvisionnement du sol en azote, soit naturellement, soit par la restitution, soit par les fumures directes, demeure donc une condition essentielle de fertilité pour les sols des vignobles.

Maintenant, si, au lieu de considérer l'ensemble des matières fertilisantes nécessaires au développement végétal, nons ne tenons compte que de la partie exportée du domaine, c'est-à-dire du vin, en admettant que, dans une exploitation bien conduite, les marcs, les sarments, les feuilles, font retour au sol, nous trouvons que les 44 hectolitres 39 de vin obtenus comme il est dit ci-dessus, à l'hectare, n'emportent avec eux qu'environ 1/2 kilogramme d'azote, pas sensiblement plus d'acide phosphorique, et 6 kilogrammes de potasse. On peut donc conclure, avec M. Müntz, que la vigne est une des cultures qui épuise le moins le sol, ce qui explique qu'elle a pu se maintenir pendant des siècles sur les terres les plus pauvres, ne recevant d'autre engrais que des quantités souvent faibles de fumier d'étable et continuer à produire des récoltes, jusqu'à l'époque où l'invasion phylloxérique a modifié ses conditions d'existence.

Il convient d'insister, avec M A. Müntz, sur

la minime importance de l'appauvrissement du sol du fait de la production du vin.

Il résulte de ces constatations qu'il n'y a pas lieu de donner à la vigne des fumures exagérées surtout si l'on vise à la qualité plus qu'à la quantité. Il ne faut pas oublier, en effet, que si, dans la culture des céréales, la qualité du grain n'a rien ou très peu de chose à redouter de la production intensive, il paraît acquis au contraire que la qualité du vin peut être défavorablement influencée par une fructification plus abondante résultant de l'application à haute dose d'engrais chimiques à la vigne. Pour cette dernière, les façons culturales, le mode de taille et, plus encore, les conditions climatériques, semblent être les facteurs les plus importants de l'abondance des récoltes; si le vignoble est bien conduit, la fumure vient au second rang; nous avons vu, en effet, que les principes fertilisants sont principalement concentrés dans les feuilles qui renferment les trois quarts de l'azote, la moitié de l'acide phosphorique et le tiers de la potasse de la récolte. Donner des engrais à la vigne, c'est donc surtout alimenter le système foliacé et lui permettre d'élaborer la matière hydrocarbonée et particulièrement le sucre qui constitue l'élément essentiel du raisin.

Si l'on ne considérait que l'exportation des principes fertilisants par le vin, on pourrait être tenté de réduire presque à rien la fumure de la vigne. Mais on aurait tort de raisonner ainsi, car il ne faut pas oublier que, si, en théorie, les feuilles et les sarments qui contiennent la presque totalité des principes absorbés doivent faire retour au sol, en réalité il n'en est pas ainsi. Les sarments servant de combustibles, leur azote est entièrement perdu et une fraction seulement de leurs cendres va au fumier. Les feuilles sont en partie enlevées par le vent et transportées hors du vignoble. Les marcs seuls sont susceptibles d'être utilisés en totalité et le meilleur emploi à en faire consiste à les mélanger à des phosphates naturels et à préparer ainsi du compost renfermant de l'acide phosphorique facilement assimilable.

Arbres fruitiers divers. — Les observations que nous venons de présenter en dernière analyse, au sujet de la vigne, peuvent s'appliquer, au même titre, à tous les arbres fruitiers de quelque nature qu'ils soient. C'est-à-dire qu'il y a lieu de ne considérer, en ce qui concerne la restitution au sol, des principes fertilisants qu'ils lui empruntent, que les éléments réellement exportés du domaine et qui peuvent n'atteindre que des proportions très exiguës, si, comme cela doit se pratiquer dans une exploitation bien conduite, on rapporte à la terre, après qu'ils ont passé par le fumier ou par les composts, les résidus provenant de l'utilisation des fruits fournis par ces arbres.

C'est ainsi que, dans les régions cidricoles, les marcs de pommes ou de poires une fois pressurés pour en retirer le cidre ou le poiré, retournent tout entiers au sol; il en est de même des cerises dans les régions où ce fruit est cultivé pour la production du kirsch et de l'olivier lorsque l'huile est extraite dans l'exploitation même et que le tourteau revient à la terre après avoir servi à l'alimentation du bétail.

Tout au plus, dans ce cas, doit-on se préoccuper de la potasse qui reste en proportions appréciables dans les produits dérivés, en considérant néanmoins, que cette substance est généralement fournie en assez grande abondance par le sol, les terrains dans lesquels les arbres fruitiers sont cultivés, en contenant, d'ordinaire, des quantités notables.

Il appartient donc, en somme, aux récoltants qui s'adonnent à ce genre de productions, de déterminer, eux-mêmes, dans quelles limites il convient de restituer aux sols, les principes fertilisants enlevés par ces cultures, détermination facile à faire quand on connaît : 1° la quantité de fruits obtenus; 2° la quotité d'éléments fertilisants assimilés par ces fruits; 3° enfin, l'emploi auquel a été soumise la récolte qui peut avoir été exportée en totalité du domaine par la vente directe des fruits, ou en partie seulement, par la restitution des résidus et dans les conditions exposées plus haut.

Afin qu'ils soient en possession de tous les éléments du calcul, nous indiquons, dans le tableau ci-après, la proportion centésimale des principes fertilisants, assimilés par les fruits les plus généralement cultivés.

	Pommes	Poires	Cerises	Prunes	Fraises	Groseilles à maquereau	Châtaignes	Olives
	—	—	—	—	—	—	—	—
Azote.	0.212	0.220	0.210	0.370	0.490	0.440	0.690	0.274
Acide phosph.	0.030	0.050	0.070	0.060	0.050	0.093	0.260	0.430
Potasse	0.440	0.180	0.230	0.460	0.094	0.480	0.710	0.360
Chaux	0.010	0.030	0.033	0.027	0.063	0.040	0.140	»
Magnésie . . .	0.020	0.020	0.024	0.018	»	0.028	0.010	»

Le mûrier. — Nous terminerons la revue des principales cultures, par celle du mûrier qui se pratique sur une large échelle dans certaines régions méridionales, en vue de l'obtention de ses feuilles qui servent à l'alimentation des vers à soie.

Il nous suffira de dire à son égard, que son exigence en azote est considérable, ainsi qu'il résulte du tableau ci-après qui représente les proportions de principes fertilisants assimilés par une récolte moyenne de 13.000 kilogrammes de feuilles fraîches de mûrier, ramassées au printemps.

	kilog.
Azote.	211.90
Acide phosphorique	31.20
Potasse	94.90
Chaux	124.80
Magnésie	50.70

CHAPITRE VIII

Les engrais chimiques ou industriels. — Engrais chimiques azotés. — nitrates : nitrate de chaux ; théorie de la nitrification ; nitrate de soude ; nitrate de potasse. — Sels ammoniacaux : sulfate d'ammoniaque. — Autres sels ammoniacaux : chlorhydrate d'ammoniaque ; azotate d'ammoniaque ; carbonate d'ammoniaque.

« Tant que la culture fondée sur l'emploi du fumier de ferme a donné des résultats rémunérateurs, écrit M. Georges Ville, l'agriculture a trouvé dans les règles que lui a léguées la tradition, un guide qui répondait à tous ses besoins. Mais à mesure que la population s'est accrue et que la terre a acquis plus de valeur, l'insuffisance des anciens procédés est devenue chaque jour plus manifeste.

Tout le monde convient, aujourd'hui, que sans un surcroît d'engrais étranger au domaine, la terre perd peu à peu une partie de sa fertilité, ce qui menace l'avenir et réduit dans une proportion correspondante, le bénéfice de la culture?

Comment en serait-il autrement, en effet.

Le fumier de ferme et les engrais naturels dont nous venons de nous occuper dans la première partie de ce travail, restituent bien, il est vrai, aux terres de culture, une partie des principes fertilisants que les récoltes successives leur ont enlevées, mais ce n'est qu'une partie. Le surplus est enlevé à tout jamais ; il est exporté du domaine en même temps que les fruits que celui-ci a produits, sous forme de blé, de vins, de fourrages, de viande d'élevage, etc.

Puis, combien de sols n'existent-ils pas, dans lesquels ne se trouvent pas les proportions suffisantes d'éléments de fertilisation nécessaires à l'élaboration d'une production moyenne ? Enfin, étant données les conditions économiques actuelles, la lutte des peuples sur le terrain agricole ; en face de l'abaissement du prix de toutes les denrées, résultant de la concurrence des contrées plus privilégiées, où une immense étendue de sol vierge, fournit avec peu de frais d'abondants produits, ne voit-on pas que l'agriculture ne peut plus exploiter son champ avec profit, qu'à la condition d'en obtenir de forts rendements?

Ce résultat, chacun sait, aujourd'hui, qu'on ne l'obtient qu'à la condition de fournir aux plantes, en abondance, les substances similaires à celles qu'elles trouvent dans les fumiers ou dans le sol et qui servent à l'alimentation végétale.

Ces substances nous les retrouvons maintenant dans les engrais chimiques qui contiennent sous un volume concentré et en grandes proportions, les éléments de fertilité grâce auxquels, — les exemples et les preuves abondent — l'agriculteur peut, à présent, doubler et même tripler ses rendements?

« Grâce à l'emploi des engrais chimiques, écrivent MM. Müntz et Girard, l'agriculture est entrée dans une phase nouvelle ; la quantité de principes fertilisants que l'agriculteur veut donner au sol, ne se trouve plus limitée aujourd'hui, comme à l'époque où les fumiers naturels étaient seuls employés ; ils peuvent être fournis en aussi forte proportion qu'on voudra, pour servir ainsi à enrichir le sol presque indéfiniment, sans autre limite que la dépense à effectuer.

» Des recherches de laboratoire que la pratique a pleinement confirmées, ont fait voir que la plante pouvait trouver son alimentation, dans les diverses formes que revêtent les engrais chimiques, aussi bien et souvent mieux que dans les produits analogues que renferment le sol et les fumiers. »

Il ne s'agit plus, à présent, que d'étudier l'économie de leur emploi, les conditions de leur efficacité et les pratiques de leur application.

Les engrais chimiques sont constitués par des composés définis dont chacun renferme presque exclusivement, l'un des éléments de la fertilité : les nitrates et les sels ammoniacaux qui contiennent l'azote ; les phosphates qui contiennent l'acide phosphorique ; les sels potassiques qui contiennent la potasse. Si la terre manque de l'un de ces éléments ou si la plante réclame l'un ou l'autre de préférence, on peut, précisément, par l'engrais chimique, donner celui-ci ou celui-là, en concurrence ou même sans le secours du fumier.

En concurrence avec le fumier, disons-nous, lorsqu'il s'agit de fournir à un végétal son aliment préféré, sa *dominante*, suivant l'heureuse expression trouvée par M. Georges Ville ; — et sans le secours du fumier, lorsque l'objectif plus spécialement visé est de doter certains sols de l'un ou l'autre des principes fertilisants qui leur fait défaut ou qu'ils ne possèdent qu'en proportions insuffisantes : acide phosphorique, potasse, chaux, azote.

Mais que l'on se persuade bien que si, à la vérité, les engrais industriels doivent être recommandés, s'imposent même aux agriculteurs ambitieux de grands rendements, ces engrais ne sauraient nullement exclure l'emploi des fumiers naturels qui donnent l'humus et qui modifient avantageusement la nature physique des terres, ce que ne pourraient faire les fumures exclusivement chimiques.

C'est là ce qu'explique, d'une manière absolument catégorique, l'une de nos plus hautes autorités agricoles, M. L. Grandeau, dans les lignes qui suivent :

« Nous avons toujours pris soin, écrit l'éminent professeur, en signalant les excellents effets des engrais industriels, phosphates, nitrate, sels ammoniacaux et potassiques, sang desséché, etc..., d'indiquer qu'il ne s'agit point, tant s'en faut, de bannir le fumier de ferme de nos exploitations, mais bien de compléter son action et de suppléer à son insuffisance. C'est, au contraire, vers la production de quantités plus élevées de fumier de ferme, conséquence d'un accroissement notable de notre bétail, que, sauf les cas exceptionnels, doivent tendre nos agriculteurs. Aucune réclame bruyante en faveur des engrais dits chimiques, à l'exclusion du fumier de ferme, ne saurait prévaloir dans l'opinion du praticien sagace. Celui-ci demandera, de plus en plus, aux engrais industriels l'acide phosphorique et les autres principes fertilisants que le fumier restitue à sa terre en quantités insuffisantes, mais on ne saurait lui donner de conseil plus déplorable que de l'engager à restreindre la production du fumier et, partant, l'élevage du bétail. De semblables billevesées peuvent, par leur originalité, paraître à leurs inventeurs un moyen d'attirer l'attention des badauds ; elles ne seront jamais acceptées par les praticiens émérites, nombreux dans notre pays, pas plus que par les agronomes.

» La découverte des grands gisements de phosphates et de sels potassiques, l'exploitation des immenses dépôts de nitrate de soude du nouveau monde, la production des déchets industriels de toutes sortes, sont venues fort à point pour permettre à nos cultivateurs d'élever économiquement les rendements de leur sol ; c'est faire œuvre de progrès que d'aider par tous les moyens possibles à vulgariser l'emploi de ces précieux engrais complémentaires et nous y travaillons de tout notre pouvoir. Mais, de là à proscrire le fumier de ferme ou à le tolérer comme un mal qu'on ne saurait empêcher, il y a loin : c'est, au contraire, à montrer la valeur de ce précieux élément de la production du sol, à enseigner les moyens les plus efficaces pour lui conserver toute sa valeur, par de bonnes méthodes de préparation et de conservation trop peu en usage encore dans la plupart de nos exploitations, que doivent tendre les efforts des gens sensés peu soucieux de la popularité qu'il convient de laisser aux charlatans de nos champs de foire.

» L'agriculture, en général, et l'agriculture française en particulier, ont fait d'immenses progrès depuis un siècle, et ces progrès ont été accomplis presque uniquement avec le fumier de ferme, comme matière fertilisante. Il ne faut pas oublier que la France de 1789 récoltait 31 millions d'hectolitres de blé et que notre sol en produit aujourd'hui trois fois autant dans une année médiocre et quatre fois plus dans une bonne année.

» Ce qu'il faut faire comprendre à tous nos cultivateurs, c'est que le fumier de ferme ne restitue à la terre qu'une partie des éléments enlevés par les récoltes, les matières minérales du blé, du lait, de la viande, des os, etc., ne faisant pas retour au sol, par suite de la déplorable négligence apportée à la récolte des résidus de l'alimentation de la population. Voilà pourquoi il est nécessaire de recourir aux engrais industriels pour accroître la fertilité du sol et remplacer les matériaux que les récoltes lui ont enlevés. Préconiser l'emploi de l'acide phosphorique et des engrais azotés, mettre en relief leurs bons effets, les résultats économiques qu'ils permettent d'atteindre, rien de plus utile et de meilleur, mais il ne faut point, parallèlement, discréditer la production et l'emploi du fumier de ferme qui doit rester la base de la fumure des terres partout où l'élevage du bétail est rémunérateur.

» Ce n'est point l'emploi du fumier de ferme que pourrait critiquer justement un agronome convaincu, comme nous le sommes, de l'efficacité et, dans certains cas, de la supériorité des engrais minéraux, mais bien le peu de soin, de connaissances techniques et d'économie bien entendue que trop de cultivateurs apportent, dans nos campagnes, à la confection et à la conservation du fumier. »

En résumé, pour borner ici les considérations générales que peut présenter l'emploi des engrais chimiques, nous ferons ressortir que la supériorité de ces derniers, par rapport aux fumiers, réside en ce point que si ceux-ci, il est vrai, peuvent être considérés comme engrais complets, c'est-à-dire comme apportant au sol, en proportions plus ou moins grandes, tous les principes fertilisants que réclame la terre arable, ils ne fournissent souvent pas à la plante, en quantité suffisante, l'élément particulièrement favorable à son alimentation et grâce auquel elle se developperait davantage, donnerait des fruits plus abondants. Avec l'engrais chimique, chacun des éléments de fertilité peut être employé isolément et, suivant les besoins, venir parfaire une fumure qui, dans certains cas et pour certains végétaux ou certains sols, serait trop réduite.

La vigne, par exemple, pour donner de nombreux fruits, exige de la potasse en abondance; les céréales se montrent plus particulièrement avides d'azote; on conçoit dès lors que, pour obtenir de ces végétaux leur maximum de rendement, il sera de tout intérêt de leur fournir une dose plus élevée de l'un ou l'autre des éléments qui favorisent leur végétation, résultat auquel on n'arriverait avec le fumier de ferme qu'en le prodiguant sans aucune utilité, et quelquefois même au détriment de la plante.

D'autre part, un sol est suffisamment pourvu d'azote et de potasse, mais il est pauvre en acide phosphorique et en chaux. L'apport de ces derniers principes lui est donc indispensable et l'analyse du terrain ou l'observation déterminera les proportions dans lesquelles cet apport devra être fait. Ici encore, l'intervention des engrais chimiques, associés suivant les besoins, se recommande d'une manière toute spéciale, puisque la disjonction des principes exclusivement utiles n'est pas possible dans les engrais naturels.

Les engrais chimiques que l'industrie est en état de livrer à la culture et dans lesquels les éléments fertilisants se présentent sous une forme très concentrée qui rend leur transport facile et peu onéreux, même à grande distance, peuvent être classés en cinq catégories, savoir :

1° Les engrais azotés;

2° Les engrais phosphatés;

3° Les engrais potassiques;

4° Les engrais calcaires;

5° Les substances diverses.

Nous allons examiner successivement chacune de ces catégories.

Engrais chimiques azotés. — *Nitrates.* — Les nitrates sont le résultat de combinaison de l'acide nitrique avec une base. L'acide nitrique AzO^5 contient l'azote combiné avec l'oxygène (1).

Jusqu'en 1850, les nitrates ont tenu peu de place dans nos fumures. A partir de cette époque, leur utilité, le rôle qu'ils jouent dans la végétation, chaque jour mieux définis, les ont fait rechercher de plus en plus. Ce sont, aujourd'hui, les auxiliaires indispensables de toute culture bien dirigée.

L'industrie est encore impuissante actuellement à produire de toutes pièces les sels de

(1) Voir nos notes sur les combinaisons chimiques au commencement de cet ouvrage.

nitre. Mais ces sels existent en grande abondance dans la nature sous les formes suivantes : 1° le nitrate de chaux qui se forme, généralement, lorsque l'azote nitrifie au contact de matières terreuses et qui peut être regardé comme le produit fondamental d'où dérivent les autres nitrates; 2° le nitrate de soude qu'on trouve en gisements considérables sur les côtes de l'océan Pacifique; 3° le nitrate de potasse ou salpêtre proprement dit, qu'on rencontre en efflorescence sur certains terrains et principalement dans des grottes, aux Indes, en Espagne et dans d'autres localités des pays chauds; 4° le nitrate d'ammoniaque et quelques autres nitrates d'une importance secondaire et sur lesquels nous n'insisterons pas. (*Les Engrais*, par A. Müntz et Ch. Girard.)

Nitrate de chaux. — Lorsque le sol est naturellement pourvu de matières azotées, ou bien que ces matières lui sont fournies par l'apport d'engrais azotés, si l'azote contenu dans ces matières ou bien dans ces engrais se trouve placé dans des conditions favorables, il nitrifie, c'est-à-dire qu'il se transforme en acide nitrique prêt à se combiner avec une base pour former un nitrate. Si cette base est de la chaux, le produit de la combinaison représente le nitrate de chaux. Dans le cas contraire, la nitrification ne s'opère pas et alors l'azote est immobilisé, reste à l'état inerte, sans aucun profit pour les plantes qui végètent misérablement au sein de l'abondance.

Les conditions indispensables à la formation du nitrate de chaux dans le sol peuvent donc se résumer en ceci : 1° présence d'une matière azotée organique ou ammoniacale destinée à fournir l'azote; 2° présence d'un sel calcaire qui, dans la nature, est presque exclusivement du carbonate de chaux; 3° présence de l'oxygène; 4° enfin, présence d'un ferment.

Expliquons-nous tout d'abord au sujet du *ferment*, dont nous mentionnons la présence comme étant indispensable à l'accomplissement du phénomène de la nitrification.

M. Müntz et M. Schlœsing, dans ces dernières années, étaient arrivés à démontrer d'une manière qui ne fait plus aujourd'hui l'objet d'aucune contestation, que les sels ammoniacaux sont en très peu de jours métamorphosés en nitrates dans la terre, par un de ces végétaux microscopiques englobés sous les dénominations génériques de ferments ou de microbes. Ce microbe ou ferment nitrique, d'après ces savants, était répandu à profusion dans le sol, mais il ne pouvait y exercer son action que dans les couches superficielles, et encore à la condition qu'elles soient bien ameublies, parce qu'il a besoin d'air pour vivre, et, par suite, pour agir. Il puise sa nourriture dans l'humus et il ne se plaît que là où il existe une proportion notable de carbonate de chaux, appelé à saturer l'acide nitrique à mesure de sa formation. Pour que son influence devienne manifeste, il lui faut enfin le concours de la chaleur et celui de l'humidité. Aussi, voit-on la nitrification se ralentir considérablement, cesser même pendant l'hiver et dans les périodes de sécheresse prolongée, tandis qu'elle est très active lorsque la terre présente une température et une humidité favorables.

Ces faits expliquent très bien le peu de fertilité des terres de bruyère et de marais, où l'on ne rencontre ni calcaire, ni ferment nitrique, ainsi que des terres fortement argileuses qui manquent également de chaux et dont, en outre, l'aération est très imparfaite.

Il restait à déterminer la nature de ce ferment, de ce microbe, de cet infiniment petit dont la fécondité déjoue tous les calculs, de ce travailleur invisible et infatigable si longtemps ignoré, qui s'est si longtemps dérobé à toutes les recherches, aux investigations même du plus puissant microscope.

C'est à M. Winogradsky qu'est revenu l'honneur de cette découverte qui, tout récemment seulement, nous a enfin fait connaître cet être particulier dont l'œuvre est si utile à la fécondation de nos terres et auquel il a donné le nom de *nitromonade*.

La nitromonade est composée d'une seule cellule orbiculaire, du diamètre d'un millième de millimètre, dont le rôle physiologique est des plus curieux. Bien qu'elle soit dépourvue du pigment vert qu'on nomme chlorophylle, elle se nourrit d'acide carbonique, à la façon des plantes aériennes. De cet acide elle retient le carbone, pour se l'approprier, et elle met en liberté l'oxygène, au moins partiellement. Puis, au lieu de restituer l'oxygène à l'atmosphère, comme le font les feuilles de nos arbres, elle le combine aussitôt à l'azote, qui devient de l'acide nitrique et finalement un nitrate. C'est le premier être vivant chez lequel on ait constaté cette faculté d'assimiler l'acide carbonique sans le concours de la chlorophylle.

De nouvelles recherches, exécutées par M. Müntz, tendent à réduire les fonctions de la nitromonade à la formation de l'acide nitreux, intermédiaire entre l'azote et l'acide nitrique. Elles démontrent que, s'il est nécessaire de faire appel à une énergie extérieure pour changer l'azote en acide nitreux, il suffit à celui-ci du secours simultané de l'acide carbonique et de l'oxygène condensés dans le sol, pour devenir acide nitrique. L'organisme qui provoque la transformation de l'azote se bornerait donc à lui faire franchir la première étape et serait dès lors un ferment nitreux au lieu d'être un ferment nitrique, ce qui ne diminuerait ni son importance, ni l'intérêt que présente son mode particulier de nutrition.

Voici, lorsque ces différents éléments se trouvent en contact, le phénomène chimique qui se manifeste. En présence de l'oxygène, l'azote s'oxyde pour former l'acide nitrique (AzO^5), lequel se combine avec la chaux du carbonate de chaux pour constituer le nitrate de chaux. Quant à l'acide carbonique de ce même carbonate, il reste libre, ou bien il forme d'autres combinaisons avec les éléments de diverse nature qu'il rencontre dans le sol.

La formation du nitrate de chaux est donc, en réalité, due à l'intervention de forces naturelles. L'industrie, pas plus que l'agriculture, ne peuvent dès lors créer ce sel pour l'appliquer ensuite à l'état d'engrais. Mais le cultivateur peut en favoriser la formation en lui rendant le sol favorable par un intelligent entretien.

En effet, sachant que les terres auxquelles le calcaire manque ne sont pas aptes à nitrifier, le cultivateur pourra remédier à cette absence, une fois qu'il l'aura constatée, en apportant dans les terrains de cette nature l'élément qui fait défaut, c'est-à-dire la chaux.

D'autre part, sachant que l'oxygène indispensable à la nourriture du ferment nitrique et à l'oxydation de l'azote est fourni par l'air atmosphérique, en pénétrant au sein de la terre, on conçoit que pour que cette pénétration ait lieu, il faut que le sol soit suffisamment ameubli et poreux. Si on se trouve dès lors, en présence de terres trop compactes, trop fortement tassées ou submergées, ne permettant pas la circulation de l'air, on devra donc s'efforcer de modifier la nature physique de ces terres au moyen d'amendements ou de fumiers de ferme ou tout autrement.

Enfin, une certaine humidité du sol est l'une des conditions les plus essentielles de la nitrification, en même temps qu'un certain degré de température, et nous savons que les sols riches en humus sont en même temps plus humides, plus chauds et conséquemment plus favorables à la production de ce phénomène. Or l'humus, on le sait aussi, est fourni par les engrais organiques dont le fumier de ferme est le prototype, et, d'un autre côté, cet humus tend constamment à disparaître sous l'influence de la nitrification, ou pour mieux dire, de son absorption par le ferment nitrique, ainsi que nous venons de l'expliquer. Cercle vicieux, sans doute, mais d'où nous sortirons cependant facilement en apportant à la terre, concurremment avec l'engrais chimique, les matières organiques, c'est-à-dire le fumier de ferme, ou à défaut les engrais verts qui maintiennent au sol ses propriétés primitives ou qui les lui fournissent.

Nitrate de soude. — C'est le nitrate par excellence pour l'agriculture; c'est lui qui doit fixer particulièrement l'attention. Il constitue dans l'Amérique du Sud, principalement dans la région équatoriale, des bancs immenses nommés *Calicheros* ou *Salitrales*, qui couvrent plusieurs centaines de milliers d'hectares sur une épaisseur moyenne d'un mètre.

D'après M. Müntz, ces bancs proviennent de la transformation d'amas énormes de déjections d'oiseaux, transformation opérée dans les conditions suivantes : l'azote de ces déjections se trouvant en contact avec des terrains calcaires a été converti, d'abord, en nitrate de chaux, dans les conditions que nous venons d'expliquer pour cette nature de nitrate. Ce nitrate de chaux, mouillé ensuite par de l'eau salée (chlorure de sodium), a donné naissance à du nitrate de soude et à du chlorure de calcium. Le nitrate a cristallisé peu à peu, avec l'excès de sel marin, tandis que le chlorure de calcium, sel déliquescent, a été entraîné complètement par les pluies.

Les sels *(caliches)* qu'on en extrait sont loin d'être du nitrate de soude pur. Les plus beaux sont ceux du Pérou; on y trouve, en moyenne, 60 0/0 de nitrate pur, quelquefois, mais rarement, 80 0/0, plus souvent 30 à 40 0/0. Au Chili, leur titre varie de 10 à 45 0/0. Dans la Bolivie, il oscille entre 20 et 40 0/0.

Le caliche a donc besoin d'être purifié. Il est tellement dur qu'on le fait habituellement éclater avec de la poudre. On le dissout ensuite dans de l'eau bouillante, qui laisse cristalliser le nitrate de soude par refroidissement, tandis que le sel marin dont il est accompagné, beaucoup plus soluble que lui, reste presque entièrement dans le liquide. Une seule opération donne un produit contenant environ 95 0/0 de nitrate pur, correspondant à 15.64 0/0 d'azote.

En l'état où le livre le commerce, il forme des cristaux confus, d'un blanc sale, un peu terreux, ayant le défaut d'être presque toujours humides. Aussi les sacs dans lesquels on le transporte en sont-ils constamment imprégnés. Quand on les a vidés, il est bon de les tremper dans l'eau pour en retirer le nitrate qui, sans cela, serait perdu, et pour éviter qu'ils ne s'enflamment spontanément, ainsi qu'il est arrivé quelquefois. Cette avidité pour la vapeur d'eau atmosphérique est un inconvénient pour son emploi; elle oblige à le conserver en lieu très sec et à l'utiliser sans le mettre en poudre fine, ce qui est défavorable à sa prompte dissémination.

L'usage de cet excellent engrais a été long à se répandre en France. Il y a quelques années seulement, alors que l'Angleterre et l'Allemagne en consommaient chacune plus de 100,000 tonnes par an, nous en dépensions à peine 50,000. Actuellement, notre importation a doublé, mais nous sommes encore au-dessous de nos voisins sous ce rapport.

Le nitrate de soude est, en réalité, le seul nitrate employé en agriculture. Comme tout l'azote qu'il renferme s'y trouve sous une forme directement assimilable par les végétaux, il n'a à subir dans le sol aucune modification. Il peut donc agir dans tous les sols, quelle que soit leur composition chimique, et il n'y a à tenir compte, au point de vue de son emploi, que des propriétés physiques de ces sols.

Or, le nitrate de soude étant très soluble dans l'eau, et la terre n'exerçant sur lui aucune action absorbante, il peut, avec une grande facilité, être entraîné par les eaux pluviales. M. Müntz a démontré, en effet, qu'après vingt-deux jours de pluies alternativement légères et abondantes, une terre meuble de $0^{m},30$ d'épaisseur avait perdu 95 0/0 du nitrate qu'on y avait dosé au commencement de l'expérience.

Aussi faut-il bien se garder d'employer cet engrais avant l'hiver. Par l'effet des pluies, il se trouverait naturellement entraîné en presque totalité, et au printemps, au moment où les plantes seraient capables de l'utiliser, la terre en serait dépourvue.

D'autre part, d'après M. Müntz également, les choses vont d'une manière toute différente dans les sols qui ne sont pas arrosés. Les fragments de nitrate enfouis dans la terre en aspirent énergiquement l'humidité, au point de dessiner, autour de chacun d'eux, une tache sphérique et humide, de couleur sombre, au delà de laquelle se trouve de la terre desséchée dans des proportions telles qu'elle peut souvent contenir jusqu'à moitié moins d'eau que celle qui est tachée.

De ce fait, M. Müntz déduit des notions importantes. Lorqu'on ensemence un terrain qui vient de recevoir du nitrate de soude, les graines qui sont mises en contact avec les parties sèches ne germent pas; celles qui sont tombées sur les parties humides y rencontrent beaucoup trop de nitrate et souffrent de cet excès de nourriture. Ce n'est donc pas au moment des semailles, en général, qu'il faut employer le nitrate de soude; il vaut mieux le faire intervenir quand la végétation est commencée.

A cet égard, M. Andouard, directeur de la station agronomique de la Loire-Inférieure, indique les règles suivantes qu'il conseille de suivre :

« Supposons, fait-il remarquer, qu'on veuille appliquer cet engrais au développement du blé. Si on le répand à l'automne, les pluies de la saison froide l'entraînent promptement et presque intégralement dans le sous-sol, hors de l'atteinte des racines, ou bien, si le temps est sec, il peut être nuisible à la première phase de la vie de la plante, — comme il est fait observé plus haut. Tout autre est son effet lorsqu'on le sème au mois de mars ou d'avril. A cette époque, en général, les pluies, moins durables, sont encore assez fréquentes pour opérer la dispersion du sel dont s'emparent immédiatement les racines déjà suffisamment allongées.

» C'est donc bien au printemps qu'il convient, sous tous les rapports, de faire usage des nitrates; les confier à la terre à un autre moment, c'est se résigner à les voir inutilisés neuf fois sur dix, au moins pour les végétaux à racines relativement superficielles. La règle peut souffrir quelque tempérament, lorsqu'on l'applique à des arbres, à des arbustes à racines profondes.

» S'il n'est pas indifférent de répandre les nitrates en toute saison, il ne l'est pas davantage de les mettre indistinctemment dans tous les terrains. Ils ne contractent, il est vrai, ni adhérence ni combinaison avec les sols, quelle que soit leur nature; tels ils ont pénétré, tels ils sont absorbés; on pourrait, *à priori*, les croire à leur place partout. Il n'en est rien cependant. Engrais très solubles, ils suivront inévitablement le sort de l'eau qui leur sert de véhicule. Avec elle, par conséquent, ils séjourneront plus longtemps dans les terres argileuses et dans celles qui sont riches en humus, dans le terreau, par exemple, que dans celles qui sont chargées de silice. Ils seront donc plus efficaces dans les premières que dans celles-ci, sans pourtant qu'il soit interdit d'en fournir aux terres perméables; il faut seulement, dans ce dernier cas, les disperser avec ménagement et à doses répétées, si on veut en tirer le meilleur parti, de la façon la moins onéreuse possible. Par contre, il est absolument superflu d'en donner aux sols argileux à l'excès, tourbeux ou marécageux. Là, en effet, l'aération est presque nulle et les nitrates rencontrent des microgermes très friands d'oxygène qui les décomposent en dissipant leur azote dans l'air atmosphérique. MM. Gayon et Dupetit l'ont démontré, ainsi que MM. Dehérain et Maquenne. C'est la contre-partie de la fabrication des nitrates dans la terre ».

Enfin, le savant directeur de la station agronomique de la Loire-Inférieure présente, à l'égard de l'emploi des nitrates, des observations dont l'agriculteur fera bien de tenir compte.

D'après lui, si l'on en excepte le nitrate d'ammoniaque, qui, du reste, n'est jamais entre les mains de l'agriculteur, tous les autres nitrates peuvent être, sans inconvénient, mélangés aux matières les plus diverses pour la facilité de leur épandage. Une seule exception doit être faite : ils sont incompatibles avec les superphosphates et ne doivent leur être associés qu'au moment même de l'emploi, si on tient à les faire agir ensemble, car un contact plus prolongé aurait pour résultat des combinaisons chimiques qui permettraient aux acides libres des superphosphates de déplacer l'acide nitrique qui, alors se dégagerait soit en nature, soit sous forme de vapeurs nitreuses, après avoir été réduit par les substances oxydables que le produit renferme.

Le nitrate de soude, à l'état pur, est constitué suivant la formule chimique AzO^5, NaO, sel représentant la combinaison de l'acide azotique AzO^5 avec une base, l'oxyde de sodium ou soude NaO, et dans lequel chacun de ces éléments entre d'après la proportion centésimale ci-après :

Soude. . . .	36.47	correspondant à azote. 16.47.
Acide azotiq.	63.53	

Ce sel est blanc, d'une saveur âcre et fraîche, déliquescent; il cristallise en rhomboèdres tronqués qui ressemblent à des cubes, d'où le nom de *salpêtre cubique*.

Les nitrates du commerce sont toujours plus ou moins mélangés d'impuretés qui leur donnent une coloration brunâtre et un aspect sale; ils sont ordinairement vendus avec garantie de 15 à 16 0/0 d'azote. Cette garantie ne saurait être trop rigoureusement exigée par l'acheteur qui devra se mettre, de la sorte, en garde contre toute tentative de supercherie de la part des fraudeurs.

Qu'on veuille bien remarquer, en effet, que le prix des nitrates variant actuellement de 22 à 23 francs les 100 kilogrammes, avec une garantie de 15 0/0 d'azote, chaque degré d'azote vaut environ 1 fr. 50 c. Si, dès lors, on mélange à ces produits, une proportion de matières inertes qui en fasse descendre le titre à 14 0/0 seulement, la perte sèche, pour une grande exploitation, peut être assez importante pour qu'il y ait intérêt à s'y soustraire.

Nitrate de potasse. — Les nitrates de potasse nous arrivent le plus souvent des Indes. A l'état pur, ils sont constitués suivant la formule chimique AzO^5; KO, sel représentant la combinaison de l'acide azotique AzO^5 avec une base, l'oxyde de potassium ou potasse KO, et dans lequel chacun de ces éléments entre d'après la proportion centésimale ci-après :

Potasse . . .	46.54	correspondant à azote. 13.86.
Acide azotiq.	53.46	

Les nitrates de potasse du commerce contiennent, en général, de 8 à 10 0/0 d'impuretés, et ils titrent, dans ce cas :

Azote	12.75 0/0
Potasse.	42.80 —

Le prix de cet engrais qui est d'une grande énergie et d'une utilité de premier ordre, puisque, outre l'azote qu'il renferme, il apporte aux plantes une grande quantité de potasse, varie, actuellement, de 45 à 46 francs les 100 kilog., pris aux ports de débarquement.

Les nitrates de potasse sont l'objet de nombreuses falsifications ; l'une des fraudes les plus employées consiste à les mélanger avec le nitrate de soude dont la valeur marchande est bien inférieure. Dans ce cas, la teneur en azote reste sensiblement la même, mais celle de la potasse peut être sensiblement réduite. Il importe donc de n'acheter ce produit qu'avec garantie de dosage des deux éléments qu'ils doivent contenir, puis de le faire analyser.

« On peut se demander, font remarquer MM. Müntz et Girard, s'il est plus avantageux pour l'agriculteur d'acheter le nitrate de potasse que de recourir au nitrate de soude et au chlorure de potassium qui sont d'un usage beaucoup plus courant.

D'après ces éminents spécialistes, les éléments fertilisants du nitrate de potasse sont d'un prix trop élevé. En effet, aux cours actuels, le kilogramme d'azote nitrique dans le nitrate de soude ne dépasse guère 1 fr. 40 à 1 fr. 45, tandis qu'il ressort à 1 fr. 60 et 1 fr. 65 dans le nitrate de potasse; d'autre part le prix de la potasse dans le chlorure potassium, ne revient pas à plus de 0 fr. 40 à 0 fr. 45 le kilogramme, tandis qu'il ressort à 0 fr. 57 dans le nitrate de potasse.

« Cet engrais, ajoutent MM. Müntz et Girard, offre un autre inconvénient, c'est de contenir la potasse en excès sur l'azote, ce qui fait qu'on ne doit pas l'employer seul, mais l'additionner d'autres engrais azotés. En employant les deux éléments séparément, on a toute latitude pour en faire varier les proportions suivant les besoins des cultures et les exigences des terrains, ce qui est infiniment préférable à tous égards.

On rencontre ce sel en efflorescences à la surface du sol, dans tous les pays chauds. Les Indes, l'Égypte, l'île de Ceylan sont les contrées qui en fournissent le plus à l'Europe. On l'extrait en lessivant les terres superficielles et en évaporant ensuite les dissolutions. Le résidu de l'opération est le salpêtre *brut* : il suffit de le faire cristalliser une deuxième fois pour l'avoir dans un état de pureté convenable.

Le raffinage des sels d'osmose produit également du nitrate de potasse. Mais la plus grande partie du salpêtre du commerce est due à la décomposition du chlorure de potassium par le nitrate de soude naturel.

Sels ammoniacaux. — On peut ranger dans la catégorie des engrais ammoniacaux, tous les sels résultant de la combinaison d'un acide et dont la base est l'ammoniaque dont la formule chimique est figurée par le terme AzH^3. Ce sont donc des engrais azotés au premier chef.

L'ammoniaque est abondamment répandue dans la nature ; la plupart des matières organiques la produisent, en se décomposant ; les pluies en tombant sur le sol, lui en apportent une certaine quantité ramassée dans leur passage à travers l'atmosphère. Mais sous cette forme, cet élément azoté n'est d'aucune utilité pour les plantes, à l'alimentation desquelles il ne rend de service, que lorsqu'il se présente à elles à l'état soluble, c'est-à-dire de sel ammoniacal.

C'est ainsi que l'industrie s'efforce depuis un certain nombre d'années, de l'offrir à l'agriculture à laquelle il rend des services considérables.

D'une manière générale, toutes les matières azotées sont susceptibles d'être traitées en vue d'en obtenir l'ammoniaque, mais il n'en est qu'un petit nombre d'entre elles dont le traitement, à ce point de vue, soit suffisamment avantageux pour l'industrie.

Les sources auxquelles on s'adresse à l'heure actuelle, à cet effet, sont presque uniquement les eaux de vidange et les eaux des usines à gaz. Nous n'entrerons pas dans les détails industriels de fabrication, nous nous bornerons à examiner les produits fertilisants qui en résultent, au point de vue de leur caractère, de leur utilisation et de leur action.

Sulfate d'ammoniaque. — En tête des sels ammoniacaux, nous placerons le sulfate d'ammoniaque, en raison des services que cet engrais rend à l'agriculture, de son prix d'achat relativement réduit et des quantités considérables de ce sel, produites par l'industrie.

Il n'y a pas beaucoup plus de trente ans que l'on fabrique industriellement ce produit en France, pour les usages agricoles. On l'obtient en chassant des eaux-vannes et des eaux d'épuration du gaz de l'éclairage, l'ammoniaque qu'elles contiennent; on condense l'ammoniaque dans de l'acide sulfurique affaibli et on fait cristalliser par évaporation.

La composition de ce sel est représentée par la formule chimique SO^3HO, AzH^3 qui représente une combinaison de l'acide sulfurique hydraté SO^3HO, avec l'ammoniaque AzH^3.

A l'état pur, il contient, pour cent :

Acide sulfurique.	60.62	
Eau	13.63	
Ammoniaque . .	25.75	correspondant à azote 21.20

Lorsqu'il est chimiquement pur, il affecte la forme de cristaux généralement aiguillés, courts, incolores et complètement inaltérables à l'air. Il est blanc, transparent, d'une saveur piquante et amère, soluble dans deux fois son poids d'eau froide.

Celui du commerce est moins riche et habituellement coloré en gris, en vert, en rouge ou en noir, par suite de la présence du fer, du sulfocyanate d'ammoniaque et des matières goudronneuses ou colorées formées pendant la distillation de la houille. On y trouve normalement de 20 à 21 0/0 d'azote, soit largement le cinquième de son poids. On le veut aussi peu coloré que possible ; cependant une teinte foncée n'est pas toujours l'indice absolu d'une qualité défectueuse, de même qu'une blancheur irréprochable n'est point une garantie de pureté. Il est bon, néanmoins, de se défier de celui qui présente une couleur brune un peu rougeâtre ; il contient fort souvent une énorme proportion de sulfocyanate d'ammoniaque, composé très vénéneux pour les plantes et dont 10 kilogrammes suffisent pour stériliser momentanément un hectare de terre.

Ce n'est pas toujours l'imperfection de la fabrication qui abaisse le titre du sulfate d'ammoniaque ; la fraude se met fréquemment de la partie et livre des sels tantôt acides, tantôt mélangés de sulfate de soude, de sulfate de magnésie, de sel marin, etc., qui réduisent à 10 ou 12 0/0 la proportion de l'azote. Il est donc toujours nécessaire que l'agriculteur demande à l'analyse chimique la vérification de la pureté du produit dont il veut se servir, quelle que soit d'ailleurs son apparence.

Supposons que le contrôle chimique ait attesté la bonne qualité de l'engrais ; le cultivateur s'empresse de l'enfouir dans le sol, que va-t-il devenir? Il va se dissoudre dans l'eau qui imprègne les particules terreuses et, graduellement, il sera dispersé par la pluie dans toute l'épaisseur de la couche arable. Là il rencontre du carbonate de chaux au contact duquel il donne naissance à du sulfate de chaux et à du carbonate d'ammoniaque. Le premier sel entraîné par les eaux en excès, s'écoule peu à peu dans les couches profondes. Quant au carbonate d'ammoniaque, il est retenu par l'humus et par l'argile qui ont la propriété de le fixer par une action d'ordre probablement physique, mais qui n'est pas encore déterminée.

Malgré l'énergique attraction de la terre pour l'ammoniaque, une petite quantité du sel ammoniacal est enlevée par les eaux souterraines. Une fraction plus faible encore, presque insignifiante, est volatisée dans l'atmosphère. Le surplus, c'est-à-dire la presque totalité, fort heureusement, reste adhérente au sol et sert à la nutrition des végétaux de deux manières différentes.

En premier lieu, les racines des plantes sont susceptibles d'absorber directement les sels ammoniacaux, c'est la première manière.

Mais d'autre part, une fois que ces sels sont incorporés dans le sol, le phénomène de nitrification sur lequel nous nous sommes étendu en parlant des nitrates, ne tarde pas à se manifester et le carbonate d'ammoniaque primitivement constitué, ainsi que nous l'expliquons plus haut, se transforme en nitrate de chaux.

Aussitôt que le nitrate de chaux est formé, il concourt à l'alimentation végétale. Mais nous savons que, malheureusement, ce sel n'a aucune affinité pour les divers éléments qui composent le sol et, dès lors, il est à la merci de la première pluie un peu abondante, qui le précipite dans le sous-sol, pour le porter de là au ruisseau le plus voisin, ou à des profondeurs inaccessibles aux racines des végétaux herbacés, parfois même à celles des arbres.

En somme, le sulfate d'ammoniaque a pour avantages d'être efficacement retenu par le sol, tant qu'il n'a pas été transformé en nitrate, et de subir cette transformation surtout en été, c'est-à-dire au moment où l'action nuisible des pluies se fait le moins sentir. Il en résulte qu'il reste longtemps à la portée des racines. Mais il n'est pas exact de dire qu'il ait la propriété de remonter sans cesse à la surface des terres ; il y demeure uniquement par capillarité, comme tous ses congénères ; il n'y a pas de sels véritablement *grimpants*.

De ce qui vient d'être dit, il ne suit pas que le sulfate d'ammoniaque ait sur les nitrates une supériorité d'action constante et marquée. Sur ce point, les avis sont très partagés. Sans qu'on en puisse démêler la raison, les expériences faites attribuent les plus belles récoltes, tantôt à l'un, tantôt à l'autre de ces engrais. Mais s'il est impossible de trancher présentement la question, on peut affirmer, sans crainte de se tromper, que le sulfate d'ammoniaque est une source d'azote douée d'un très grand pouvoir sur la végétation.

Il faut bien remarquer, toutefois, et c'est là peut-être la clé des divergences d'opinion émises à son égard, qu'il n'exerce pas sa puissance fertilisante d'une manière égale dans tous les terrains, ni sur toutes les cultures. Il donne le maximum de son effet dans les terres fortes, où la nitrification est ordinairement peu active ; il convient mal aux terres légères et à celles qui sont surchargées de carbonate de chaux, où il est trop rapidement nitrifié ; enfin, il est complètement superflu dans les terres de landes et dans toutes celles qui sont à peu près privées de calcaire, il y serait à peine utilisé.

Si on le considère sous le rapport de sa convenance aux diverses plantes de la ferme, le raisonnement, d'accord avec la pratique, conduit à le donner de préférence à celles dont l'évolution est rapide: aux racines fourragères, aux cultures sarclées en général et aux prairies naturelles. Il est efficace encore pour les céréales, et même, bien qu'à un moindre degré, pour les plantes vivaces, pour la vigne, par exemple. Ici, toutefois, il importe de se souvenir que ses effets sont rapides et passagers, d'où la nécessité de le distribuer à petites doses et à intervalles convenablement rapprochés, si l'on veut éviter la verse ou le développement exagéré des organes végétatifs, en même temps qu'une dépense inutile.

Le printemps est l'époque la plus convenable pour l'épandage du sulfate d'ammoniaque, si l'on a soin de choisir un temps humide ou pluvieux, afin de permettre au sel de se dissoudre et de pénétrer facilement dans le sol, à moins qu'on ne veuille fortifier des plantes semées en automne, comme, par exemple, des céréales. Alors il peut y avoir intérêt à appliquer cet engrais avant l'hiver, au moment des labours; mais, dans ce cas, on n'en usera qu'à faible dose, réservant pour le départ de la végétation, aux premiers jours du printemps, le complément de la fumure qui sera répandu en couverture.

Comme tous les engrais dans lesquels l'azote est directement assimilable, le sulfate d'ammoniaque produit un effet rapide sur la végétation, mais la durée de son action ne dépasse pas, en général, la première année. On l'emploie à la dose de 100 à 150 kilogrammes par hectare. Pour le blé, une dose plus élevée pourrait déterminer la verse.

Pour l'épandre, on le mélange avec deux ou trois fois son poids de terre sèche et on le sème à la volée ; ce mélange doit être fait avec beaucoup de soin afin d'obtenir une masse bien homogène. Dans tous les cas, il faut avoir soin de ne jamais le mélanger avec de la chaux qui le décomposerait et déterminerait, par volatilisation, une perte considérable d'ammoniaque.

Il arrive assez souvent qu'après l'emploi de sels ammoniacaux, le sol, la seconde année, se trouve dans un état de fertilité inférieur à celui qu'il avait primitivement. Ce fait doit être attribué à l'abondance même des récoltes que ces sortes de fumures ont contribué à faire produire et qui ont puisé dans le sol, non seulement l'azote qui leur était fourni sous forme de sel ammoniacal, mais encore les autres éléments fertilisants nécessaires à leur nutrition et en proportion d'autant plus grande que la végétation a été plus active. Il doit donc en résulter un appauvrissement général de la terre, auquel il faut remédier, l'année suivante, non-seulement par un nouvel apport d'azote, mais encore des autres éléments dont le sol est alors dépourvu.

Le sulfate d'ammoniaque, en effet, n'agit que par son azote et pour qu'il soit efficace à la végétation des plantes, il faut que celles-ci trouvent dans la terre où elles végètent, tous les principes qui leur sont utiles.

Comme tous les engrais, ce sel donne lieu à des falsifications qui consistent à les mélanger avec des matières offrant avec lui une certaine analogie d'aspect, mais d'une valeur commerciale inférieure, telles que du sulfate de soude, du chlorure de sodium ou sel marin, du sulfate de magnésie et quelquefois du sulfate de fer moulu ou même du sable.

L'agriculteur ne devra donc jamais acheter cet engrais sans s'être fait garantir la proportion réelle d'azote ammoniacal qu'il contient et sans avoir fait procéder à son analyse, pour s'assurer qu'il n'a pas été trompé.

Ce sel, en effet, étant toujours vendu d'après sa teneur en azote, qui varie entre 20 et 21 0/0, l'unité d'azote, au cours moyen de 30 à 32 francs qui se pratique aujourd'hui, ressort entre 1 fr. 55 et 1 fr. 60. Si dès lors on achète un sulfate qui ne dose que 17 ou 18 0/0 d'azote et même moins, comme il nous a été donné de le constater à plusieurs reprises, et qu'on consente, néanmoins, à le payer au prix ci-dessus, c'est pour l'agriculture une perte sèche d'autant de fois 1 fr. 55 à 1 fr. 60 qu'il a payé d'unités d'azote en plus, sans compter les mécomptes qu'il éprouve dans son champ qu'il croit avoir doté d'un engrais d'une valeur déterminée et qui n'en a reçu qu'un autre d'une puissance inférieure.

L'agriculteur ne doit d'ailleurs pas confondre les deux termes azote et ammoniaque, ce qu'essaient de faire beaucoup de marchands peu scrupuleux. Le kilogramme d'azote, en effet, valant 1, le kilogramme d'ammoniaque ne vaudra que 0,823 et, inversement, le kilogramme d'ammoniaque valant 1, le kilogramme d'azote vaudra 1,214. En d'autres termes, pour exprimer l'azote en ammoniaque, on multiplie le taux d'azote par 1,214 et pour réduire l'ammoniaque en azote, on multiplie son taux par 0,823[1].

Autres sels ammoniacaux. — Il existe encore plusieurs sortes de sels ammoniacaux, mais dont l'usage est peu répandu en agriculture, soit parce que leur usage industriel en rend le prix relativement élevé, soit pour tout autre motif. Aussi, nous bornerons-nous à les signaler, sans entrer dans des développements détaillés à leur égard.

Chlorhydrate d'ammoniaque. — Ce sel résultant de la combinaison de l'acide chlorhydrique et de l'ammoniaque, est sensiblement plus riche en azote que le sulfate; il en contient généralement jusqu'à 25 0/0, tandis que, ainsi que nous l'avons vu plus haut, la teneur en azote du sulfate d'ammoniaque, ne dépasse pas 20 à 21 0/0.

Il peut donc servir à la fumure, au même

1. « Les *Engrais* » par A. Müntz et Ch. Girard.

titre que cette dernière substance et son action sur la végétation sera certainement plus efficace et proportionnelle à sa plus grande richesse en azote ; mais son prix plus élevé l'exclut forcément de la pratique agricole.

L'agriculteur devra toujours se méfier d'un chlorhydrate d'ammoniaque qui lui serait offert à un prix inférieur et même égal à celui du sulfate ; la falsification serait probable et, dans ce cas, il aurait tort d'acheter sans la garantie de l'analyse et de payer autrement que suivant la richesse réelle en azote du produit offert.

Azotate d'ammoniaque, — Les mêmes observations que ci-dessus s'appliquent à l'azotate d'ammoniaque, qui est le résultat de la combinaison de l'acide azotique et de l'ammoniaque et dont la richesse, en azote, considérable, atteint jusqu'à 40 0/0.

Carbonate d'ammoniaque. — Le carbonate d'ammoniaque se présente dans le commerce à l'état de cristaux blancs. C'est un sel caustique, très soluble dans l'eau et qui, à l'air, se volatilise et perd une notable proportion de son azote. Son prix élevé, sa causticité et sa volatilité le rendent impropre à la pratique agricole.

Mais comme il est, de tous les sels ammoniacaux, celui qui se forme en plus grande quantité, lors de la décomposition des matières organiques, il joue un rôle considérable en agriculture.

Le purin, les urines décomposées, les eaux de condensation du gaz ainsi que les eaux vannes, en renferment des proportions considérables. Aussi lorsque l'on emploie ces liquides comme engrais, doit-on tenir compte de la présence du carbonate d'ammoniaque qui leur communique une causticité qui, dans certains cas, pourrait être préjudiciable aux récoltes. Les eaux de condensation du gaz, particulièrement, qui sont les plus riches en carbonate d'ammoniaque, sont assez caustiques pour brûler les plantes si l'on s'en sert pour leur arrosage.

Afin d'atténuer leur action, il est indispensable de les étendre de 10 à 15 fois leur volume d'eau ou mieux encore les saturer, au préalable, avec de l'acide sulfurique. On peut encore les additionner de plâtre, ce qui transformera le carbonate d'ammoniaque en sulfate d'ammoniaque.

Ce n'est que dans le cas où le sol n'est pas couvert de végétation, qu'il est possible d'employer ces eaux directement, à l'état concentré. On peut encore les mêler à des composts ou à des fumiers qu'elles enrichissent et dont, à raison des principes alcalins qu'elles contiennent, elles hâtent la décomposition. Mais, en général, les difficultés de transport ne permettent l'usage de ces liquides que dans un rayon très rapproché des usines qui les produisent et qui, du reste, ont toujours intérêt à les transformer en sulfate d'ammoniaque.

Là où cette transformation ne s'opère pas et où les usines laissent perdre les eaux ammoniacales dont elles disposent, les agriculteurs qui se trouveront à proximité, auront tout avantage à s'approprier ces produits qui leur seraient certainement livrés à très bon compte.

Enfin, on peut encore faire passer ces liquides sur de la tourbe, de la sciure de bois, du charbon, toutes substances qui retiennent l'ammoniaque en laissant écouler le liquide dépouillé, de sorte que l'on a ainsi des matières dans lesquelles l'ammoniaque s'étant concentrée, peuvent être directement utilisées pour la fumure des terres.

CHAPITRE IX

Engrais organiques industriels azotés. Sang; chair; débris d'insectes. — Utilisation des débris d'animaux. — Dépouilles d'animaux : débris de cuirs; produits cornés; chiffons de laine; poils et crins; divers. — Les guanos : guano du Pérou; guanos divers; guanos de chauves-souris. — Falsification des guanos. — Valeur marchande des guanos. — Conservation du guano. — Guanos dissous. — Guanos de poissons. — Emploi des engrais organiques azotés : terres non calcaires; terres légères; terres franches; terres fortes; épandage. — Valeur agricole comparée des engrais organiques industriels azotés et des engrais azotés minéraux. — Quantité d'azote à employer.

Engrais organiques industriels azotés. — La chair, le sang, les issues, la peau, les os, les poils, la matière cornée, en un mot tout ce qui, dans l'animal, constitue le tissu charnu ou le régime osseux, est presque exclusivement formé de matières azotées et de phosphate de chaux, c'est-à-dire des deux éléments fertilisants par excellence.

Il était donc naturel que les débris animaux, inutilisés pour l'alimentation ou l'industrie, vinssent servir d'appoint à l'agriculture, pour la fumure des terrains qu'elle exploite.

Mais ces débris, avant de pouvoir être utilisés par l'agriculture, exigent pour la plupart, diverses manipulations, divers traitements qui sont du domaine industriel ou bien ils sont l'objet d'opérations commerciales ayant pour but d'en effectuer le transport, des régions souvent lointaines où on peut se les procurer, jusque dans nos différents ports maritimes, et c'est pour cette raison que nous avons classé les engrais qu'ils fournissent, parmi les engrais commerciaux.

Nous allons passer en revue les diverses matières animales susceptibles d'être rangées dans la catégorie des engrais azotés.

Sang. — Lorsque le sang est à l'état frais, c'est-à-dire qu'il vient d'être extrait de l'animal, sa composition au point de vue des principes fertilisants qu'il contient est pour ainsi dire constamment la suivante :

	Pour cent.
Eau	80
Azote	3
Acide phosphorique	0 04
Potasse	0 06

Les abattoirs et les établissements d'équarrissage fournissent des quantités considérables de sang ; mais comme l'industrie et la consommation n'en emploient que de très faibles proportions, soit pour la clarification des liquides, soit pour la préparation de l'albumine, la plus grande partie est desséchée au moyen de procédés industriels variés et livrée à l'agriculture.

On pourrait, assurément, utiliser directement le sang en le répandant sur les terres, soit en nature, soit mélangé avec une certaine quantité d'eau. Mais cette substance est très altérable, sujette à une fermentation rapide qui provoque des odeurs repoussantes en même temps que dangereuses pour la santé de ceux qui les respirent.

Toutefois, cet inconvénient est évité, lorsqu'on introduit le sang dans des composts, ou qu'on le mélange avec de la terre, avec de la tourbe, de la sciure de bois ou autres matières sèches dans lesquelles il s'incorpore. La décomposition est alors plus lente, les mauvaises odeurs sont en partie absorbées et lorsque le mélange est réduit à l'état pulvérulent, on peut l'épandre sur les terres, dans les mêmes conditions que les autres engrais.

Mais ce n'est qu'exceptionnellement, nous le répétons, qu'on s'en sert de cette façon et seulement lorsqu'on a du sang à proximité et qu'on ne dispose pas des appareils à l'aide desquels on procède à sa coagulation et à sa concentration, comme dans certaines boucheries de campagne ou bien dans le cas où, comme dans certaines exploitations rurales, on y abat les animaux pour l'alimentation des ouvriers.

En pareilles circonstances, l'agriculteur qui pourra se procurer ce liquide dans de bonnes conditions, pourra employer un procédé qui le mettra à l'abri de la pourriture et des inconvénients qui en découlent, lequel consiste à introduire dans le sang 2 à 3 0/0 de chaux vive pulvérisée. On agite vivement la masse que l'on fait sécher à l'air ou dans une étuve et l'on obtient ainsi une poudre fine et dépourvue d'odeur que l'on peut utiliser comme le sang desséché. Enfin, pour obtenir une coagulation presque instantanée, on peut encore et préférablement se servir de persulfate de fer, dans la proportion de 5 0/0.

Le sang desséché que l'on trouve d'ordinaire dans le commerce se présente tantôt sous la forme de petites masses noires, dures, à cassures brillantes, tantôt sous celle de poudre très fine.

Sa composition en principes fertilisants est, en moyenne, la suivante :

	Pour cent.
Eau	13 à 14
Azote	10 à 13
Acide phosphorique.	0,5 à 1,5
Potasse	0.6 à 0,8

On voit que cette moyenne est assez variable ; mais les proportions de principes utiles peuvent s'abaisser encore beaucoup plus par la falsification à laquelle le sang desséché donne malheureusement lieu, sur une assez vaste échelle et qui se pratique en mélangeant au sang desséché des matières inertes, telles que tourbe, poussière de charbon, etc.

Cet engrais ne doit donc jamais être acheté sans avoir été analysé et son prix ne doit être établi qu'en raison de la proportion d'azote qu'il contient.

Actuellement, le prix de l'azote dans le sang desséché varie entre 1 fr. 70 et 1 fr. 80 le kilogramme ; les 100 kilogrammes de cette substance, avec garantie de 11 à 12 0/0 d'azote, sont cotés de 21 fr. 50 à 23 fr. 50.

Ces prix sont supérieurs à ceux que l'on paie pour l'azote immédiatement soluble et assimilable que renferment le nitrate de soude et le sulfate d'ammoniaque. Mais le sang desséché peut être considéré comme rendant plus de service, au point de vue agricole, que ces dernières substances; l'azote qu'il renferme n'est pas, en effet, aussi immédiatement utilisable que dans ces substances, il doit subir, au préalable, sa transformation en nitrate pour être absorbé par les plantes. Son effet est donc plus durable que celui des sels minéraux azotés, et, de plus, il ne risque pas comme eux d'être presque immédiatement entraîné dans le sous-sol par les eaux, si, au moment où on en pratique l'épandage, il survient des pluies abondantes et persistantes.

Pour l'épandage, on le mélange avec 2 ou 3 fois son poids de terre.

Chair. — Les animaux abattus dans les ateliers d'équarrissage ou morts de maladies ou d'accidents, ainsi que les issues que l'on peut se procurer dans les abattoirs ou chez les bouchers, contiennent, en général, une moyenne de 3 0/0 d'azote. C'est une proportion de valeur fertilisante qui n'est point à dédaigner.

Lorsque l'on perd un animal à la ferme, et qu'on n'est pas en état de faire subir à ses chairs aucune préparation, il est indispensable de l'enfouir immédiatement en terre. On évite ainsi la dispersion des gaz délétères formés par la décomposition progressive, la déperdition d'azote qui en est la conséquence et les dangers que font courir à la santé publique les amas de matières putrescibles. Malheureusement, beaucoup de cultivateurs sont encore pénétrés de ce préjugé, qu'un engrais quel qu'il soit est d'autant meilleur qu'il répand une odeur plus forte. Il sacrifie volontiers à cette conviction, et, par suite, il abandonne les détritus animaux dont il dispose, à la fermentation spontanée, sans souci de la gêne résultant pour lui et pour les siens du dégagement des gaz infects de la putréfaction, non plus que du péril créé par la piqûre des mouches, qui, sortant de se repaître de cadavres souvent malsains, vont semer la contagion dans tout le voisinage et enfin des pertes importantes d'éléments fertilisants qui sont la conséquence de l'abandon, à l'air libre, de matières éminemment azotées.

Les mêmes inconvénients se produisent quand on mélange les débris animaux au fumier, dans le but de les laisser fermenter ensemble. On ne saurait trop condamner des pratiques de ce genre, au double point de vue de l'hygiène et de l'économie. Il est de toute nécessité de rendre inoffensives pour la santé les chairs que l'on veut faire servir aux usages agricoles, et, pour cela, les moyens ne manquent pas.

Le plus simple est de les enfouir dans une fosse avec de la chaux, puis de recouvrir le tout de terre. Dans ces conditions, la décomposition est, à la fois, rapide et sans inconvénient ; de plus, elle n'expose à aucune perte de substance utile, la terre s'emparant de l'azote qui tend à s'échapper sous la forme d'ammoniaque. Au bout d'un mois, la décomposition est complète. On recoupe la masse à la bêche, on enlève les os qui sont restés intacts et le mélange, qui, grâce à la chaux qu'il renferme, nitrifie rapidement, est prêt à être employé pour la fumure de la terre.

Mais il existe un procédé beaucoup plus rapide et plus complet, qui a été proposé par M. Aimé Girard et qui n'est pas impraticable dans les grandes exploitations où l'on est assez fréquemment exposé à perdre des animaux. Ce procédé consiste à plonger les cadavres et les débris de toute sorte dans de l'acide sulfurique très concentré à 60° Baumé, versé dans une caisse de bois doublée de plomb. Le poids des matières animales traitées ne doit pas excéder les deux tiers de celui de l'acide. En deux jours tout est dissous, les os compris, à l'exception de quelques matières cornées. On neutralise alors l'acide avec du phosphate fossile et on obtient un engrais dans lequel se retrouvent tous les principes fertilisants que renfermait la matière première.

Cette méthode est surtout recommandable lorsqu'il s'agit de détruire les cadavres d'animaux morts de maladie contagieuse et particulièrement du charbon. Les travaux de M. Pasteur ont, en effet, démontré qu'il ne faut pas enterrer les cadavres charbonneux. Lorsqu'on commet cette faute, le microbe qui est la cause de la maladie est incessamment ramené par les vers de terre des profondeurs du sol à la surface; les animaux l'avalent en broutant l'herbe qui pousse au-dessus des fosses et le charbon devient épidémique. Avec l'acide sulfurique, rien de semblable n'est à craindre, les bactéridies nocives étant complètement détruites par lui.

En faisant dissoudre dans 500 kilogrammes d'acide sulfurique neuf moutons d'un poids total de 204 kilogrammes M. Aimé Girard a obtenu un produit acide contenant pour cent.

Azote ammoniacal.	0,058	0,780
» organique.	0,722	
Acide phosphorique soluble. . . .	. . . .	0,459

Cet acide azoté ne peut être employé en nature, mais il peut être utilisé pour la fabrication des superphosphates auxquels il apporte les principes azotés qu'il renferme.

Dans l'industrie, les débris animaux sont traités par coction à la vapeur. Les chairs, une fois cuites, sont séparées des os et mises à sécher dans des étuves. On obtient ainsi un produit de couleur grise ou brunâtre ayant une composition assez variable suivant que, accidentellement ou intentionnellement, des matières inertes y ont été mélangées.

La richesse en azote y est, généralement, de 9 à 11 0/0; exceptionnellement, elle peut monter jusqu'à 14; mais quelquefois aussi, on rencontre des produits commerciaux de cette nature qui ne dosent pas plus de 8 et même 7 0/0 d'azote.

On ne doit donc acheter cette matière qu'avec titrage garanti par une analyse conforme. Le degré d'azote y est coté de 1 fr. 70 à 1 fr. 75. La valeur attribuée à l'acide phosphorique et à la potasse n'entre jamais en ligne de compte dans le prix de ces substances.

Sous le nom de *Guano de Fray-Bentos*, on trouve encore dans le commerce des poudres de viande desséchée, fabriquées dans l'Amérique du Sud avec les viandes cuites et les os provenant de l'extrait de viande Liebig.

Cet engrais renferme, en moyenne :

Eau.	8 à 10 0/0
Azote	5 à 8
Acide phosphorique.	10 à 16

Pour les substances de cette nature, la proportion d'acide phosphorique étant très importante, constitue, par exception, une valeur qui s'ajoute à celle de l'azote et qui doit être payée en plus.

La chair des animaux terrestres n'est pas seule utilisable comme engrais; celle des poissons a sensiblement la même valeur agricole. Grâce à de Molon, elle est devenue le point de départ d'une industrie de plus en plus florissante, qui a pris naissance sur les côtes du Finistère, d'où elle s'est répandue sur tout le littoral de la France, à Terre-Neuve et dans la plupart des pays de pêche. Le principal centre de cette industrie est depuis longtemps la Norvège, qui, sous le nom impropre de *guano de poisson*, exporte chaque année plusieurs milliers de tonnes de débris d'animaux marins de toutes sortes, généralement cuits à la vapeur, dégraissés et mis en poudre.

Tous ces produits sont riches en azote et d'autant plus qu'ils sont bien dégraissés. Les mieux préparés peuvent en contenir jusqu'à 14 0/0 : le titre babituel est compris entre 10 et 12 0/0, pour les animaux terrestres. Il est beaucoup plus variable dans les guanos de poisson : les débris de sardines dosent en moyenne 10 0/0 d'azote, ceux de hareng et de morue 8,5 0/0, ceux de baleine 7,5 0/0 seulement.

On trouve également 11 à 12 0/0 d'azote dans les viandes sèches qui viennent d'Amérique et d'Australie, où l'abondance des troupeaux permet la fabrication économique de cet engrais.

Débris d'insectes. — Les chrysalides et les litières chargées d'excrément de vers à soie, les hannetons qui se multiplient en si grande quantité dans certaines années, les sauterelles et les criquets qui, en Algérie, causent quelquefois des dommages considérables et que l'on détruit par masses qui atteignent souvent plusieurs milliers de mètres cubes, constituent des engrais puissants que l'on a le plus grand tort de négliger.

Ils contiennent, à l'état sec, en moyenne pour cent :

	Azote.	Acide phosphorique.	Potasse.
	—	—	—
Chrysalides	10 3	1 9	1 2
Hannetons	13 0	2 4	2 0
Sauterelles	11 0	2 0	1 3
Litières de vers à soie	3 5	»	»

La plupart de ces produits étant d'une décomposition lente, à cause de la proportion assez notable de matières grasses qu'ils renferment, il est en général, préférable, au lieu de les enfouir directement dans le sol, de les utiliser en mélange avec les fumiers ou les composts.

Utilisation des débris animaux. — A l'égard de la convenance des engrais animaux dont nous venons de parler, sang et chairs desséchés, aux différents sols, il convient de faire observer que plus la terre sera compacte, plus lente sera la décomposition de l'azote qu'ils contiennent, en acide nitrique.

Dans les terrains très argileux, il faudra par conséquent modérer les fumures de ce genre, car, étant lentement brûlées, elles s'accumuleraient au point de devenir nuisibles. Dans les sols tourbeux et marécageux leur action serait absolument nulle. Par contre, les terres légères les dévorent promptement, et elles exigent qu'on en renouvelle fréquemment l'apport, pour maintenir leur fertilité.

Il suit encore des mêmes considérations, que l'automne est la saison la mieux appropriée à leur emploi, dans les terres fortes; tandis qu'on peut ajourner leur épandage au printemps, là où le sol est très meuble. Dans les deux cas, il est bon de noter que les matières fertilisantes de cette espèce doivent nécessairement être incorporées à la terre. Déposées à sa surface, elles ne subissent pas la fermentation nitrique et, de plus, elles sont promptement envahies par des moisissures, qui dissipent leur azote dans l'air atmosphérique ; c'est dire qu'elles n'ont alors aucune utilité pour la végétation. Dernière remarque : il ne faut jamais y mélanger de chaux, quand elles sont à l'air libre ; elles sont toujours un peu ammoniacales, en raison d'un commencement de fermentation putride; la chaux leur ferait perdre l'ammoniaque formée.

Dépouilles d'animaux. — *Débris de cuir*. — Personne n'ignore que le cuir est imputrescible, le tannage ayant rendu la matière organique très difficilement décomposable; il serait dès lors illogique de chercher à s'en servir comme engrais, bien qu'il contienne 7 à 8 0/0 d'azote.

Mais on peut le rendre assimilable. Pour cela on a recours à l'action de la chaleur, de même qu'à celle de la vapeur d'eau ou de l'acide sulfurique. La torréfaction ne donne pas de bons résultats; elle n'est pas à recommander. La coction à l'aide de la vapeur d'eau, solubilise une partie de l'azote; elle est supérieure à l'action de la chaleur sèche. Mais le traitement par l'acide sulfurique, dans les mêmes conditions que celles expliquées pour le traitement des animaux morts, est encore préférable; il rend la substance entièrement soluble; on neutralise ensuite l'acide avec du phosphate de chaux, ce qui donne un engrais paraissant doué d'une certaine activité.

Les observations faites jusqu'à ce jour n'accordent pas au cuir, même solubilisé, une bien grande valeur agricole; ses effets sont si lents qu'on a peine à les constater. Avant de le condamner radicalement, il y aurait lieu toutefois de multiplier les essais. Ce qui est acquis d'avance, c'est qu'on ne peut en tirer bon parti que dans les terres perméables.

Le commerce offre, actuellement, le cuir désagrégé, avec une garantie de 8 à 9 0/0 d'azote, au prix de 11 à 12 francs; le kilogramme d'azote revient donc à 1 fr. 35. L'agriculteur peut se laisser séduire par ce bon marché, mais il aurait tort à notre sens, et il devra préférer payer 1 fr. 60 le kilogramme d'un azote plus immédiatement assimilable.

Produits cornés. — Après les sels ammoniacaux et les nitrates, les produits les plus riches en azote sont les matières cornées : cornes, sabots, griffes, ongles. Celles que fournissent les chevaux et les ruminants contiennent jusqu'à 16 et 17 0/0 d'azote, quand elles sont sèches et à l'état de pureté. Dans le commerce, leur titre est ordinairement compris entre 10 et 15 0/0 tout au plus, parce qu'elles sont fréquemment humides ou mélangées de substances inertes.

Par leur composition chimique, elles approchent donc des précédents engrais, mais il s'en faut qu'elles aient la même valeur agricole. Leur destruction dans la terre est lente ; et comme leur azote doit nécesairement être transformé en ammoniaque ou en acide azotique, pour être assimilé, la résistance qu'elles opposent à la désagrégation a pour conséquence une action faible sur le développement des végétaux.

Deux moyens sont depuis longtemps employés dans l'industrie, pour accroître leur activité, en les rendant friables : on leur fait subir une torréfaction légère, à l'air libre, ou dans des cylindres tournants ; ou bien on les expose pendant dix à douze heures en vase clos, à l'action de la vapeur d'eau surchauffée, après quoi on les réduit en poudre. La torréfaction a besoin d'être effectuée avec ménagement, si l'on veut éviter que le feu ne détruise une partie de l'azote. La coction à la vapeur assure bien mieux l'intégrité de la matière et doit être préférée, s'il y a lieu de maintenir l'une ou l'autre de ces pratiques.

Mais il se peut qu'on les abandonne prochainement toutes les deux. M. Müntz a découvert que, contrairement aux engrais minéraux, les substances cornées nitrifient plus rapidement lorsqu'elles sont en fragments d'un diamètre supérieur à trois ou quatre millimètres, que si elles sont réduites en poudre d'une grande ténuité. Cette révélation inattendue semble indiquer que la fermentation ammoniacale, précurseur de la fermentation nitrique, s'établit plus facilement dans les masses organiques un peu volumineuses que dans les produits pulvérulents de même nature. Elle conduira sans doute à renoncer à la division excessive des matières cornées.

Ces matières peuvent être appliquées à toutes les cultures qui réclament de l'azote, mais surtout à celles dont la période végétative est de longue durée. Leur effet ne sera pas le même dans tous les terrains; elles ne seront facilement nitrifiées que dans les sols légers; ceux qui les distribueraient à des terres compactes iraient à un échec certain. Il est encore un reproche qu'on peut leur adresser, sans qu'elles en soient responsables: elles sont cotées à trop haut prix dans le commerce; leur azote est généralement aussi cher que celui des nitrates et des sels ammoniacaux, dont il n'a pas l'efficacité rapide et mathématique.

Les poudres de corne sont, ordinairement, vendues au prix de 24 à 25 francs les 100 kilogrammes, avec une garantie de 13 à 15 0/0 d'azote, ce qui fait ressortir le prix du kilogramme d'azote à environ 1 fr. 70 c.

Quant aux cornes brutes et cornailles, contenant environ 10 à 11 0/0 d'azote, on les vend 13 à 15 francs. Les déchets fins de corne, frisures, etc., qu'on emploie souvent directement et dont la teneur en azote est plus élevée, sont cotés 19 à 20 francs.

Chiffons de laine. — Cette matière est fournie à l'agriculture tantôt à l'état de chiffons, tantôt sous forme de déchets industriels ou de sacs, appelés *scourtins*, qui servent à la fabrication des huiles (les scourtins sont aussi fréquemment confectionnés avec du crin). Quand ils ne sont mélangés d'aucune substance inerte, ces divers produits peuvent titrer jusqu'à 13 0/0 d'azote. Le plus souvent ils n'en dosent pas la moitié.

Si on les confiait directement à la terre, en l'état où les livre le commerce, ils agiraient avec une lenteur extrême, comme leurs similaires (crins, corne, plume, etc.). On peut augmenter leur efficacité de plusieurs manières : on les torréfie, on les fait chauffer sous pression avec de l'eau, avec un lait de chaux ou avec une solution de carbonate de soude; on les fait fermenter, après les avoir mis en meules que l'on arrose de temps à autre; enfin, on les désagrège à froid, soit par la chaux, soit au moyen d'un acide énergique. Les deux derniers procédés sont seuls à la portée du cultivateur; ils accroissent notablement la solubilité de la laine. Les méthodes industrielles font mieux encore, sauf la torréfaction qui n'est pas bonne en l'espèce; elles donnent des chiffons et des tontisses contenant de 7 à 9 0/0 d'azote, dont un dixième au moins est à l'état ammoniacal.

Mêmes indications que pour les matières cornées, en ce qui concerne leur emploi.

Poils et crins. — Si l'on pouvait avoir ces engrais dans l'état de pureté, on y trouverait presque autant d'azote que dans la corne (14 à 15 0/0). Ceux qu'on livre à l'agriculture n'ont point un pareil titre; ce sont des déchets industriels humides et souillés de matières non fertilisantes, qui en abaissent la richesse à 4 ou 5 0/0 d'azote environ.

Leur composition et leur nature chimiques étant semblables à celles des substances cornées, leurs effets sur la végétation et leurs exigences en matière de terrain sont aussi ceux des mêmes engrais.

Divers. — Il existe encore une foule de débris animaux, de déchets de toutes sortes d'exploitations industrielles, dont la composition se rattache au même type que ceux que nous venons de passer en revue et parmi lesquels nous citerons : les *Marcs de colle*, provenant des fabriques de gélatine; les *Pains de cretons et de dégras*, qui sont un résidu de la fonte des suifs dans les fabriques de chandelles ; les *Déchets de boyaux*, provenant des usines dans lesquelles on traite les boyaux de moutons pour les convertir en cordes d'instruments de musique, etc.

Tous ces produits sont plus ou moins riches en azote. Mais l'agriculture, avant de les acheter, agira prudemment en les faisant analyser et en ne les payant que pour la valeur réelle des principes fertilisants qu'ils renferment et aussi de leur assimilabilité.

Les guanos. — Sur divers points du globe, des générations successives d'animaux d'espèces variées, ont établi leur habitat, leurs lieux ordinaires de réunion, dans des endroits déterminés où leurs déjections, en même temps que leurs propres cadavres, ont constitué peu à peu d'énormes dépôts de matières animales riches en azote et en acide phosphorique.

On a donné à ces substances fertilisantes le nom de guanos, emprunté à celui de guanaës, oiseaux de mer qui se nourrissent de poissons et qui notamment, dans l'Amérique du Sud, sur le littoral du Pacifique, dans les îles qui s'étendent le long des côtes du Pérou, ont formé ces immenses gisements auxquels toute l'agriculture du globe est venue demander le surcroît de sa productivité.

Dès que les agriculteurs européens furent à même de se rendre compte de l'efficacité du guano du Pérou, c'est-à-dire il y a à peine trente ou quarante ans, ce fut un engouement général qui se produisit en faveur de cet engrais dont l'exploitation se fit sur une si vaste échelle, qu'elle ne tarda pas à en raréfier les provisions amoncelées pendant des siècles.

Aussi, s'efforça-t-on d'en rechercher de nouveaux gisements que l'on put, d'ailleurs, trouver sur divers points, au Mexique, en Australie, sur la côte ouest de l'Afrique et en Europe même où, dans une foule de localités et principalement dans des grottes ou d'autres lieux habités, on a constaté des accumulations de déjections qui peuvent être considérées comme de véritables guanos.

Mais ces guanos de différentes origines ont, naturellement, une composition très variable, qui s'explique autant par la nature et le mode d'alimentation des animaux qui les ont produits, que par les conditions spéciales dans lesquelles ils se sont formés, soit que, par exemple, il proviennent de régions où la température est plus ou moins élevée, et que les pluies qui ont pu les délaver y sont plus ou moins abondantes.

Quoi qu'il en soit, et bien que l'engouement pour le guano se soit sensiblement affaibli chez nos cultivateurs, en raison de l'emploi bien plus répandu des engrais chimiques, cette fumure, telle qu'elle existe aujourd'hui sur nos marchés, jouit encore d'une faveur assez justifiée pour qu'il soit utile d'en examiner avec attention les principaux types.

Faisons observer tout d'abord qu'on distingue deux sortes de guanos : 1° les guanos riches en matière azotée qui n'ont pas subi de lavage et dont les guanos du Pérou nous offrent le type ; 2° ceux qui ont été délavés par les eaux pluviales, dans lesquels les matières azotées ont presque complètement disparu, mais où l'acide phosphorique s'est concentré. Ces derniers, à ce titre, peuvent être plutôt considérés comme des engrais phosphatés, et, pour cette raison, nous devrons les étudier avec les phosphates auxquels leur utilisation agricole les assimile.

Guano du Pérou. — C'est le plus important, le plus estimé et celui qui alimente presque exclusivement les marchés européens. Dans le commerce, il se présente à l'état de poudre fine assez homogène; il est surtout caractéristique par la forte odeur ammoniacale qu'il exhale et qui provoque l'éternuement; enfin, il absorbe avec force l'humidité de l'air, ce qui oblige à le conserver dans des lieux très secs.

Les îles Chinchas et Angamos, dont les gisements ont été les premiers exploités, donnaient, à l'origine, des guanos d'une richesse en principes fertilisants tout à fait remarquable. Leur teneur en azote variait de 13 à 17 0/0 et le phosphate de chaux n'y figurait pas pour moins de 18,50 à 32,20 0/0, avec une moyenne de 24 à 25 0/0.

Mais ces dépôts ne tardèrent pas à être épuisés

et on se mit alors à exploiter successivement ceux des îles voisines : Guanape, Macabi, Balestas, qui fournirent encore des guanos très riches, bien qu'inférieurs aux précédents, et dans lesquels la teneur en azote variait entre 9 et 13 0/0 et celle en phosphate entre 20 et 32 0/0.

Depuis lors, on a dû s'adresser à d'autres gisements du sud du Pérou, et la généralité des guanos que le commerce livre actuellement à l'agriculture, provient de Pabellon, de Huanillos, Punta de Lobos et de Lobos de Afuera.

Mais les produits de cette provenance sont loin de posséder la richesse fertilisante des premiers et même des seconds dont nous parlons plus haut. Leur teneur en azote est comprise entre 3 et 9 0/0 et celle en acide phosphorique entre 12 et 25 0/0.

Une partie de l'acide phosphorique des guanos est soluble; l'azote y est en grande partie à l'état ammoniacal.

On peut d'ailleurs les ranger en trois catégories au point de vue de leur qualité, comme l'indiquent les analyses suivantes de M. Grandeau.

	Pabellon	Huanillos	Lobos
Acide phosphorique total . . .	14.80	17.76	22.88
— — soluble . .	6.27	6.42	2.34
Azote total.	7.84	5.46	2.79
— ammoniacal	5.99	3.99	1.40

Guanos divers. — En dehors du guano du Pérou, d'autres gisements de cette matière sont exploités sur divers points du globe. On distingue, notamment, les guanos compris sous la dénomination guanos de Colombie, ceux de Vénézuela, Colombie, Équateur, Bolivie. Mais les engrais de cette provenance, outre qu'ils sont rares sur nos marchés, en raison des frais de transport et des difficultés d'exploitation, ne contiennent guère, à part ceux des îles Anganas, en Bolivie, qui renferment jusqu'à 21 0/0 d'azote, que 2 0/0 en moyenne de principes azotés; en revanche, leur teneur en acide phosphorique atteint généralement 30 0/0.

L'île d'Halifax fournit des guanos plus riches en azote : 10 0/0 environ, avec 7 à 9 0/0 d'acide phosphorique.

Les îles de l'Ascension fournissent aussi des produits dosant, en moyenne, de 7,50 à 10 0/0 d'azote, et de 13 à 17 0/0 d'acide phosphorique.

La côte ouest de l'Afrique et les îles qui en sont voisines, où la pluie est très rare, fournissent également des guanos qui se rapprochent beaucoup de ceux du Pérou. Ils sont d'une odeur forte, pénétrante, de couleur jaune, et ils renferment beaucoup de détritus végétaux, de plumes, de débris d'os de poissons et d'oiseaux.

Ils contiennent, en moyenne, de 9,29 à 10,07 0/0 d'azote, et de 18 à 20 0/0 de phosphate de chaux et de magnésie.

Guanos de chauves-souris. — On rencontre dans un grand nombre de grottes, aussi bien en

Amérique qu'en Europe, des dépôts considérables de guanos produits par les déjections des chauves-souris et les cadavres de ces animaux.

Mais ces guanos sont d'une composition excessivement variable ; on ne saurait donc leur assigner aucun dosage, même approximatif, et le mieux est, lorsqu'on les achète, de les faire analyser au préalable.

Falsifications des guanos. — Il ressort de la revue rapide que nous venons de faire, des diverses sortes de guanos, que ces substances présentent des variétés de composition telles qu'on peut presque dire qu'il n'existe aucune autre similitude entre elles que celle de leur origine commune qui est due aux déjections d'oiseaux, longtemps accumulées, et ayant subi des transformations successives par la suite des temps et les différents milieux où elles se sont trouvées exposées.

L'agriculteur ne saurait donc, uniquement, lorsqu'il achète ces produits, s'arrêter au simple qualificatif qui les désigne sous le terme générique de *guano*. Encore devra-t-il exiger son extrait de naissance, c'est-à-dire le plomb spécial sous le sceau duquel ces substances nous arrivent des différents points du globe où on les récolte. Cette première précaution est d'autant plus nécessaire que, depuis quelques années, le commerce — dans un intérêt qui n'est pas précisément celui du cultivateur — fait subir aux guanos des préparations et des mélanges dans lesquels le véritable guano est quelquefois complètement à l'état mythologique, et qui, dans tous les cas, constituent, à l'égard de ces sortes d'engrais, une confusion au milieu de laquelle il est difficile de se reconnaître.

C'est ainsi que, outre le guano naturel du Pérou, on trouve dans le commerce des guanos offerts sous les différents qualificatifs de : engrais à base de guano naturel, guano surazoté, guano dissous, guano du Pérou dissous, etc.

Mais ce n'est pas tout. Le prix élevé qu'ont atteint et qu'atteignent encore les guanos de bonne qualité, devait exciter l'appât du gain chez les fraudeurs qui se sont ingéniés à trouver les moyens de livrer des marchandises inférieures au taux des meilleures.

Nous ne parlons pas seulement des falsifications vulgaires qui consistent à mélanger au guano naturel des matières inertes, telles que : sable, terre, cendres, sciures de bois, plâtre, sel marin quelquefois, etc., ou de cette autre qui se borne à mélanger ensemble des guanos de qualités diverses ou encore d'augmenter le poids des sacs en les humectant.

Il est une autre fraude bien plus dangereuse et qu'il est beaucoup plus difficile de déceler lorsque, comme nous le disons plus haut, on néglige la précaution d'exiger la livraison de ces substances en sacs scellés, plombés.

Cette fraude consiste à introduire dans les guanos naturels des substances azotées, telles que du sulfate d'ammoniaque ou du phosphate de chaux, ou même des matières organiques azotées, de sorte que, à l'analyse, ces prétendus guanos fournissent un titrage fort riche en azote et en acide phosphorique, mais n'ont pas, tant s'en faut, l'action remarquable que le guano naturel exerce sur la végétation, et grâce à laquelle le degré d'azote et d'acide phosphorique est coté à un prix beaucoup plus élevé dans cette substance que dans les autres engrais achetés en vue d'obtenir les principes fertilisants de même nature.

Mais, quoi qu'il en soit et quelque précaution subsidiaire que le cultivateur sera disposé à prendre pour ne pas être trompé, celle qui s'impose d'une manière essentielle, c'est celle qui consistera à ne jamais acheter cet engrais sans la garantie de composition d'après l'analyse chimique.

Valeur marchande du guano. — De nombreux essais qui ont été faits avec le guano, expliquent MM. Müntz et Girard dans leur important traité sur les engrais, ont démontré que les éléments qu'il renferme, agissent sur la végétation avec la plus grande rapidité, et que, par suite, ils doivent être considérés comme équivalents à ceux des engrais les plus actifs. Une partie de l'azote s'y trouve à l'état d'ammoniaque, le reste se transforme avec la plus grande facilité; quant à l'acide phosphorique, il est à un état de division qui en rend l'utilisation extrêmement rapide.

Il est donc juste d'assigner à ces éléments la valeur donnée aux produits les plus assimilables de même nature.

On pourrait donc, en s'en référant aux cours actuels, calculer le prix du guano, d'après sa composition centésimale, à raison de :

1 fr. 60 c. le kilog. d'azote.
0 fr. 60 c. — d'acide phosphorique.
0 fr. 40 c. — de potasse.

De telle sorte que 100 kilogrammes de guano, ayant la composition ci-après, auraient la valeur suivante :

Azote : 8 kilog. à 1 fr. 60 c. . . . Fr.	12 80
Acide phosphor. : 13 kilog. à 0 fr. 60.	7 80
Potasse : 1 kilog. 50 à 0 fr. 40 c. . . .	0 60
Total. . . . . Fr.	21 20

Souvent on néglige la potasse dans le calcul de la valeur du guano; on tient seulement compte de l'azote et de l'acide phosphorique, et on majore le prix ainsi obtenu de un franc pour la potasse et les matières organiques.

Conservation du guano. — Le guano appelé à être conservé pendant quelque temps en magasin doit être placé dans un endroit parfaitement sec. L'humidité favorise le dégagement de l'ammoniaque dans des proportions qui peuvent arriver à faire perdre jusqu'à 5 0/0 de l'azote total. Pour éviter ces pertes, on peut mélanger le guano avec un cinquième de son poids de charbon de bois en poudre. On peut remplacer le charbon par du noir animal ou de la tourbe; mais le moyen le plus sûr consiste à l'arroser avec de l'eau additionnée de 5 à 6 0/0 d'acide sulfurique ou chlorhydrique qui fixe l'ammoniaque à l'état de sulfate ou de chlorhydrate d'ammoniaque, de sorte que toute déperdition se trouve ainsi évitée.

Guanos dissous. — L'industrie des engrais livre couramment, aujourd'hui à l'agriculture, des guanos dissous. Ce sont des guanos traités par l'acide sulfurique de manière à en solubiliser davantage les éléments. Par le fait de ce traitement, l'ammoniaque se trouve fixée à l'état de sulfate d'ammoniaque, comme nous venons de le dire et l'acide phosphorique s'y trouve transformé à l'état de superphosphate; c'est pourquoi on désigne aussi les guanos ainsi traités sous le nom de superphosphate de guanos.

Assurément, le traitement dont il s'agit ajoute une valeur réelle au guano qui l'a subi, mais qui nous paraît, cependant, disproportionnée avec le prix supérieur auquel on tient les produits de cette espèce qui nous viennent, notamment, de Hambourg, Anvers, Londres et Emmerich.

C'est ainsi que nous trouvons la cote de 22 à 22 fr. 25 c. pratiquée pour guanos dissous, au port de Granville ou de Nantes, avec les proportions de principes fertilisants suivants : Azote 6 à 7 0/0 ; acide phosphorique soluble dans l'eau, 10 à 12 0/0 ; potasse, 0,50 0/0. Dans ces conditions, le prix de l'azote ressort à environ 2 francs le kilogramme et celui de l'acide phosphorique à 90 centimes, ce qui constitue un taux trop élevé à notre sens.

Ajoutons que la plupart des guanos dissous, au lieu d'avoir été préparés avec des guanos naturels, ont été fabriqués en ajoutant du sulfate d'ammoniaque de manière à augmenter la teneur en azote.

Guanos de poissons. —Le guano de poissons est un engrais artificiel obtenu en soumettant soit des débris de poissons, soit des poissons entiers à certaines préparations ayant pour but de les transformer en un produit susceptible de se conserver et pouvant être utilisé comme engrais.

L'emploi en nature des débris de poissons est très limité, en raison de la forte proportion de matières huileuses qu'ils renferment, de leur faible teneur en principes fertilisants, de leur très grande altérabilité, et de leur trop lente décomposition. Leur transport à grande distance est trop onéreux, aussi n'en use-t-on que dans les pays voisins de la mer où l'on peut se les procurer avantageusement.

C'est M. Ch. de Molon qui le premier a appelé

l'attention sur tout le parti que l'on pouvait tirer de la chair des poissons au point de vue de la fabrication des engrais. Les usines de M. de Molon furent établies d'abord à Concarneau pour le traitement des débris de sardines, puis à Terre-Neuve, en vue de l'utilisation des débris de morues. Plus tard M. Rohart installa aux îles Loffoden, en Norvège, une usine où furent traités, non seulement les débris de morues, mais encore la chair des baleines qui autrefois était rejetée à la mer.

Le procédé de fabrication le plus généralement employé consiste à soumettre les débris de poissons (têtes et viscères de sardines ou de morues) à une cuisson à la vapeur. L'huile qui remonte à la surface est recueillie, le bouillon est rejeté ou utilisé pour la fabrication de la gélatine, et le résidu, formé par les chairs, les cartilages et les os, est pressé puis séché dans une étuve. La matière sèche et friable ainsi obtenue est ensuite réduite en poudre dans un moulin.

La chair des baleines et traitées différemment ; avant d'être soumise à la cuisson, elle est en général fortement exprimée sous des presses ; on en extrait ainsi une forte proportion d'huile, et le tourteau obtenu, après cuisson, est séché et pulvérisé.

Les guanos de poissons se présentent sous forme d'une poudre de nuance brunâtre; leur composition est très variable et dépend d'ordinaire autant de l'espèce de poisson employé que de leur état de siccité et de la proportion d'huile qu'ils retiennent encore après le traitement qu'on leur a fait subir.

Ils renferment en moyenne :

	Pour cent.
Eau	5 à 10
Matières organiques	80,00
Azote	5 à 12
Acide phosphorique	8 à 15

Leur richesse en acide phosphorique est assez variable ; elle dépend de la quantité d'os introduite dans le mélange, quelquefois les chairs sont traitées à part et à l'exclusion des os.

Dans ce cas, les guanos obtenus sont plus riches en azote et la teneur en acide phosphorique est plus faible.

Quant aux os, ils sont soumis à une trituration qui les réduit en poudre que l'on vend séparément et qui peut renfermer jusqu'à 50 et 55 0/0 de phosphate de chaux.

Cette sorte d'engrais, en dehors de la proportion d'azote et d'acide phosphorique qu'elle renferme, est d'autant plus estimée qu'elle contient moins de matières grasses, celles-ci ayant pour effet de retarder l'assimilation de ses principes fertilisants.

Dans les campagnes voisines des ports de pêche, on utilise comme engrais la saumure provenant de la préparation des harengs. Cette saumure a une densité de 20 à 25° Baumé et renferme environ :

Azote.	5 à 6 gr.	par litre.
Acide phosphorique. . . .	3 à 4	—
Sel.	250	—

Elle présente une réaction acide, et avant d'en faire usage il est utile de la neutraliser par une addition de marne. On l'emploie directement comme engrais liquide, à la dose de 15 à 20 hectolitres par hectare, ou mieux on la mélange aux fumiers.

Du reste, le prix de ces sortes d'engrais, en raison même de la grande variété de leur composition, doit être établi d'après leur composition chimique fixée par l'analyse préalable et en appliquant à l'azote et à l'acide phosphorique un coefficient de valeur égal à celui que, pour chacune de ces substances, on attribuera aux guanos naturels dont nous venons de parler et auxquels les guanos de poisson sont sensiblement comparables au point de vue de leurs propriétés fertilisantes.

Emploi des engrais organiques azotés, en général. — Les engrais organiques de nature animale que nous venons de passer en revue et qui doivent leur principale valeur à l'azote qu'ils contiennent, n'exercent leur action fertilisante dans la terre, qu'après y avoir subi diverses transformations et, notamment, le phénomène de la nitrification, sur lequel nous

nous sommes étendu plus haut, en parlant des nitrates.

Ce n'est qu'à cet état qu'ils sont assimilables par les plantes.

Quand l'agriculteur s'adresse à ces sortes d'engrais, il a donc à examiner, suivant l'emploi auquel il est disposé à les affecter et en dehors de leur teneur en principes fertilisants, fixée par l'analyse chimique et sur laquelle est basé leur prix, en premier lieu leur faculté plus ou moins rapide à subir les phénomènes de décomposition qui les rendent assimilables, et, en second lieu, l'aptitude du sol dans lequel on les incorpore, à aider à la rapidité de cette action.

En passant ces divers engrais en revue, nous avons indiqué sommairement, mais d'une manière suffisante, leur valeur au point de vue de leur faculté à se décomposer plus ou moins facilement.

Il nous reste à dire quelques mots de la nature des terrains où on prétend les utiliser.

Terres non calcaires. — Nous avons vu plus haut que la présence de la chaux est indispensable à l'accomplissement du phénomène de la nitrification. Conséquemment, dans les sols dépourvus de cette substance, tels que terres tourbeuses, terres de landes, argiles, etc., l'apport des engrais azotés y serait sans aucun effet.

Terres légères. — Dans les terres légères, la

nitrification est très rapide : aussi les engrais organiques azotés y agissent-ils dans un délai relativement court sur les plantes. A moins donc que ceux-ci soient d'une décomposition très difficile, il convient, dans de pareilles terres, de n'employer les engrais organiques qu'à petites doses, leur action s'exerçant dès la première récolte et ne laissant subsister aucune réserve pour les récoltes subséquentes. Ajoutons que ces terres se laissent facilement pénétrer par les eaux pluviales qui entraînent dans le sous-sol ou dans les liquides des drainages, les sels nitriques au fur et à mesure qu'ils se forment.

Terres franches. — Dans les terres franches, c'est-à-dire de compacité moyenne, la nitrification est beaucoup moins active et la perméabilité bien moins grande que dans les précédentes. Aux sols de cette nature qui sont représentés par les terres ordinaires de labour, on peut donc, sans inconvénient, confier de plus grandes quantités d'engrais azotés. Les récoltes subséquentes pourront en profiter et il n'y a pas lieu d'y craindre des déperditions trop importantes d'azote d'une part, parce que de pareilles terres ne contiennent jamais, à la fois, d'aussi grandes quantités de nitrates et que, par suite, les pluies en enlèvent moins ; d'autre part, parce qu'elles absorbent de plus grandes quantités d'eau et sont ainsi moins lavées par les pluies.

Il va de soi qu'à de tels terrains, il n'y aurait aucun avantage à leur confier des engrais de décomposition difficile.

Terres fortes. — Dans les terres fortes, la nitrification des engrais organiques ne se manifeste qu'avec une extrême lenteur, en raison de leur extrême compacité qui s'oppose à la circulation de l'air, condition essentielle d'existence du microbe ou ferment nitrique, ainsi que nous l'avons dit plus haut.

Aux terrains de cette nature, on ne peut donc que recommander l'emploi d'engrais azotés à décomposition rapide et immédiatement utilisables par les végétaux, tels que le nitrate.

Epandage. — La composition des terrains, telle que nous venons de la définir, fournira à l'agriculteur une indication suffisante relativement aux époques les plus favorables à l'épandage des engrais organiques. Ceux-ci devant subir le phénomène de la nitrification avant d'être utilisables pour les plantes, il sera plus avantageux d'une manière générale de les donner avant l'hiver, c'est-à-dire en automne, de telle sorte que la jeune plante, dans les premiers temps de sa végétation, puisse profiter des principes fertilisants mis à sa portée et déjà élaborés.

Toutefois, dans les terres légères, où la nitrification s'effectue avec rapidité, si on fait usage d'engrais organiques à décomposition très facile, il n'y a aucun inconvénient à retarder l'épandage jusqu'au commencement du printemps. A cette époque, la nitrification est déjà suffisamment active pour que les plantes trouvent à leur portée, au début de leur végétation, la quantité de nitrate qui leur est nécessaire, et, ainsi, on aura évité les déperditions d'azote que les pluies de l'hiver auraient produites dans des proportions plus ou moins grandes.

Les guanos, par exemple, dans lesquels l'azote ne se rencontre pas seulement à l'état organique, mais aussi à l'état de combinaisons ammoniacales et nitriques, mis en contact avec une terre apte à nitrifier, se transforment très vite en nitrate. A ce point de vue, ils sont donc sensiblement comparables aux engrais azotés salins et, notamment, au sulfate d'ammoniaque, dont ils présentent à peu de choses près, les mêmes avantages et les mêmes inconvénients.

Le guano devra donc être employé, en somme, aux mêmes époques et dans les mêmes conditions que ce dernier sel.

A l'égard des guanos, il est une observation qu'il ne faut pas négliger de présenter. Nous avons pu voir, en donnant la composition moyenne de cette sorte d'engrais, que, outre leur richesse en azote, ils contiennent des proportions notables d'acide phosphorique. En raison de cette composition complexe, on peut donc considérer cette fumure comme convenant parfaitement aux cultures auxquelles on veut donner, à la fois, ces deux éléments qui s'y trouvent, de plus, à un état très favorable d'assimilation rapide.

« Dans tous les cas, font remarquer MM. Müntz et Girard, où l'azote et l'acide phosphorique doivent être employés simultanément, le guano est un engrais de premier ordre et doit être préféré aux autres engrais composés, si son prix est en rapport avec celui des élémenis qu'il contient. Mais quand on veut, uniquement, appliquer une fumure azotée, comme dans le cas d'un sol suffisamment riche en phosphate, il faut se garder de s'adresser à ce produit, le prix de l'azote qu'il renferme se trouvant grevé de celui de l'acide phosphorique qu'il faudrait payer sans nécessité.

Une observation essentielle à présenter, au sujet du mode d'utilisation des engrais organiques, c'est que ceux-ci ne doivent jamais être en couverture, mais bien enfouis dans le sol par le labour. A la surface du sol, ils ne subiraient pas, en raison de leur insolubilité, la fermentation nitrique, indispensable pour les rendre assimilables; ils resteraient inertes et sans profit pour les plantes, et de plus, ils se couvriraient de moisissures qui occasionneraient des pertes sensibles de l'azote qu'ils contiennent. Nous ferons toutefois ici une exception à cette règle pour le guano, en raison de ce que nous venons de dire plus haut.

On pratique, ordinairement, l'épandage à la

volée, ou mieux à l'aide de semoirs d'engrais, lorsque ceux-ci se présentent sous une forme pulvérulente. Sous cette dernière forme, il est plus commode de les mélanger, préalablement, avec des matières inertes, à l'exclusion de la chaux, cependant, qui provoquerait le dégagement de l'ammoniaque; on donnera, dans ce cas, la préférence au poussier de charbon ou de plâtre qui ont la propriété d'absorber ce gaz. A défaut, on s'adressera simplement à la terre aussi meuble et divisée que possible.

Cette incorporation se recommande d'une façon toute particulière pour le guano qui, en raison de son extrême ténuité, pourrait être emporté par le vent si on le semait à l'état naturel. Pour cette substance, rien ne sera mieux que d'opérer le mélange avec du sel marin, à poids égaux. La masse se trouvera de la sorte quelque peu humidifiée, et les particules poussiéreuses du guano seront, ainsi, moins exposées à être dispersées par le vent. Mais un meilleur procédé encore consistera à arroser le guano avec un peu d'acide sulfurique destiné à retenir une partie de l'ammoniaque qu'il contient, alors surtout qu'il a été mouillé et qu'il a fermenté, à l'état de carbonate d'ammoniaque, sel dont nous avons déjà fait connaître la facilité de volatilisation. En Angleterre, on pratique cet arrosage à l'aide de doses variables d'acide sulfurique, 5, 10 et 15 0/0 du guano, mélangées avec leur poids d'eau et incorporées après avoir été préalablement absorbées par un corps inerte, la sciure de bois ou le plâtre. L'action de l'acide ne se borne pas seulement à empêcher la déperdition de l'ammoniaque, elle s'exerce aussi sur les phosphates qui sont en partie solubilisés et deviennent ainsi plus actifs. Quelques praticiens conseillent, pour plus de commodité et comme donnant les mêmes résultats, le mélange du guano avec du superphosphate de chaux dont l'excès d'acide fixe également l'ammoniaque.

Valeur agricole comparée des engrais organiques azotés et des engrais azotés minéraux. — On peut, d'après ce que nous venons de voir, établir en principe général que les engrais azotés minéraux, c'est-à-dire les nitrates et les sels d'ammoniaque, cèdent rapidement à la plante les éléments fertilisants nécessaires à sa végétation, tandis que les engrais organiques azotés de même nature n'agissent sur elle que beaucoup plus lentement et après avoir subi les transformations grâce auxquelles leurs principes utiles ont été rendus solubles et assimilables par les végétaux.

Lorsque l'on veut activer la végétation, relever des cultures en mauvais état, obtenir des rendements plus importants, c'est donc, sans contredit, aux engrais immédiatement solubles qu'il convient de recourir.

Mais cette solubilité même est une cause de déperdition d'azote considérable, ainsi que nous l'avons déjà expliqué, en raison des eaux pluviales qui entraînent une grande partie des sels azotés dans le sous-sol des terres et qui sont exportés par les eaux de drainage.

Il n'en est pas ainsi pour les engrais organiques qui nitrifient beaucoup plus lentement, mais aussi beaucoup plus sûrement, et qui, en outre, enrichissent en azote les terres dans lesquelles on les incorpore.

D'après ces données, il semblerait à première vue qu'il y aurait avantage à s'adresser à cette dernière sorte de fumure plutôt qu'à la première. Mais l'expérience ici contredit la raison, car avec l'engrais organique il n'est pas possible d'obtenir les rendements élevés que donnent les engrais immédiatement assimilables, et s'il est vrai que ceux-ci épuisent davantage le sol au point de vue de la matière organique, on peut facilement remédier à cet inconvénient en restituant ce dernier élément au sol au moyen de fumures appropriées telles que fumier de ferme, terreau, engrais verts, etc.

En définitive, font remarquer MM. Müntz et Girard, avec les engrais rapidement assimilables on met plus activement en œuvre les facultés productives du sol, mais en compromettant sa fertilité ultérieure; dans celui des engrais à décomposition lente, on se contente de résultats moindres, mais avec la certitude de laisser le sol en bon état. Dans le premier cas, on agit en industriel qui cherche à faire produire à son outillage le plus de travail possible, et, dans le second cas, on économise l'outil afin de le faire durer plus longtemps, ce qui constitue une fausse conception économique.

Et d'ailleurs nous venons de dire comment, au besoin, on répare l'outil.

Au surplus, si on ne considère les engrais animaux qu'au point de vue de la matière organique dont ils dotent le sol, dont ils maintiennent par suite l'humus, il faut considérer que cet apport n'existe que dans des proportions excessivement limitées et qui sont dix fois dépassées par le fumier de ferme auquel il sera toujours bon d'avoir recours, en concurrence avec les engrais qui nous occupent, quels qu'ils soient.

A nos yeux donc, les engrais organiques ont une valeur agricole inférieure à celle des engrais minéraux, et c'est une erreur de payer l'azote à un prix plus élevé dans les premiers que dans les seconds.

Néanmoins, telles circonstances spéciales peuvent se présenter où l'agriculteur devra donner la préférence à ces derniers; cela dépendra des conditions particulières dans lesquelles il se trouvera placé et du but auquel il vise. C'est à lui à peser ces diverses considérations et à prendre ses résolutions en toute connaissance de cause. Il est évident, par exemple, que dans des terres très calcaires qui sont le siège d'une combustion active, où la matière organique est rapidement consommée et son azote nitrifié en très peu de temps, il y aura souvent avantage à s'adresser aux engrais organiques à décomposition plus lente, qui entretiennent dans le sol une certaine proportion d'azote, lequel n'est ainsi offert aux plantes qu'au fur et à mesure de leurs besoins. Il en sera de même dans les pays où les étés sont trop secs et les pluies trop considérables en hiver; dans ce cas, les engrais organiques épandus avant l'hiver nitrifieront facilement au printemps et se mettront à la disposition des plantes en temps opportun, sans qu'on ait à redouter les déperditions d'azote qui se manifesteraient infailliblement avec les engrais minéraux, lesquels, s'ils sont donnés avant l'hiver, seront entraînés par les eaux, et qui, donnés en été, peuvent tomber dans une période de sécheresse pendant laquelle leur action est sensiblement nulle.

Considérons encore que les engrais organiques présentent des degrés variables dans la facilité avec laquelle ils se décomposent, que, par exemple, l'azote du sang desséché ou de la corne est plus rapidement nitrifiable que celui du cuir et de la laine, et que, conséquemment, suivant le but que l'on poursuit, il convient de s'adresser aux uns ou aux autres de ces produits dont la valeur marchande doit correspondre à l'énergie plus ou moins rapprochée de l'effet produit.

Tout est donc, nous le voyons, affaire de poids, de mesure et d'examen très attentif, et l'agriculteur ne saurait dès lors apporter trop de circonspection dans le choix judicieux des matières fertilisantes qui lui sont offertes.

Quantité d'azote à employer. — Voici comment s'expriment à cet égard MM. Müntz et Girard, à qui nous empruntons ce chapitre :

« Il est difficile de donner des règles générales pour les quantités à employer ; elles sont essentiellement variables, suivant la nature de la récolte qu'on peut rendre plus ou moins intensive, suivant la richesse du terrain et suivant les conditions économiques dans lesquelles on se trouve placé.

» Dans les cas extrêmes, on emploiera 100 à 120 kilogrammes d'azote par hectare ; ce qu'on donnerait au delà de cette proportion ne pourrait conduire à un résultat rémunérateur que dans des conditions exceptionnelles. Mais, dans les cas ordinaires, même avec une culture intensive, nous n'avons pas intérêt à atteindre cette limite : 60 à 80 kilogrammes d'azote à l'hectare constituent déjà une forte fumure azotée, et, dans la pratique, on a rarement à la dépasser.

» Une fumure moyenne au fumier de ferme, de 30.000 kilogrammes pour une rotation de trois ans, représente environ 65 kilogrammes d'azote par année. En donnant des quantités voisines d'azote sous la forme de nitrate, de sulfate d'ammoniaque, de guano, de sang desséché ou d'autres engrais d'une assimilation rapide, on se trouve généralement placé dans les conditions d'une production végétale satisfaisante.

» Ces chiffres varieront d'ailleurs avec la richesse primitive du sol, avec la culture, avec le climat; on peut dire que, d'une façon générale, la dose doit être poussée jusqu'à la limite à laquelle un résultat pratique ne sera plus obtenu. Il est donc inutile, à cet égard, de tomber dans l'exagération qu'on peut signaler dans certaines régions du Nord où on donne jusqu'à 1.200 kilogrammes de nitrate par hectare, dépassant ainsi de beaucoup ce qui est nécessaire aux récoltes les plus abondantes. C'est surtout lorsqu'il s'agit d'engrais à action rapide et d'une décomposition facile qu'il faut éviter une dose excessive. Ceux dont l'action est très lente peuvent, comme nous l'avons déjà dit, être donnés en forte proportion, puisque la partie qui n'est pas absorbée par les premières récoltes l'est par les suivantes.

Nous croyons utile, pour terminer, de mettre en regard la richesse moyenne des engrais azotés usuels et les quantités qu'il faut de chacun d'eux pour remplacer 100 kilogrammes de nitrate de soude et pour donner 100 kilogrammes d'azote, sans tenir compte d'ailleurs de la facilité avec laquelle ils sont assimilés.

NATURE D'ENGRAIS	Azote 0/0	Quantité à employer pour représenter 100 kilog. de nitrate de soude	Quantité à employer pour donner 100 kilog. d'azote
		Kilog.	Kilog.
Nitrate de soude	15.5	100	645
Sulfate d'ammoniaque. .	20.5	75	487
Nitrate de potasse . . .	11.5	135	870
Guano riche	7 »	220	1,430
Sang desséché	12 »	130	835
Viande desséchée. . . .	10 »	155	1,000
Corne torréfiée.	14 »	110	714
Cuir désagrégé	8 »	194	1,250
Laine	5 »	310	2.000
Tourteau.	4 »	388	2.500
Fumier de ferme	0.5	3,100	20.000
Poudrette	1.6	969	6.250

CHAPITRE X

Les engrais phosphatés. — Mode d'action des phosphates sur les plantes. — Les sources d'acide phosphorique. — Phosphates naturels : apatite; phosphorite, nodules et coprolithes. — Phosphates d'os : os dégraissés; os dégélatinés; cendres d'os. — Utilisation des os à la ferme. — Noir animal. — Scories de déphosphoration.

Les engrais phosphatés. — L'analyse des plantes quelles qu'elles soient, révèle la présence constante du phosphore dans leur organe; cet élément doit donc être considéré comme indispensable au développement des végétaux.

C'est d'ailleurs ce que l'expérience a suffisamment établi en démontrant que partout où le phosphore était absent, la végétation ne peut se développer, et qu'elle reste languissante là où cet élément n'est pas mis, d'une manière suffisante, à la disposition des plantes.

Il a donc fallu se préoccuper, dans le cas des terres pauvres en phosphore, d'apporter ce principe dont l'absence est une cause d'infertilité; dans le cas des terres moyennement riches, il a fallu penser à la restitution des quantités enlevées par les récoltes; seules, les terres privilégiées dans lesquelles cette substance se trouve en abondance, peuvent se passer de son apport.

Dans la nature, le phosphore ne se présente jamais à l'état isolé; on ne le rencontre qu'en combinaison avec l'oxygène, c'est-à-dire à l'état d'acide phosphorique contenant 44 0/0 de phosphore et 56 0/0 d'oxygène. C'est cette combinaison oxygénée seule que l'agriculteur met en œuvre; aussi est-il devenu d'usage d'exprimer l'unité de ce principe fertilisant en acide phosphorique et non en phosphore.

C'est presque toujours, d'ailleurs, en combinaison avec la chaux, que nous rencontrons l'acide phosphorique sous forme de phosphates.

Sous le rapport chimique, il existe trois phosphates de chaux différents :

En premier lieu, le phosphate de chaux tribasique de la formule PhO^5, $3CaO$, dans lequel, pour un équivalent d'acide phosphorique, il y a trois équivalents de chaux. Ce phosphate entre dans la combinaison des os.

Secondement, le phosphate bibasique à deux équivalents de chaux, et dans lequel le troisième équivalent de chaux est remplacé par un équivalent d'eau, ce qui conduit à la formule suivante : PhO^5, $2CaOHO$; c'est celui qui se forme lorsqu'on précipite le phosphate de soude par le chlorure de sodium.

Enfin, le phosphate de chaux à un seul équivalent de chaux et à deux équivalents d'eau : PhO^5, $CaO2HO$, qui est l'inverse du précédent, et que l'on désigne sous le nom de phosphate-acide de chaux ou superphosphate de chaux.

L'acide phosphorique est un des éléments des

plantes et des plus utiles ; pour celles cultivées, en particulier, le phosphore est indispensable, surtout pour la fructification, et Th. de Saussure a prouvé que toutes les graines en contenaient ; il est donc nécessaire de restituer au sol le stock qui lui est enlevé constamment par les végétaux ainsi que par les animaux qui y puisent les matériaux de leur squelette. Le fumier de ferme n'en contient que très peu, 2 à 3 pour 1.000 au plus, quand il est frais et ne saurait suffire à la restitution nécessaire.

Le phosphore, ni plus ni moins indispensable à l'existence des végétaux que l'azote, la potasse, la chaux, la magnésie ou le fer, physiologiquement parlant, présente, dans la pratique agricole, une importance bien plus grande que ces éléments, à raison de sa rareté relative dans la plupart des sols. Rien ne peut, pour aucune récolte et dans aucune terre, suppléer à l'apport direct de main d'homme du phosphate qui fait défaut. La grande majorité des terres en culture — c'est un fait d'expérience — contient assez de potasse, de chaux, etc., pour suffire aux besoins des plantes. L'azote lui-même, dont l'introduction est si nécessaire (nitrate, sulfate, engrais azotés d'origine animale) pour l'obtention de hauts rendements, l'azote, disons-nous, peut être partiellement fourni aux végétaux par l'atmosphère ; tel est le cas, notamment, des légumineuses ; l'acide phosphorique, au contraire, doit toujours être apporté en quantité notable dans presque tous les sols. Bon nombre de déceptions, dans l'emploi des engrais azotés, du nitrate de soude, par exemple, sont dues à l'absence ou à l'insuffisance du phosphate dans les terres auxquelles on les applique.

Il est hors de doute que c'est à l'apport régulier du phosphate, depuis trois quarts de siècle, que l'Angleterre doit les rendements élevés qui la placent au premier rang pour la production agricole.

Il n'est donc guère de sujet plus important, en agriculture, que la question des phosphates.

La teneur des terres en acide phosphorique est très variable ; celles qui sont d'origine granitique en sont ordinairement très pauvres, c'est-à-dire qu'elles n'en contiennent que des quantités inférieures à 0,5 pour 1.000.

Les terres volcaniques, au contraire, sont très riches ; elles en renferment jusqu'à 2 pour 1.000 ; les terres calcaires en contiennent, le plus souvent, des proportions moyennes. On peut admettre qu'une terre qui en contient de 0,5 à 1 pour 1.000 est moyennement riche ; au-dessous de 0,5, elle est pauvre et a besoin d'engrais phosphatés. On peut les regarder comme riche, entre 1 et 2 pour 1.000.

Beaucoup de sols manquent de phosphate et se trouvent, par ce fait même, voués à la stérilité ; ils ne donnent naissance qu'à une végétation chétive, composée d'espèces d'une faible valeur. Les hommes et les animaux qui vivent sur ces sols souffrent, par contre-coup, de cette absence d'acide phosphorique.

La destination des terrains pauvres en acide phosphorique est la végétation forestière qui exporte peu de cet élément.

De pareilles terres sont, d'ailleurs, faciles à améliorer ; par l'apport d'engrais phosphatés, on est certain de les transformer en terres de bonne qualité.

Mode d'action des phosphates sur les plantes. — Il existe dans toutes les terres, de l'humus, de l'acide carbonique, du silicate de chaux, des carbonates de potasse, d'ammoniaque, de soude et de chaux. Tous ces principes sont des dissolvants du phosphate calcaire ; M. Grandeau et M. Risler l'ont démontré pour l'humus, M. Thénard et M. Dehérain pour les éléments minéraux. Dès qu'un phosphate est incorporé au sol, il se trouve en contact avec de l'eau chargée d'acide carbonique et des acides plus énergiques encore de l'humus, dans laquelle il se dissout.

S'il restait en cet état, les pluies abondantes l'entraîneraient dans le sous-sol et de là hors des terres cultivées. Or, on n'en rencontre que des traces dans les eaux de drainage. La déperdition par cette voie est sensiblement nulle, et l'on peut sans crainte confier au sol un excès de phosphate; ce qui n'aura pas été utilisé une année le sera pendant les années suivantes, aucune parcelle de cet engrais n'est perdue. Pour qu'il en soit ainsi, il faut que le phosphate dissous redevienne insoluble. L'alumine et l'oxyde de fer, qui sont répandus à profusion dans tous les terrains, se chargent de la métamorphose. Ils attaquent le phosphate dissous par les acides du sol, et le convertissent en phosphate insoluble dans le liquide primitif, mais soluble dans les carbonates alcalins. Ces deux réactions inverses s'accomplissent perpétuellement dans la terre et mettent à la disposition des végétaux le phosphore dont ils ont besoin. Elles ne sont peut-être pas, du reste, absolument nécessaires, car les phosphates ont encore une action marquée dans les terres dépourvues d'humus. Les racines ont le pouvoir d'absorber directement ceux qui les touchent; les poils dont elles sont recouvertes secrètent un liquide susceptible de réaliser cette pénétration.

D'après cela, il est certain que les terres acides (tourbe, lande, bruyères, etc.) sont les plus aptes à manifester rapidement les bons effets des phosphates; elles les dissolvent avec une grande facilité. Le contraire a lieu dans les sols calcaires ou sablonneux où manquent les dissolvants de ces engrais lesquels par suite, n'y donneront que de maigres résultats. Dans les terres intermédiaires, ils seront toujours assimilés un peu plus vite là où il y aura beaucoup d'humus, plus lentement là où la proportion d'argile sera trop forte; mais dans tous les cas, ils y seront efficaces.

En résumé, d'après M. Dehérain, le phosphate de chaux donné au sol, entre d'abord en dissolution dans l'acide carbonique et les acides faibles, puis il passe à l'état insoluble en s'unissant à l'oxyde de fer et à l'alumine. Le retour à l'état soluble est dû à la présence de carbonates alcalins ou alcalins terreux. Une série de réactions mettent donc le phosphate en solution et l'immobilisent tour à tour et presque simultanément.

De ces divers modes d'agir, on peut tout d'abord déduire ce principe que l'agriculture doit, pour obtenir la fertilité de ses terres, s'efforcer d'y entretenir constamment une proportion convenable d'humus, au moyen d'apports réitérés de matières organiques, là où cet élément fait défaut.

D'autre part, si les réactions dont les phosphates sont l'objet et qui permettent de mettre leur acide phosphorique à la disposition des plantes, sont favorisées par les éléments chimiques qu'ils rencontrent en plus ou moins grande proportion dans le sol, par les conditions climatériques et enfin par l'état d'humidité des terres, il convient d'ajouter que les transformations désirables de cet agent de fertilité, seront largement accélérées ou ralenties, suivant que celui-ci se trouvera dans le sol à l'état de plus ou moins grande division.

On ne saurait trop insister sur ce point, c'est que l'efficacité des phosphates s'accusera avec d'autant plus d'énergie que ceux-ci seront réduits en poussières plus fines. Les traitements chimiques que l'on fait subir à ces substances, et dont ils doublent et triplent même souvent le prix, ont précisément pour but de produire cet état d'extrême division, et il est certain que le phosphate employé à l'état de fragments grossiers, n'entrerait en circulation que dans une proportion fort minime, resterait longtemps dans le sol à l'état inerte, sans jouer aucun rôle dans l'alimentation végétale.

Cela est vrai non seulement pour les phosphates minéraux, mais aussi bien pour les os dont les morceaux peuvent se maintenir dans le sol pendant de longues années sans subir de modifications appréciables.

En résumé, on peut sans hésiter poser en principe que, de deux phosphates d'origine et de composition chimique identiques, le plus efficace sera celui qui offrira la plus grande ténuité, parce que c'est ce dernier qui se prêtera le plus facilement à la dissolution qui permet à la plante de l'utiliser.

Dans ces conditions, l'acheteur doit, dans ses marchés, exiger des garanties portant non seulement sur le titre en acide phosphorique des phosphates qui lui sont offerts, mais encore sur le degré de ténuité des poudres phosphatées.

Un mouvement très accentué se produit dans ce sens, et les laboratoires agricoles fixent leur attention sur ce point important.

Les sources d'acide phosphorique. — Les matériaux susceptibles de fournir l'acide phosphorique aux terres où il fait défaut ou auxquelles il a été enlevé par la culture, ne manquent pas.

Nous allons les passer en revue.

Phosphates naturels. — Pendant longtemps, les seuls engrais phosphatés employés par l'agriculture ont été les os, le noir animal, le sang desséché, et, en général, tous les engrais organiques. Ce n'est que depuis trente ou quarante ans, après les grands travaux géologiques et chimiques de Élie de Beaumont, Delanoue, Morris, Dufrenoy et de Molens (qui, le premier, soupçonna l'existence de gisements dont le monde agricole devait retirer des avantages si considérables), que les phosphates minéraux ou phosphates fossiles commencèrent à être connus et employés : ils vinrent compléter la restitution jusque-là insuffisante de l'acide phosphorique au sol, restitution sans laquelle celui-ci s'épuise, devient infertile et mène infailliblement à la ruine, comme l'antiquité nous en a donné de grands exemples. Une bonne récolte de froment enlève au sol 80 kilogrammes de phosphate de chaux par hectare, ou 20 kilogrammes environ d'acide phosphorique, de même les betteraves ; il faut donc lui en restituer.

Mais, depuis lors, on a découvert d'importants gisements de phosphate de chaux qui, mélangé à des proportions variables de carbonate de chaux et souvent de matières organiques, constituent, en divers points du globe, des amas considérables qu'on utilise, aujourd'hui, pour les besoins de l'agriculture.

En 1887, on comptait en France vingt et un départements possédant des gisements de cette nature, dont l'étendue embrassait 30.000 hectares, représentant environ 32 millions et demi de tonnes de phosphate de chaux d'une valeur de plus d'un milliard, valeur qui, par le travail, doit être centuplée.

Tous les gisements ne sont pas malheureusement encore exploités, mais il faut espérer qu'ils le seront tous dans un avenir plus ou moins rapproché.

Les départements qui en fournissent le plus et ceux dont les phosphates ont la plus riche teneur en acide phosphorique sont : la Meuse, les Ardennes, le Pas-de-Calais, la Somme, le Lot, le Gard, l'Yonne, le Cher, etc., etc. Ces phosphates se trouvent sous forme de nodules, de roches, de filons ou de sables phosphatés ; généralement dans l'étage géologique supérieur de la craie (Albien et Gault), comme dans l'Yonne, le Pas-de-Calais, l'Ardèche, la Marne, la Meuse, le Vaucluse, ou dans le Jurassique (lias inférieur), comme dans les Vosges, la Côte-d'Or, le Lot, etc.

Grâce à l'extrême abondance des phosphates extraits de ces gisements, et que l'on peut désigner sous le terme générique de phosphates minéraux, le prix de cette substance est devenu extrêmement minime et permet ainsi à l'agriculteur, moyennant un très faible sacrifice, d'augmenter dans de notables proportions la valeur de ses terres.

Aussi, ne saurait-on trop lui conseiller, en prévision du moment où ces gisements viendraient à s'épuiser, ce qui, naturellement, provoquerait le renchérissement du prix de cet élément, de profiter du faible taux actuel pour en constituer, dans le sol qu'il exploite, un stock qui, non plus comme l'azote, n'est exposé à aucune déperdition, lui reste acquis, et dont les récoltes successives profiteront sûrement.

Les phosphates minéraux ou naturels se rencontrent dans le sol sous trois états différents :

L'apatite ou chaux phosphatée cristallisée;

La phosphorite;

Les nodules.

Apatite. — L'apatite est du phosphate de chaux qui se présente en masses cristallines, d'une cassure vitreuse et inégale; c'est un minerai généralement très dur, ordinairement associé à des feldspaths, des quartz ou de l'amphibole dont il est à peu près impossible de le séparer mécaniquement. Sa couleur est variable et tire sur la nuance verdâtre, depuis le vert clair jusqu'au vert foncé; il est quelquefois violacé et souvent, enfin, il affecte une apparence laiteuse.

Les roches de cette nature n'existent pas en France, mais on en trouve d'importants gisements en Allemagne, en Espagne, en Norvège, en Russie et au Canada.

La teneur en acide phosphorique des apatites est très variable; elle peut aller de 27,50 à 33 0/0, correspondant à 60 et 70 0/0 de phosphate de chaux.

Nous dirons ici une fois pour toutes, afin que l'agriculteur puisse rapidement établir la valeur en acide phosphorique d'une fumure phosphatée dont on lui donne seulement la teneur en phosphate de chaux, que 16,033 d'acide phosphorique correspondent à 35 0/0 de phosphate de chaux tribasique.

En raison de son extrême dureté, ce minerai ne peut guère être ramené à l'état de division, c'est-à-dire réduit en poudre, condition essentielle de son assimilabilité par les végétaux; aussi ne l'utilise-t-on qu'après lui avoir fait subir une transformation chimique, c'est-à-dire converti en superphosphate au moyen de l'acide sulfurique, comme nous l'indiquerons plus loin.

Phosphorite. — Cette catégorie de phosphate tient le milieu entre l'apatite et les nodules; sa teneur en acide phosphorique est sensiblement la même que celle de l'apatite, et comme cette dernière elle est peu assimilable pour les plantes, quoique à un degré moindre de résistance. Quelques auteurs sont même disposés à l'admettre comme susceptible d'une utilisation directe, au lieu de limiter exclusivement son emploi à la fabrication des superphosphates. Il suffirait, suivant eux, d'augmenter l'efficacité de cette substance en la réduisant à un état de division aussi ténu que possible, en l'appliquant à doses élevées, et enfin en l'incorporant aux fumiers et aux composts.

Les phosphorites sont l'objet d'exploitations importantes en Espagne et en Allemagne ; mais en France, les seuls gisements exploités sont ceux du Lot qui fournissent les phosphates connus sous le nom de phosphates du Quercy et qui alimentent la Vendée, le Limousin et les départements du Sud-Ouest, où l'on en obtient de bons résultats par leur emploi direct dans les sols riches en matières organiques.

Nodules et coprolithes — On distingue sous ce nom un phosphate de chaux amorphe que l'on rencontre dans les terrains sédimentaires, sous forme de rognons arrondis, lisses ou mamelonnés, dont la grosseur varie de celle d'une noix à celle du poing.

Leur texture poreuse et friable permet de les réduire facilement en poudre et de les employer directement en agriculture, sans leur faire subir aucune préparation chimique. Leur assimilabilité par les végétaux est, d'après M. Grandeau, presque égale à celle de l'acide phosphorique rendu soluble dans l'eau.

Leur origine est manifestement organique, ainsi que le démontre la quantité de débris animaux qu'on y trouve incorporés.

Ces produits sont très sensibles à l'action atmosphérique; exposés à l'air pendant quelques mois, ils absorbent l'humidité, leur désagrégation est beaucoup plus facile que lorsqu'on vient de les tirer de la carrière, et ils sont plus facilement attaquables par les agents de décomposition chimique au contact desquels ils se trouvent lorsqu'ils sont incorporés dans le sol. M. Dehérain a observé que les nodules réduits en poudre, dosant environ 4 0/0 d'humidité et 0,25 0/0 de phosphate soluble dans l'acide acétique, contenaient, après trois mois d'exposition à l'air, près de 18 0/0 d'eau et 5 0/0 d'acide phosphorique soluble dans l'acide citrique.

Il y a des phosphates fossiles dans presque toutes les régions du globe et à peu près à tous les étages géologiques. En France, ils ne sont exploitables que dans les assises du *lias*, de l'*oolithe* et de la *craie*.

Le terrain *liasique* en est richement doté dans les départements des Ardennes, de la Meuse, de la Haute-Marne, de la Haute-Saône, de Meurthe-et-Moselle et de la Côte-d'Or. Ils y sont entourés de calcaire, d'argiles ferrugineuses ou de marnes schisteuses. Leur titre varie de 10 à 35 0/0 d'acide phosphorique.

Dans les couches *oolithiques*, ils ont moins d'importance. On les trouve enclavés tantôt dans l'argile grise, tantôt dans le calcaire, et notamment dans les crevasses de l'étage oxfordien. Ils sont généralement pauvres dans les mines du Calvados, du Cher et de la Nièvre (12 à 15 0/0 d'acide phosphorique). Ceux du Lot, du Tarn, du Tarn-et-Garonne et de l'Aveyron, connus sous le nom de *phosphates du Quercy*, sont riches à 30 et 35 0/0 d'acide phosphorique. Il est fâcheux qu'ils soient durs et compacts.

Le grand pourvoyeur de phosphates fossiles, en France, est le terrain *crétacé*, dans lequel il est réparti en cinq étages :

a — *L'étage néocomien* est remarquable par la richesse de ses phosphates, où l'on dose en moyenne 27 0/0 d'acide phosphorique, et parfois jusqu'à 36 0/0. Malheureusement, il n'est exploitable que sur un petit nombre de points du département du Gard, parmi des calcaires cristallins dont il comble les fissures.

b — *L'étage turonien* ou *craie grise* ne peut entrer en ligne de compte pour l'approvisionnement du territoire. Il ne fournit qu'une très minime quantité de phosphates, dont le titre en acide phosphorique ne dépasse guère 10 0/0.

c — Il en est autrement des assises du *cénamonien* ou *craie glauconieuse*. On y trouve à Pernes

(Pas-de-Calais), un filon étendu dosant 18 à 30 0/0 d'acide phosphorique.

d — Le *sénonien* ou *craie blanche* offre des bancs imposants de craie phosphatée, au milieu desquels se trouvent des poches coniques remplies de sables phosphatés d'une grande valeur. Le Nord, la Somme et l'Oise sont les départements où afflue surtout ce terrain. La découverte des phosphates de cet étage est presque d'hier; elle a eu un retentissement considérable, par suite de la facilité de leur extraction, et plus encore en raison de leur teneur élevée en acide phosphorique (jusqu'à 39 0/0). On les enlève avec une activité fiévreuse qui aura pour conséquence un épuisement rapide.

e — *L'étage albien* est la source principale des phosphates français; il en fournira longtemps après les autres. On les y rencontre dans des *sables verts*, dans une argile nommée *gault*, qui leur est superposée, puis dans une roche fréquemment associée aux couches précédentes : la *gaize*.

Les sables verts sont très répandus dans les départements de la Meuse, de l'Ardèche, de la Drôme, de l'Yonne, de l'Ain, de l'Isère, de Vaucluse. Les phosphates y titrent de 14 à 22 0/0 d'acide phosphorique. A elle seule, la Meuse peut en donner 24 millions de tonnes.

La gaize couvre également une assez grande surface dans les Ardennes et dans la Marne, où elle forme de puissants gisements de phosphates ayant de 16 à 24 0/0 d'acide phosphorique et évalués, pour le seul département des Ardennes, à plus de 160.000 tonnes.

Le gault est moins bien partagé. On le trouve cependant dans la plupart des départements que nous venons de nommer, notamment dans le Pas-de-Calais où il fournit les phosphates dits du *Boulonnais*. C'est encore lui qui, dans le Cher, est la seule source des phosphates fossiles.

Les gisements de ces divers étages sont généralement exploités à ciel ouvert, la plupart d'entre eux étant situés à des profondeurs de trois, six ou sept mètres au plus. Lorsqu'ils sont plus bas placés, comme dans la Meuse, on les extrait en creusant des puits et des galeries qui descendent rarement au-dessous de 10 mètres. Si le phosphate affecte la forme de rognons un peu volumineux, on nettoie ces rognons en les *fanant*, c'est-à-dire en les secouant sur un crible métallique, ou en les faisant fouler par des femmes et des enfants chaussés de sabots. Le fanage ne donne de bons résultats qu'autant que l'enveloppe des nodules n'est pas trop argileuse. Dans le cas contraire, il faut le remplacer par le lavage à grande eau. Souvent les deux opérations sont combinées pour augmenter la richesse des produits. Effectivement, les phosphates, fanés seulement, contiennent de 14 à 16 0/0 d'acide phosphorique; lavés à la main, ils en renferment 16 à 18 0/0, et 18 à 20 0/0 quand le lavage a été réitéré deux fois au laveur mécanique. On les sèche ensuite au soleil ou dans des fours, puis on les pulvérise grossièrement sous des meules.

Là se borne trop souvent la préparation de cet engrais. Ce n'est pas assez. Son action sur les plantes est d'autant plus prompte que sa ténuité est plus grande. Le tamisage de la poudre, à un tamis serré, devrait être le complément obligé de la pulvérisation. Il n'est malheureusement pratiqué que d'une manière accidentelle et avec des toiles d'une finesse presque toujours insuffisante. L'acheteur devrait imposer au vendeur un blutage déterminé; le passage à la toile numéro 100 ou numéro 110 est le minimum qu'on doive exiger, si l'on tient à une fertilisation sérieuse.

Tout en constituant l'un des éléments de solubilité les plus importants, la ténuité ne suffit pas à garantir l'efficacité d'un phosphate fossile; il faut aussi tenir grand compte de son origine, en raison de la texture particulière qui s'y trouve liée.

C'est ainsi que les phosphates de l'Auxois (Côte-d'Or), les plus solubles peut-être parmi ceux que nous possédons, devraient être les plus recherchés. Leur légèreté exceptionnelle, leur friabilité, jointes à un titre élevé en acide phosphorique, leur donnent une valeur agricole très grande, mais qui est à peine appréciée. Leur couleur, d'un blanc jaunâtre, leur aliène à tort les faveurs des agriculteurs; on ne les extrait guère que pour les transformer en supersphophate. C'est une faute lourde.

Après ces phosphates, les meilleurs sont ceux de l'étage albien et du néocomien (Meuse, Ardennes, Pas-de-Calais, Yonne. etc.). Ils sont verdâtres ou d'un gris plus ou moins foncé, amorphes et, par suite, aussi solubles que peuvent l'être des produits de cette nature.

Les phosphates du Quercy sont beaucoup moins bons. Leur dureté les rend difficilement attaquables; le sol ne peut en tirer parti que très lentement. Ce sont eux qu'on devrait réserver à la fabrication des superphosphates.

A plus forte raison, l'agriculteur doit-il s'éloigner des produits de la Somme, principalement de ceux qui sont rougeâtres et qui proviennent des sables phosphatés. Leur structure cristalline les rapproche de l'apatite et les rend très réfractaires à la dissolution par le sol et par les racines.

Comme ils contiennent toujours une certaine quantité de phosphate amorphe, ils manifestent ordinairement quelque action la première année de leur enfouissement. Mais là s'arrête leur pouvoir fertilisant; la partie amorphe dissoute, l'autre reste ensuite inattaquée, très longtemps si ce n'est toujours. Il sera prudent de les délaisser, tant que des expériences précises et multipliées n'auront pas démontré que les forces naturelles du sol parviennent à les rendre absorbables. Ils ont, d'ailleurs, leur emploi assuré à l'état de superphosphate.

Les préférences des phosphates fossiles pour les différents terrains sont exactement celles du phosphate précipité ; de même, la manière dont ils s'y comportent. Il faut noter seulement, à leur désavantage, que formés exclusivement de phosphate tribasique, ils sont moins attaquables que le phosphate bibasique. Aussi est-il bon de faciliter leur dissolution par tous les moyens possibles. A cet effet, il faut, nous le répétons, les prendre dans un état de division très grand et, de plus, leur associer des éléments propres à faciliter leur dissolution.

M. Risler a démontré qu'il existe dans le sol une combinaison d'acide phosphorique et de matière organique, grâce à laquelle le phosphore pénètre aisément dans les végétaux. Il est donc utile de favoriser la formation de composés de ce genre. Pour y parvenir économiquement, on mélange les phosphates fossiles avec des plantes vertes, avec de la tourbe ou avec du fumier. Les mélanges avec le fumier peuvent être réalisés, soit en répandant le phosphate à l'écurie, sur la litière, soit en le stratifiant avec le fumier au fur et à mesure qu'on retire celui-ci des étables. Le premier mode est peut-être préférable au second; cependant les deux peuvent être indifféremment employés. La dose de phosphate à introduire ainsi dans le fumier ou dans les autres matières végétales peut être calculée sur la quantité réclamée par les cultures prévues ; mais un excès de phosphate ne présente aucun inconvénient et nous répéterons que, bien au contraire, en l'état actuel des choses et alors que les phosphates sont tenus à des prix qui risquent de subir une majoration peut-être avant qu'il soit longtemps, il y aura tout intérêt pour le cultivateur à emmagasiner dans ses terres de forts stocks d'acide phosphorique dont la déperdition n'est pas à craindre et qui profiteront aux récoltes de l'avenir.

Phosphates d'os. — Les os bruts ou os verts qui s'accumulent dans les ateliers d'équarrissage et qui sont recueillis dans les boucheries et dans les ménages, constituent une source importante d'engrais et, notamment, d'acide phosphorique.

100 parties d'os frais, renferment en moyenne :

Acide phosphorique. . .	20	parties.
Azote	5 à 6	—
Carbonate de chaux. . .	4	—

Mais pour être utilisés directement par l'agriculture, ces produits doivent, au préalable, subir certaines préparations.

Os dégraissés. — En premier lieu, ils doivent être dégraissés, sans quoi leur efficacité serait moindre, attendu que la graisse les protégerait contre l'action dissolvante du sol.

L'opération du dégraissage est très simple ;

voici en quoi elle consiste : les os sont préalablement concassés en morceaux plus ou moins grossiers, de la grosseur moyenne d'une noix, que l'on fait chauffer pendant quelques heures dans l'eau bouillante. La graisse remonte à la surface, on la recueille et les os, après dessiccation, sont réduits en poudre au moyen du broyage.

Aujourd'hui, on procède dans beaucoup d'usines au dégraissage des os par le moyen du sulfure de carbone, de la benzine ou de l'essence de pétrole. Le dissolvant soumis à la distillation est régénéré et laisse la graisse comme résidu. Quant aux os, on les débarrasse du sulfure de carbone ou de l'essence dont ils sont imprégnés, en les soumettant à un courant de vapeur ou d'air chaud.

Après cette opération, on soumet les os au broyage et on en obtient une poudre d'os qui n'est pas encore complètement exempte de graisse et, comme telle, ne peut pas être pulvérisée aussi finement qu'il serait désirable ; en outre, cette graisse bien que subsistant dans les poudres de ce genre, en proportions très limitées, n'en contrarie pas moins l'action que pourraient exercer sur elles les réactifs du sol lorsqu'elles y sont incorporées.

Le produit ainsi obtenu est cependant digne en tous points d'être recherché par l'agriculture ; il constitue un engrais en même temps phosphaté et azoté dont les principes sont facilement assimilables par le sol.

Sa teneur centésimale en éléments fertilisants est moyennement la suivante :

Azote	3,5 à 4,0
Acide sulfurique	20,0 à 26,0
Chaux	30,0 à 32,0

Dans le commerce, le prix de cet engrais varie, généralement, de 13 à 15 francs les 100 kilogrammes, suivant sa richesse : on doit calculer ce prix en attribuant une valeur de 1 fr. 50 c. au kilogramme d'azote et de 0 fr. 35 c. au kilogramme d'acide phosphorique.

Mais ce produit, en raison de son prix élevé, est l'objet de fraudes multiples contre lesquelles on ne saurait trop se mettre en garde ; on le mélange à une foule de substances inertes : cendres de tourbe, plâtre, brique pilée, coquilles pulvérisées, ou bien encore à des substances phosphatées moins assimilables, telles que déchets de fabrique d'ivoire végétal, cendres d'os, phosphates naturels, etc. Aussi l'acheteur devra-t-il, prudemment, recourir à la garantie de l'analyse sans laquelle il risquerait souvent d'être trompé.

La poudre d'os dégraissés, lorsqu'elle est placée dans des endroits humides, ne tarde pas à entrer en fermentation et à perdre ainsi des quantités notables d'azote; il est donc important de la conserver dans des locaux très secs.

Os dégélatinés. — La presque totalité de la matière azotée dans les os y est à l'état d'osséine qui se transforme en gélatine et qui, sous cette dernière forme, a une valeur bien supérieure à celle que la paie l'agriculture. Aussi l'industrie a-t-elle intérêt à extraire d'abord cette substance, ce qu'elle fait en chauffant les os dégraissés dans des autoclaves, sous la pression de deux ou trois atmosphères.

A leur sortie de l'autoclave, les os sont blancs, d'une grande friabilité, ce qui permet de les réduire en poudre très fine que l'on désigne dans le commerce sous le nom de farine d'os.

La composition centésimale de ce produit est d'environ :

Azote	3.0 à 4.5
Acide phosphorique. . . .	27.5 à 29.8

La valeur de cet engrais, dont il se fait un commerce très important et qui est très recommandable au point de vue de sa puissance fertilisante, doit être calculée d'après les mêmes données que celles attribuées à la poudre d'os, c'est-à-dire à raison de 1 fr. 50 c. le kilogramme d'azote et de 0 fr. 35 c. le kilogramme d'acide phosphorique.

Comme la poudre d'os, la farine est l'objet de nombreuses adultérations et ne saurait, prudemment, être achetée sans la garantie de l'analyse.

Cendres d'os. — On désigne, dans le commerce, sous le nom de cendres d'os, un engrais phosphaté résultat de la calcination à l'air libre, des os fossiles de ruminants que l'on rencontre accumulés, en amas considérables, dans les immenses pampas de l'Amérique du Sud et qui, après carbonisation, sont réduits en poudre.

Ces produits contiennent, généralement, de 66 à 78 0/0 de phosphates de chaux et de magnésie; ils se trouvent presque toujours mélangés avec de grandes quantités de matières sableuses.

Leur valeur est déterminée suivant leur teneur en acide phosphorique que l'on doit absolument faire fixer par l'analyse.

Utilisation des os à la ferme. — Les os dont on peut disposer dans une ferme et provenant soit du ménage, soit du dépeçage des animaux morts, soit même d'achats directs dans le voisinage, constituent un produit précieux que l'on ne saurait trop recommander de ne pas négliger.

Mais avant de les utiliser, il est nécessaire de leur faire subir une préparation qui a pour but d'abord de les débarrasser de la matière grasse dont ils sont imprégnés, et qui, outre qu'elle s'opposerait à leur dissolution dans le sol, rendrait presque impossible leur broyage.

A cet effet, après les avoir grossièrement concassés, on peut les soumettre à un ébouillantage dans de l'eau, assez prolongé pour séparer le suif et une partie de la gélatine; le liquide ainsi obtenu peut être employé à l'alimentation des porcs ou à l'arrosage des fumiers et des composts. On peut encore séparer les matières grasses en faisant subir aux os concassés, sur la sole d'un four, un grillage assez léger pour ne pas perdre l'azote. Les os ainsi traités deviennent secs et friables, et on peut facilement les réduire en poudre en les passant dans des cylindres cannelés ou, mieux encore, au moulin à farine.

Le meilleur procédé serait de les convertir en superphosphate au moyen de l'acide sulfurique, suivant la méthode que nous indiquons plus loin. Dans la pratique, on peut se borner à les laisser en contact, pendant une huitaine de jours, à raison de 220 à 250 kilogrammes d'os concassés dans un poids égal d'acide sulfurique à 50 ou 60 degrés Baumé. Le magma ainsi obtenu est incorporé au fumier ou employé en nature, après avoir été absorbé dans son double poids de terre; quelques-uns se servent de noir animal.

Quelquefois enfin, on se borne à mettre les os en tas, à les recouvrir de terre et à les abandonner à la fermentation jusqu'à ce qu'ils soient faciles à broyer, ou bien encore on les enfouit dans les fumiers où ils se désagrègent facilement.

Noir animal. — Le noir animal est le résultat de la calcination des os en vase clos, puis refroidis dans un étouffoir et ensuite concassés entre des cylindres cannelés. On obtient ainsi le *noir en grain* qu'on sépare du *noir en poudre* ou *noir fin* par le blutage.

Le *noir en grain* est employé dans les fabriques de sucre pour la décoloration des jus et des sirops. Après avoir été utilisé pour une première filtration, on le revivifie, c'est-à-dire qu'on le soumet à une nouvelle calcination en vase clos, après l'avoir abandonné quelque temps en contact avec de l'eau acidulée d'acide chlorhydrique. Lorsque ce noir a subi de nombreuses revivifications et qu'il a perdu toutes ses propriétés décolorantes, il est livré à l'agriculture qui l'apprécie en raison de sa richesse en phosphate, laquelle varie d'ordinaire entre 65 et 75 0/0 et qui ne doit le payer que suivant sa teneur en acide phosphorique, rigoureusement déterminée par l'analyse.

Quant aux *noirs en poudre* ou *noirs fins*, ils sont utilisés par les raffineries de sucre en vue de la clarification du sirop résultant de la fonte des sucres bruts, mais mélangés à un tiers ou un quart de leur poids de sang défibriné. En raison de cette addition, ces noirs qui, d'ailleurs, ne subissent pas, comme les *noirs en grain*, des revivifications multipliées, sont plus riches que ceux-ci en matières organiques azotées et d'une teneur sensiblement égale en phosphates.

Leur composition centésimale en principes fertilisants peut s'établir moyennement comme suit :

Azote	1.5 à 2.0
Phosphate de chaux .	55.0 à 65.0

Les noirs de sucrerie et de raffinerie sont l'objet de fraudes nombreuses. On les mélange avec des matières inertes, telles que charbon tamisé, tourbes ou argiles noircis, ou encore avec des phosphates naturels également artificiellement noircis et dont la valeur est beaucoup moindre que celle des noirs dont la faculté d'assimilation est plus considérable.

Si on les achète au poids, le fraudeur en augmente la pesanteur en les humidifiant.

On ne saurait donc prendre des précautions trop sévères à l'encontre des adultérations dont on peut être la victime quand on achète ces engrais. Du reste, leur emploi en agriculture, autrefois fort répandu, est aujourd'hui fort limité, par suite des perfectionnements apportés dans l'industrie sucrière, lesquels permettent de recourir en quantités infiniment moindres, aux services que lui rendaient ces produits.

Scories de déphosphoration. — On désigne sous ce nom un produit industriel qui, depuis quelque temps, prend une place considérable dans l'application agricole, parmi les agriculteurs intelligents qui comprennent enfin la nécessité d'enrichir leurs terres en principes fertilisants susceptibles d'accroître la vitalité de la végétation.

Les scories de déphosphoration constituent un sous-produit de la fabrication des aciers ; on les désigne encore sous le nom de phosphate métallurgique ou de phosphate Thomas.

Les minerais de fer sont souvent très chargés

d'acide phosphorique; on en trouve qui en contiennent plus de 1 0/0. Cet acide est réduit pendant le traitement dans les hauts fourneaux, et le phosphore passe dans la fonte à l'état de phosphure de fer; c'est un grand inconvénient pour la transformation du fer en acier. Avant cette conversion, la fonte doit donc être débarrassée de phosphore. MM. Thomas et Gilchrist ont imaginé, dans ce but, un procédé qui est employé sur une vaste échelle dans la métallurgie du fer.

Dans un récipient en forme de poire, ouvert par le haut et qui peut basculer sur son axe horizontal, on verse la fonte en fusion, et, par des trous placés dans la partie inférieure de la poire, on insuffle de l'air avec violence à travers le métal fondu; le carbone, le silicium, le phosphore s'oxydent ainsi qu'une certaine quantité de fer; mais pour que cette oxydation permette d'éliminer les corps auxquels elle donne naissance, il faut que ceux-ci puissent s'unir à une base. A cet effet, on a revêtu de pierre à chaux les parois intérieures de la poire et on a ajouté au métal en fusion environ 20 0/0 de chaux. Cette base s'empare des acides produits et forme avec eux de véritables scories contenant du carbonate, du silicate, du phosphate et du sulfate de chaux, ainsi que du fer à l'état de protoxyde et de l'oxyde de manganèse. Quelquefois, le calcaire est remplacé, dans cette opération, par la bauxite, la dolomie et contient alors de notables quantités de magnésie. Cette scorie, qui se présente en fragments noirs avec des boursouflures, est souvent mélangée de parcelles de fer. Avant son emploi agricole, elle était regardée comme de nulle valeur ; aujourd'hui, l'agriculture l'utilise en grandes quantités.

En sortant des appareils, les scories en fusion se figent par le refroidissement ; elles constituent une masse dure avec boursouflures. Celles qui sont pauvres en acide phosphorique se délitent facilement au contact de l'air et peuvent alors être employées directement à la fumure des terres; quant aux autres, et en particulier celles qui sont les plus riches, elles résistent beaucoup plus longtemps, et il est nécessaire d'en opérer la désagrégation préalable au moyen de broyeurs et de meules; elles sont donc employées à l'état de poudre plus ou moins grossière.

La désagrégation est indispensable; elle a une influence prédominante sur l'utilisation de l'acide phosphorique.

Les matières pulvérisées subissent des tamisages ou des blutages. Les scories fournies par le commerce se présentent, actuellement, sous plusieurs formes : à l'état brut; après délitage à l'air et tamisage; après broyage sommaire; après mouture fine. Les prix varient suivant l'état de finesse dont dépend l'utilisation.

On a cherché à concentrer l'acide phosphorique des scories, soit en enlevant la chaux en excès par le sucre, soit en laissant refroidir lentement dans des bacs les laitiers qui se séparent en deux couches, celle du haut pouvant contenir 35 0/0 d'acide phosphorique, soit par des procédés chimiques dans le détail desquels il est inutile d'entrer ici.

La composition des scories de déphosphoration varie avec le contact plus ou moins prolongé de la fonte, avec la composition de celle-ci et avec les proportions et la nature de la matière calcaire ou magnésienne qu'on y ajoute. La proportion d'acide phosphorique peut varier de 7 jusqu'à 20 0/0; mais on peut admettre une moyenne de 12 à 15 0/0, s'élevant de 16 à 18 0/0 pour certaines usines.

La chaux libre ou faiblement combinée des scories agit d'ailleurs sur le sol comme un véritable chaulage.

Cette nouvelle source d'acide phosphorique, le principe fertilisant par excellence, est une des plus précieuses découvertes qui ait été faites au profit de l'agriculture, qui y trouve, à un prix ordinairement minime, une substance de la plus grande valeur pour l'amélioration des sols.

On a fait de très nombreux essais pour comparer entre eux les divers engrais phosphatés, scories de déphosphoration, phosphates fossiles, superphosphates, le point intéressant était surtout de savoir si les scories qui contiennent l'acide phosphorique sous la forme de phosphates insolubles, ont la même valeur fertilisante que les phosphate solubles et notamment que les superphosphates dont le prix est très élevé.

Ces expériences sont toutes concordantes et ont presque généralement établi la preuve que les scories fournissaient une production plutôt supérieure à tous égards.

En résumé, la preuve n'est plus à faire, actuellement, que les scories de déphosphoration constituent une matière fertilisante de premier ordre. Cela résulte nettement des conclusions formulées par les professeurs les plus autorisés qui se sont occupés de la question, M. Grandeau en France, M. Stutzer en Allemagne, M. J. Wrightson en Angleterre, M. Petermann en Belgique, etc.

Ce produit n'était, naguère, consommé que dans les localités voisines des centres de production : mais, maintenant, les usines qui peuvent en disposer, les exportent dans tous nos centres agricoles et même en Suisse.

Pour le centre de la France, la puissante usine du Creuzot, à raison des quantités considérables de minerais de fer qu'elle met en œuvre et de la teneur en acide phosphorique (12 à 18 0/0) que contiennent les scories de déphosphoration qui en proviennent, est particulièrement sollicitée par les agriculteurs qui ont su se rendre compte de la valeur de ces produits.

Au nord, les agriculteurs s'adressent aux usines métallurgistes de Meurthe-et-Moselle, de la Meuse et du Nord et, parmi celles-ci, aux aciéries de Longwy à Mont-Saint-Martin (Meurthe-et-Moselle), dont les scories de déphosphoration peuvent renfermer jusqu'à 19 0/0 d'acide phosphorique.

Les scories de déphosphoration sont le plus généralement, aujourd'hui, livrées par les usines à l'état de poudre plus ou moins fine. Leur prix est naturellement subordonné au degré de ténuité dont dépend la rapidité de l'utilisation par les plantes, en même temps qu'à la teneur en acide phosphorique garantie par facture. Le Creuzot cote ses scories, mouture très fine, dosant de 12 à 18 0/0 d'acide phosphorique, au prix moyen de 3 fr. 40 c. les 100 kilogrammes. L'agriculteur doit, du reste, avant d'acheter, demander les prix courants des maisons qui disposent de ces produits, ainsi que des échantillons et ne passer ses ordres qu'aux vendeurs qui lui consentiront les conditions les plus avantageuses.

CHAPITRE XI

Les superphosphates. La valeur fertilisante comparée des phosphates et des superphosphates : diversité d'opinions. — Rétrogradation des phosphates solubilisés.— Fabrication des superphosphates : attaque du phosphate. — Composition générale des superphosphates commerciaux. — Phosphate précipité. — Emploi des phosphates.

Les superphosphates. — Les divers produits phosphatés que nous venons de passer en revue se trouvent à l'état de phosphate tribasique de chaux PhO^5, $3CaO$, insoluble dans l'eau, très faiblement soluble dans les liquides du sol chargés d'acide carbonique, ainsi que dans les matières organiques.

Partant de cette idée que les matières fertilisantes qui sont données au sol sous une forme soluble, sont plus facilement assimilables par les plantes et conséquemment plus efficaces à la végétation, Liebig vers 1840 conseilla de solubiliser l'acide phosphorique des os, au moyen de l'acide sulfurique.

C'est de là que naquit l'industrie des superphosphates que l'on désigne aussi sous le nom de phosphates acides de chaux, lesquels sont solubles dans l'eau et par suite considérés par les agriculteurs qui recherchent ces produits, comme étant directement assimilables, tandis que les phosphates non traités ne sont utilisés par les plantes qu'après avoir subi les réactions du sol.

Comme conséquence de cette manière de voir, le prix de l'acide phosphorique dans les phosphates insolubles est généralement doublé dans les superphosphates.

Peu de questions ont fait répandre plus d'encre que celle des phosphates et superphosphates de chaux. Les discussions dont elle a été et est encore l'objet dans presque tous les journaux et revues agricoles ou scientifiques, semblent prouver qu'elle présente, dans l'état actuel de la science agricole, bien des points obscurs, et il serait, croyons-nous, téméraire de tirer des conclusions précises de tout ce qui a été dit sur ce sujet.

L'étude de l'assimilation de l'acide phosphorique est encore dans la période expérimentale et les nombreuses expériences qui ont été faites aux champs ou dans les laboratoires n'ont pas jusqu'ici donné de résultats certains et constants.

Si tout d'abord les phosphates naturels furent employés tel qu'on les trouvait dans le sol, après une simple opération de broyage et concuremment avec les engrais phosphatés provenant des os, puis si plus tard on délaissa ceux-ci pour se rejeter avec un engouement général sur les superphosphates, afin, prétend-on, de permettre à l'acide phosphorique d'être absorbé plus facilement et plus rapidement par les organes des végétaux, on tend, actuellement, à remplacer dans beaucoup de cas les superphosphates par les phosphates minéraux n'ayant subi aucune préparation et qui tout en revenant à bien meilleur marché, ont, au dire de nombre d'expérimentateurs, un effet aussi rapide et aussi efficace.

Il est des cas où le doute, à cet égard, n'est plus possible, dans les défrichements de landes et de bruyères par exemple, qui occupent encore une grande surface en France, principalement en Bretagne, où dans beaucoup d'endroits il suffit d'apporter de la chaux et de l'acide phosphorique pour faire d'un terrain riche en humus et un peu acide une excellente terre à prairies ou à céréales. Là, nul doute que le phosphate minéral employé après une simple et économique pulvérisation soit une excellente chose; l'acide phosphorique y devient assimilable, manifeste son effet de suite, et ce serait même une faute d'employer le superphosphate acide dans une terre qui l'est déjà.

Mais les terres cultivées depuis longtemps ont aussi besoin de phosphate, car il est urgent de ne pas les laisser s'épuiser, de leur rendre ce que la culture leur enlève; il y a donc un grand intérêt à savoir si, dans la culture intensive, si pour les céréales, betteraves, trèfle, etc., l'acide phosphorique, pour être assimilé rapidement et faire son effet de suite sur les plantes cultivées (ceci bien entendu pour un phosphate et un sol donnés) a besoin de provenir d'un phosphate ayant été traité par l'acide sulfurique, c'est-à-dire d'un supersphosphate.

Or, malgré les affirmations contradictoires émises à ce sujet, on peut dire que, en l'état actuel, personne n'est fixé sur la question, que celle-ci reste controversée, mais que cependant les autorités agricoles les plus dignes d'être écoutées, sont plutôt disposées à admettre l'emploi des phosphates naturels, préférablement aux superphosphates, à raison des prix élevés auxquels sont maintenus ces derniers.

Certes, si par suite de perfectionnements dans l'industrie de la fabrication des superphosphates, on parvenait à les produire à un plus bas prix de revient, la face de la question pourrait changer, quoiqu'on leur reconnaisse l'inconvénient de rétrograder, c'est-à-dire de revenir en terre, au bout d'un certain temps à l'état de simples phosphates. Mais jusqu'à présent la différence de prix est trop considérable pour que beaucoup de cultivateurs ne soient pas tentés de les délaisser pour les phosphates qui semblent, d'après les récents travaux des agronomes, ne pas leur être de beaucoup inférieurs au point de vue de l'effet utile produit.

Voici, sur cette question, les judicieuses observations présentées par M. L. Grandeau, le savant inspecteur des stations agronomiques de l'Est :

« On admettait presque comme un axiome, autrefois, que seul le superphosphate, c'est-à-dire le produit résultant du traitement des phosphates naturels par l'acide sulfurique, devait, à part le cas des landes ou des terrains acides, être considéré comme actif sur la végétation. A peine consentait-on à attribuer une action fertilisante au phosphate précipité et l'on regardait, comme à peu près sans valeur, le phosphate brut réduit en poudre.

» L'expérience est venue détruire cette doctrine aussi inexacte qu'elle était préjudiciable à la bourse des cultivateurs. Lentement, mais sûrement, on est arrivé à se convaincre, par les essais culturaux, que, dans presque tous les sols, le phosphate précipité (phosphate à deux équivalents de chaux) produit d'aussi bons résultats que le superphosphate; d'autre part, les praticiens ont constaté, en répétant et multipliant les expériences des agronomes, que le phosphate brut finement moulu et les scories de déphosphoration cèdent à la plante leur acide phosphorique, tout comme le superphosphate et le phosphate précipité.

» A peine faut-il aujourd'hui faire, sur ce point, des réserves en ce qui concerne certaines terres, notamment celles où domine le calcaire. Bref, l'usage des phosphates insolubles dans l'eau s'est de plus en plus généralisé, au grand bénéfice de l'agriculture et le temps viendra, j'en suis absolument convaincu, où le cultivateur renoncera à payer deux fois plus cher l'acide phosphorique dans un engrais que dans un autre. Les superphosphates dépassent rarement une richesse de 15 0/0 en acide phosphorique, soit une teneur en phosphate de chaux de 32 à 33 0/0 : il résulte de là, surtout pour les régions agricoles éloignées des centres de fabrication de superphosphate, une majoration dans le prix de transport qui peut aller du simple au double. Une tonne de phosphate de la Somme, par exemple, contenant 600 à 650 kilogrammes de phosphate de chaux, coûtera 30 francs pour arriver chez un cultivateur du Midi. La quantité correspondante d'acide phosphorique, sous forme de superphosphate, coûtera le double environ pour parvenir au même point. Ce sera à l'agriculteur à apprécier, d'après l'expérience qu'il aura faite des résultats comparatifs des deux formes de phosphate, l'intérêt qu'il a à préférer l'un à l'autre, car, je le répète, il peut seul être juge de la plus-value à accorder au superphosphate, d'après les effets de celui-ci sur sa terre.

» Mais, et c'est là le point important, n'y a-t-il pas un moyen simple et beaucoup plus économique que le traitement par l'acide sulfurique, de hâter l'assimilation du phosphate naturel par la plante, dans les sols où l'on a constaté la supériorité de l'acide phosphorique soluble sur l'acide insoluble?

» Ce moyen existe; la nature nous le révèle, et l'expérience confirme la valeur des indications qu'elle nous donne. Dans les terrains riches en détritus organiques : terres de bruyère, landes, le phosphate minéral est l'engrais phosphaté économique par excellence. Dans les sols naturellement très fertiles : terres noires de Russie, de Hongrie, et dans les sols anciennement et abondamment fumés, dans les terres maraîchères dont on connaît la fertilité, etc., on rencontre l'acide phosphorique associé à la matière organique provenant de la décomposition très avancée des résidus des végétaux spontanés, chez les premières (Russie, etc.), du fumier chez les autres. Le terreau ou *humus* offre aux racines des plantes les phosphates à un état tout aussi assimilable que le superphosphate. Le procédé est donc tout trouvé et rien n'est plus aisé, dans la plus modeste exploitation comme dans la plus grande, que de fabriquer avec du phosphate en poudre, d'un prix peu élevé, un engrais égal, sinon supérieur au superphosphate. Il suffit d'épandre tous les jours sur la litière de l'étable ou de l'écurie une quantité de phosphate minéral en poudre, dont on fera varier la quantité avec la richesse en acide phosphorique qu'on voudra donner au fumier.

» Prenons un exemple de cette fabrication de

l'engrais que je baptiserais volontiers d'engrais phosphaté universel. Voilà une exploitation rurale qui compte 30 têtes de gros bétail, soit 20 vaches laitières et 10 chevaux. Convenablement nourries, ces 30 bêtes fourniront, dans une année, environ 215 à 220 tonnes de fumier. Admettons le chiffre maximum de 220.000 kilogrammes : ce fumier contiendra naturellement environ 560 kilogrammes d'acide phosphorique.

» Supposons que l'assolement de l'exploitation en question comporte la répartition de 220.000 kilogrammes de fumier sur 30 hectares. On apporterait ainsi environ 18 kilogrammes d'acide phosphorique par hectare, chiffre insuffisant dans la plupart des cas. Admettons maintenant qu'on ait répandu par jour, durant l'année, 2 kilogrammes de phosphate d'une richesse de 18 0/0 sous chaque bête. On se trouvera avoir enrichi le fumier de près de 4.000 kilogrammes d'acide phosphorique (3.942 kilogrammes) avec une dépense maximum pouvant varier, suivant la région, depuis 700 francs dans le Nord jusqu'à 1.300 francs dans le Midi. Réparti sur 30 hectares, ce phosphate ajouté représentera un apport en acide phosphorique de 133 kilogrammes par hectare, avec une dépense de 25 francs dans un cas et de 43 francs dans l'autre. La même quantité d'acide phosphorique, sous forme de superphosphate, eût coûté dans le Nord 66 fr. 05 c., dans le Midi 113 francs environ.

» Les matières organiques des excréments et de la litière se chargeant de remplir ici, gratuitement, le rôle de l'acide sulfurique, on rendrait, sans aucuns frais, l'acide phosphorique rapidement assimilable par les plantes.

» A défaut de fumier, des composts de tourbe, bruyère, feuilles, branchettes et autres débris végétaux associés par lots avec du phosphate minéral et arrosés de temps à autre, produiront un résultat voisin de celui qu'on obtient à l'étable. Du fumier ainsi traité, enfoui à l'automne, apporte au sol une quantité d'acide phosphorique dont les effets se feront sentir sur les rendements pendant trois ou quatre ans au moins. Si, au printemps suivant, on fournit à la terre, sous forme de nitrate de soude, le complément nécessaire d'azote exigé par la récolte, l'excédent de production convaincra le cultivateur de la possibilité de substituer, avec grande économie, le phosphate minéral en poudre au superphosphate. Si l'on juge utile pour certaines cultures d'automne d'enrichir le compost ou le fumier en azote, on aura recours au sang desséché et autres matières riches en azote insoluble.

Toutefois, M. L. Grandeau fait des réserves, car il écrivait d'autre part :

« Loin de moi la pensée de combattre systématiquement le choix de telle ou telle forme d'engrais phosphaté ; seule, l'expérience individuelle peut prononcer à ce sujet. Les indications que l'observation intelligente des faits, dans chaque cas particulier, fournit à un cultivateur, peuvent à juste titre le guider dans son choix, indépendamment de toute question théorique. Les facteurs d'où dépend le rendement d'un champ sont si nombreux qu'on ne saurait, en agriculture, moins qu'en tout autre industrie, tracer des règles absolues, doctrinales, applicables partout.

« C'est donc à l'expérience locale, c'est-à-dire faite dans des conditions susceptibles de mesure, d'appréciations plus ou moins rigoureusement établies, qu'il faut demander une solution applicable pour le terrain qu'on envisage. La généralisation *a priori* des conclusions d'une expérience locale n'est permise que si on l'applique à des sols et à des milieux à peu près identiques à ceux qu'on a étudiés. »

C'est donc, conclurons-nous, à la suite d'expériences comparatives judicieusement conduites, que l'agriculteur pourra se rendre exactement compte, s'il est plus avantageux pour lui d'employer l'acide phosphorique sous la forme de phosphate fossile, valant, comme celui des Ardennes, par exemple, qui dose de 20 à 22 0/0 et qui coûte 6 fr. 20 les 100 kilogrammes, ou bien le superphosphate de chaux dosant 14 0/0 et coûtant 9 fr. 50 les 100 kilogrammes.

M. Lecouteux traitant cette question, dernièrement, dans le *Journal d'agriculture pratique*, se livrait à cet égard à un calcul d'où il résultait que dans une culture de blé, par exemple, si on mettait 100 kilogrammes d'acide phosphorique: 1° sous forme de phosphate, 2° sous la forme de superphosphate, il faudrait pour couvrir les frais de phosphatage, un excédent de récolte de 150 kilogrammes dans le premier cas et de 340 kilogrammes dans le second, en prenant 20 francs comme prix de vente du quintal de blé.

Ce qui serait mieux encore et ce qui serait le seul moyen de résoudre la question d'une manière définitive, ce serait d'instituer beaucoup de champs d'expériences, dans beaucoup de conditions différentes, et pendant de longues périodes, car ce qu'une récolte n'utilise pas, une autre en profitera; le phosphate mis dans une terre est un capital qui ne sera jamais perdu.

Pour l'instant, nul ne saurait donner le rapport du prix des engrais avec les résultats qu'ils donnent, bien que toutefois nous soyons personnellement disposé à admettre que l'action des phosphates naturels, c'est-à-dire non immédiatement assimilables, est sensiblement égale à celle des phosphates solubles et que, dans tous les cas, les propriétés supérieures très contestables de ces derniers, ne valent pas qu'on les paie à un prix qui dépasse, dans de si larges proportions, celui des premiers.

L'expérience a permis de constater en maintes circonstances, que ce n'est pas tant le degré de solubilité de l'acide phosphorique qui est plus ou moins favorable à la végétation, mais plutôt l'état d'extrême division dans lequel on l'offre aux plantes.

Il convient donc que cet état de division soit très grand si l'on veut que la plante utilise cet élément, comme tous ceux d'ailleurs qui lui sont nécessaires, dans un délai utile.

Aux yeux de nombre d'agronomes des plus compétents et des mieux qualifiés pour que leurs jugements soient pris en sérieuse considération, la solubilité des phosphates n'a pas, tant s'en faut, l'importance qu'on lui a attribuée et qu'on lui attribue encore dans certains milieux ; suivant eux, le mot *assimilable* dont on continue à décorer certaines formules d'engrais phosphatés, est sans valeur et les acheteurs ne devraient nullement s'attacher à ces formules.

L'assimilabilité des phosphates, quels qu'ils soient, lorsqu'ils sont placés dans certains milieux, lorsqu'ils rencontrent dans le sol les réactifs nécessaires à leur évolution (voir page 336. Mode d'action des phosphates sur les plantes), est toujours assurée ; il semble donc inutile, à nos yeux, de payer à des prix exorbitants l'acide phosphorique soluble dans l'eau ou dans le citrate ou simplement dénommé assimilable.

Nous ferons toutefois une exception au sujet des apatites lesquels, par suite de leur texture compacte, ne peuvent être utilisés directement, leur résistance aux agents dissolvants du sol et des racines étant très grande. On est donc obligé, pour rendre ces produits assimilables, de les transformer en superphosphates, ce que leur composition permet de faire avantageusement, attendu que la proportion de carbonate de chaux y est peu élevée et celle du phosphate de chaux considérable. Par suite, la quantité d'acide sulfurique nécessaire pour transformer ces substances, ainsi qu'il résulte des explications que nous allons donner plus loin, sera moins importante, cet acide n'ayant pas à s'immobiliser dans des produits inertes.

Rétrogradation des phosphates solubilisés. — La transformation des phosphates en superphosphates nous semble d'autant moins utile que les phosphates rendus solubles par l'acide sulfurique subissent, sous le nom de *rétrogradation*, un phénomène identique à celui qui se manifeste à l'égard des phosphates insolubles (voir page 368), c'est-à-dire qu'attaqués par l'alumine et l'oxyde de fer, ils redeviennent insolubles.

« Dans les premiers temps de la fabrication, écrivent à ce sujet, MM. Müntz et Girard, le superphosphate était coté d'après sa teneur en acide phosphorique soluble dans l'eau, c'est-à-dire monobasique. La rétrogradation qui a pour effet d'insolubiliser à nouveau des produits qu'on avait rendus solubles, a jeté un grand trouble dans le commerce. Les produits analysés peu de temps après la fabrication donnaient un taux de phosphate monobasique qui s'abaissait graduellement, et, au bout d'un certain temps, on ne trouvait plus la quantité primitivement dosée. Cette réaction se produit sous l'influence du dessèchement. »

En résumé, sans prendre sur nous la responsabilité d'aucune affirmation péremptoire, nous estimons, en nous faisant simplement ici l'écho des appréciations des plus hautes autorités de la science agronomique, que la seule et réelle supériorité des superphosphates réside dans la faculté qu'ont ceux-ci de pouvoir être pulvérisés jusqu'aux plus extrêmes limites de la ténuité, ce qui, nous l'avons dit, et nous le répétons, constitue l'état le plus favorable dans lequel cet élément doit être fourni aux plantes.

Fabrication des superphosphates. — Quoi qu'il en soit, l'expérience peut révéler un profit marqué dans l'emploi du superphosphate préférablement aux phosphates simples, et il serait dès lors intéressant de fournir aux agriculteurs les moyens de se procurer cette matière au meilleur compte possible.

Ces moyens consistent dans la transformation des phosphates fossiles en superphosphates, opération qui, quoique industrielle, n'est cependant pas en dehors des facultés du praticien.

Nous allons indiquer les procédés sommaires qui permettent de réaliser cette fabrication dans une exploitation rurale.

La transformation des phosphates en superphosphates est, disons-nous plus haut, une opération plutôt industrielle que rurale, car elle exige le maniement d'un réactif avec lequel de grandes précautions sont indispensables, l'*acide sulfurique*, et elle nécessite pour être bien faite un outillage approprié. Cependant, le cultivateur peut l'entreprendre et la mener à peu près à bien, moyennant l'observation de quelques règles assez simples.

Dans les phosphates ordinaires dits *tricalciques*, 1 équivalent d'acide phosphorique PhO est combiné à 3 équivalents de chaux CaO :

$$PhO,\ 3CaO,\ \text{qu'on peut écrire :}\ PhO \left\{ \begin{array}{l} CaO \\ CaO \\ CaO. \end{array} \right.$$

Pour avoir du superphosphate, il faut enlever deux équivalents de chaux 2(CaO) au phosphate, qui seront remplacés par deux équivalents d'eau 2 (HO), de manière qu'il reste un phosphate acide soluble dans l'eau, ayant pour formule

$$PhO^5 \left\{ \begin{array}{l} CaO \\ HO \\ HO. \end{array} \right.$$

Pour arriver à ce résultat, il suffit d'attaquer chaque équivalent de phosphate

$$PhO^5 \left\{ \begin{array}{l} CaO \\ CaO \\ CaO \end{array} \right.$$

par deux équivalents d'acide sulfurique $2(SO^3,\ HO)$

qui s'emparent des deux tiers de la chaux du phosphate pour former deux équivalents de plâtre $2(CaO, SO^3)$.

Si l'on mettait davantage d'acide sulfurique, ce serait une perte inutile, l'acide phosphorique conservant toujours un équivalent de chaux, et la masse acquerrait une acidité nuisible. Si l'on en mettait moins, tout le phosphate ne serait pas alors transformé en superphosphate.

Il faut donc rigoureusement deux équivalents d'acide sulfurique pour un équivalent de phosphate primitif.

Mais les phosphates ordinaires ne sont jamais purs ; l'acide sulfurique du commerce ne contient pas non plus une quantité d'eau constante; donc, les rapports précédents peuvent et doivent varier.

Enfin, équivalent n'est pas synonyme de poids, et quand on dit que pour un équivalent de l'un, il en faut deux de l'autre, ceci ne veut point point dire que pour 100 kilogrammes du premier il faut 200 kilogrammes du second.

C'est ici que réside la difficulté, et de l'explication et de l'opération.

Pour attaquer un phosphate avec la quantité d'acide sulfurique rigoureusement nécessaire, sans excès superflu, il faudrait *absolument* connaître très exactement la composition du phosphate et non moins exactement le degré aréométrique de l'acide employé, permettant de calculer la quantité d'eau à laquelle cet acide est combiné.

Cette analyse du phosphate ne permettrait même pas encore d'arriver à une opération exempte de toute incertitude, car dans les phosphates contenant 30, 40, 50, 60 0/0 de phosphate tricalcique, il y a d'autres matières qui sont plus ou moins complètement attaquées par l'acide ajouté et qui en exigent pour cela des quantités très variables.

Quand un phosphate contient 60 0/0 de phosphate tricalcique (ce sont les riches), il y a donc 40 0/0 de matières étrangères : calcaire ou carbonate de chaux, sable, silicate, oxyde de fer, alumine, etc.

L'acide se combine aux bases de ces matières, plus ou moins facilement et plus ou moins complètement. Il en faut donc assez pour saturer les unes et les autres dans les limites de leur attaque, indépendamment de ce qu'il en faut nécessairement pour réagir convenablement sur la portion de phosphate pur.

On voit sans peine les complications et la part forcément laissée aux incertitudes de réactions si complexes.

Dans la pratique, il faut se borner au possible, tout en fabriquant un bon produit. On se contente alors de doser, dans l'échantillon de phosphate, la proportion de *phosphate pur*, et, quand on le peut, la proportion de chaux qui existe dans le mélange, en dehors de celle du phosphate pur. De ces nombres, on déduit la quantité d'acide à employer en forçant légèrement la dose afin de tenir compte, au moins dans une certaine mesure, de ce qui servira à saturer les bases autres que la chaux.

Et même, le plus souvent, on augmente ce qu'il faut d'acide pour la proportion du phosphore pur, d'une quantité qui dépend de la proportion de calcaire auquel il est associé.

Donc, quand on veut faire du superphosphate, il faut au moins savoir :

1° La proportion exacte de *phosphate tricalcique* pur contenu dans l'échantillon. La facture du *vendeur l'indique* ou *doit l'indiquer* (on ne saurait acheter de phosphate sans cette garantie).

2° La nature probable des matières étrangères.

On essaye dans un verre un peu de la matière humectée d'eau avec quelques gouttes d'acide. Il y a alors une effervescence, une sorte d'ébullition apparente, plus ou moins vive, très vive si les matières étrangères sont surtout formées de calcaire (cette effervescence est produite par le dégagement de l'acide carbonique du calcaire décomposé par l'acide), moins vive ou presque nulle si les matières sont surtout du sable, des silicates, de l'oxyde de fer, de l'argile, de l'alumine, etc. Selon la provenance géologique, en effet, la gangue dans laquelle se trouve le phosphate peut être calcaire, sableuse (grès), argileuse, etc.

Cet examen très simple permet de reconnaître

si le phosphate est plus ou moins calcaire. S'il l'est très peu, on calcule le poids d'acide sulfurique à employer, sur la richesse réelle en phosphate tricalcique, et on augmente très peu cette dose; on l'augmente sensiblement, au contraire, si l'effervescence a permis de constater une richesse en calcaire notable. Dans ce cas, il est toujours bon d'en avoir le dosage rigoureux, afin de savoir exactement la quantité d'acide qui servira à attaquer le calcaire, indépendamment de ce qu'il faut pour attaquer le phosphate pur.

Si l'on n'a pas ce dosage, on ne doit pas oublier que pour le calcaire il faut sensiblement un poids égal d'acide sulfurique, quand, pour le phosphate, il n'en faut environ que les deux tiers, comme nous le verrons exactement plus loin.

Si le phosphate contient dès lors 60 0/0, par exemple, de phosphate pur et que l'on constate une forte effervescence, on peut en conclure que les 40 0/0 sont en grande partie du calcaire.

On aurait un indice plus sûr encore en essayant l'échantillon humecté et naturellement pulvérisé, puisque ces engrais s'achètent toujours à cet état, avec l'*acide chlorhydrique*, que les droguistes vendent aux cuisinières sous le nom vulgaire de *fumant*. Après l'attaque suffisamment prolongée, surtout si l'on chauffe et si on lave à l'eau chaude, le résidu insoluble formé de sable, grès ou matière argileuse, indiquerait la fraction de nos 40 0/0 qui ne sont pas du calcaire.

On voit donc qu'avec un phosphate calcaire il faut de l'acide sulfurique pour attaquer les deux matières; avec un phosphate non calcaire, on n'emploie que l'acide nécessaire à l'attaque du phosphate pur.

Voyons maintenant le calcul des quantités nécessaires.

L'acide sulfurique du commerce contient plus ou moins d'eau, ce que l'on apprécie, *en pratique*, avec l'*aéromètre Baumé* (modèle destiné aux liquides plus lourds que l'eau).

Extrait des tables construites à cet effet :

DEGRÉS	DENSITÉS	100 PARTIES EN POIDS CONTIENNENT	
		SO^3 pour 100	SO^3, HO pour 100
—	—	—	—
50	1.530	51.0	62.5
51	1.540	52.2	64.0
52	1.563	53.5	65.5
53	1.580	54.9	67.0
54	1.597	56.0	68.6
55	1.615	57.1	70.0
56	1.634	58.4	71.6
57	1.652	59.7	73.2
58	1.672	61.0	74.7
59	1.691	62.4	76.4
60	1.711	63.8	78.1
61	1.732	65.2	79.9
62	1.753	66.7	81.7
63	1.774	68.7	84.1

D'après cette table, on voit que de l'acide à 50 degrés (B), par exemple, renferme 51 0/0 en poids d'anhydride ou SO^3, c'est-à-dire d'acide pur exempt d'eau.

Si donc on en emploie 100 kilogrammes, il résulte de là que 51 kilogrammes seulement réagiront sur la chaux du phosphate ou du carbonate.

1° Supposons alors du phosphate *sans calcaire*, ou à peu près, titrant 60 0/0 de phosphate pur.

En nous reportant au détail de la réaction, nous savons que pour *saturer, comme il convient*, 155 de phosphate pur (1 équivalent), il faut 80 d'acide exempt d'eau (2 équivalents), et, dès lors, 156 d'acide à 50 degrés, puisque celui-ci ne contient que 51 0/0 d'anhydride.

Alors on conclut :

Pour attaquer 100 kilogrammes de phosphate à 60 0/0 et exempt de calcaire, il faut à peu près 100 kilogrammes aussi d'acide sulfurique à 50 degrés.

Si l'acide était à 60°, il n'en faudrait plus que 80 kilogrammes.

2° Admettons maintenant que le phosphate, tout en titrant 60 0/0 de phosphate pur, ait ses 40 0/0 complémentaires entièrement formés de calcaire.

Il faudra alors pour 100 kilogrammes de phosphate:

100 kilogrammes d'acide à 50° pour le phosphate, plus 60 kilogrammes environ pour le calcaire, ou 80 kilogrammes d'acide à 60° pour le phosphate, plus 50 kilogrammes environ pour le calcaire.

Soit, en tout, 160 kilogrammes dans le 1er cas et 130 kilogrammes dans le 2e cas.

Les phosphates calcaires consomment donc beaucoup plus d'acide que ceux qui ne le sont pas et, nous le répétons, pour agir industriellement, il faudrait rigoureusement connaître cette dose de calcaire. Dans la pratique rurale, on peut se contenter de moins de rigueur, et selon que le phosphate paraît en contenir (d'après l'intensité de l'effervescence d'essai) plus ou moins, on force la quantité d'acide en se rapprochant aussi plus ou moins des nombres précédents, d'après lesquels nous supposions que tout ce qui n'était pas phosphate était calcaire.

En résumé, nous avons pris pour types deux phosphates titrant 60 0/0, et nous avons supposé deux cas :

1° Phosphate à 60 0/0, *non calcaire* (sans effervescence avec les acides).

Il faut alors, pour traiter 100 kilogrammes de phosphate :

100 kilogr. d'acide à 50° ;
80 — 60°

2° Phosphate à 60 0/0 et *calcaire* (effervescence avec les acides).

Si les 40 0/0 sont entièrement du calcaire, il faudrait :

160 kilogr. d'acide à 50° ;
130 — 60°

Si, au contraire, le 1/2, le 1/3, le 1/4 seulement de ces 40 0/0 sont du calcaire, il ne faudra plus que :

130 kilog.; 120 kilog., 115 kilog. d'acide à 50° ;
Et 105 kilog., 96 kilog., 92 kilog. — à 60°.

Mais tous les phosphates ne titrent pas 60 0/0.

Rien n'est plus facile que de tenir compte des différences de richesse. Si, au lieu de 60, c'est 50, c'est donc 10 0/0 en moins. Or, 10 est le 1/6 de 60 : il faut donc diminuer les nombres précédents de 1/6.

Quand il fallait 100 kilogrammes d'acide, il n'en faudra plus que 100 moins 1/6 de 100, ou 83 kilogrammes.

Si au lieu de 50, le phosphate titre 55, la rectification n'est pas plus difficile : 5 est le 1/12 de 60 ; alors, du lieu de 100 d'acide, c'est 1/12 en moins, ou 92.

Pour l'acide sulfurique, les deux titres de 50 et 60 sont les plus ordinaires ; les tables, d'ailleurs, permettent très aisément d'établir les modifications à faire subir aux quantités proportionnellement aux variations de degrés.

Attaque du phosphate. — L'*acide sulfurique*, appelé vulgairement *vitriol* ou mieux *huile de vitriol*, est un liquide oléagineux, incolore quand il est pur, ou légèrement teinté dans le commerce, sensiblement plus lourd que l'eau, ainsi que le montre la colonne des densités de la table précédente.

Cet acide est extrêmement énergique ; il attaque et désorganise les tissus avec rapidité, et les brûlures qu'il produit sont fort dangereuses. On doit donc le manier avec une grande prudence.

Beaucoup de corps ne résistent pas à son action : la pierre, le ciment, la brique, etc. On le conserve et l'expédie dans des bonbonnes de verre protégées d'osier, et, pour s'en servir à la fabrication du superphosphate, on doit le placer dans un récipient de grès, et faire l'attaque sur un dallage de grès également, ou, dans tous les cas, un dallage qu'il n'attaque pas, et non point nn dallage de pierre, de ciment ou de briques.

Il est très avide d'eau et, en se combinant à elle, il y a dégagement considérable de chaleur.

Pour tenir compte de ces diverses propriétés, toutes fort actives, on opère généralement ainsi :

On établit, sous un hangar, une aire en grès ou en carreaux vernissés, avec un rebord de quelques centimètres de hauteur, au moins sur trois côtés. A proximité, on dispose un grand vase en grès à bec, vase épais, sorte de grand mortier, soutenu par deux axes latéraux ou tourillons fixés sur un bâti assez lourd qui lui permettent de tourner à volonté, ce qui fait qu'avec un ringard ou crochet on peut incliner ce vase plus ou moins et verser son contenu, sans danger, et par fractions successives, comme aussi on peut le vider complètement en le faisant basculer d'un demi-tour.

On répand sur l'aire en question, et uniformément, la quantité de poudre de phosphate à traiter. On la brasse alors avec un volume d'eau de 20 litres environ pour 100 kilogrammes, et ce brassage se fait avec l'outil dont on se sert pour faire le mortier. Lorsque le mélange est intime, on met dans le récipient la quantité nécessaire d'acide que l'on fait tomber par petites portions et par intervalles, pendant lesquels on brasse de nouveau jusqu'à mélange aussi parfait que possible de tout l'acide avec tout le phosphate. Ce brassage demande à être fait vigoureusement et rapidement.

Quand il est terminé, on étend uniformément la matière devenue pâteuse et on la laisse sécher.

Comme il s'est formé du plâtre par réaction de l'acide sur une partie de la chaux, en séchant, la masse s'agglomère et se forme facilement en pâtons que l'on pulvérise avant de les mettre en place dans des caisses, autant que possible, et à l'abri de l'humidité.

Les superphosphates perdent de leur valeur en vieillissant par *rétrogradation*, surtout quand ils proviennent de phosphates calcaires traités avec trop peu d'acide. On a donc avantage, quand on les fait soi-même, à ne les préparer qu'au fur et à mesure de leur emploi agricole.

Par mesure d'économie et dans les petites fermes, on peut se passer du vase en grès disposé comme nous l'avons indiqué et verser directement l'acide avec la bonbonne, mais ce procédé est parfois dangereux et demande bien des précautions.

Enfin, on peut remplacer le vase de grès par un vase en bois doublé de plomb, en fonte ou en forte tôle émaillées intérieurement, etc.

Le prix de revient du superphosphate se compose :

Du prix du superphosphate traité ;

— de l'acide employé ;

Des frais de la main-d'œuvre nécessaire.

Quant à l'outillage, il peut durer bien longtemps et n'augmente guère ce prix.

Enfin, l'opération peut se faire quand on a le temps, et la main-d'œuvre, dans ce cas, n'a plus guère de valeur.

On arrive dès lors à un prix de revient notablement inférieur à celui de l'industrie.

L'acide sulfurique du titre ordinaire de 66°, vaut 12 francs les 100 kilogrammes environ, non compris les frais de transport.

Dans le cas où il faut 100 kilogrammes d'acide pour 100 kilogrammes de phosphate, on aurait :

100 kilogr. de phosphate à 60 0/0.	5 fr. 50
100 kilogr. d'acide à 60° (B) envir. .	11 à 11 fr. 50
Soit 200 kilogr. de superphosphate pour	16 fr. 50 à 17

abstraction faite de la main-d'œuvre,

Remarquons que dans l'exemple choisi, la quantité d'acide phosphorique soluble obtenue, sera approximativement de 27 kilogrammes, soit, à raison de 0 fr. 75 le kilog, prix ordinaire du commerce et en tenant compte des frais de transport, un produit valant environ 20 fr.

Lorsque le phosphate est calcaire, il perd de l'acide carbonique, ce qui diminue le poids, mais aussi le superphosphate est rarement aussi sec que le phosphate primitif et une partie des 20 litres d'eau reste dans la masse.

Composition générale des superphosphates commerciaux. — L'acide phosphorique se présente dans les superphosphates du commerce, sous trois formes essentielles: 1° la phosphate soluble dans l'eau qui est le plus apprécié; 2° le phosphate dit rétrogradé, insoluble dans l'eau mais soluble dans le citrate d'ammoniaque, qui est le produit d'une réaction secondaire, ultérieure à la fabrication; 3° l'acide phosphorique resté engagé dans les particules qui ont échappé à l'action de l'acide sulfurique et qui est encore à l'état de phosphate naturel. On assigne généralement, aux deux premières formes, une valeur peu différente; mais celle du phosphate qui n'a pas été attaqué est bien moindre. Il est donc indispensable, pour être fixé sur le prix que l'on doit payer les produits commerciaux de cette nature, de recourir à l'analyse et d'attribuer à chaque forme de l'acide phosphorique, la valeur marchande qui lui est propre.

Les cours de ces matières ne sont jamais fixes, ils subissent les fluctuations du marché et de la spéculation. L'agriculteur qui se dispose à en faire l'achat, doit donc, préalablement, se renseigner exactement sur les prix pratiqués au moment où il entend les réaliser, renseignements qui lui fournissent régulièrement, les journaux spéciaux d'agriculture. Ils varient, actuellement, entre 55 et 68 centimes le kilogramme d'acide phosphorique soluble contenu dans un superphosphate déterminé.

Phosphate précipité. — La transformation en superphosphate n'est pas la seule méthode qu'on emploie pour amener à un plus grand degré de division les divers engrais phosphatés. On fabrique encore des phosphates précipités qui sont le résultat d'une véritable précipitation au sein d'un liquide qui tenait le phosphate en dissolution.

Le phosphate précipité est le plus riche et le moins connu de tous les engrais phosphorés du commerce; c'est peut-être aussi le meilleur. On l'obtient en dissolvant dans l'acide chlorhydrique dilué, les phosphates fossiles pauvres ou les os qui sortent de l'autoclave du fabricant de gélatine. Dans le liquide, on verse un lait de chaux; il se précipite un mélange de phosphates bibasique et tribasique, où prédomine tantôt l'un, tantôt l'autre, suivant les conditions de l'opération. Le plus estimé est celui qui contient le moins de sel tribasique.

Quand il est pur, il est blanc, d'une ténuité extrême, et il dose 52 0/0 d'acide phosphorique. Celui du commerce n'atteint jamais ce titre; il est considéré comme très bon s'il donne à l'analyse 40 0/0 du même acide.

Bien fabriqué, il se dissoudra presque intégralement dans le citrate d'ammoniaque, ce qui voudra dire qu'il ne contient presque pas de phosphate tribasique de chaux. C'est là le point important, c'est ce qui lui donne sa valeur agricole et commerciale. On ne doit jamais négliger de faire vérifier cette propriété, car, tout en étant ici plus soluble que partout ailleurs, le sel tribasique de chaux ne l'est pas dans le citrate d'ammoniaque et, par suite, il est beaucoup moins assimilable que le premier. Un second motif, pour ne pas manquer à cette vérification, c'est que le phosphate précipité est très souvent fraudé avec du plâtre, avec de la chaux libre ou carbonatée, etc.

Le commerce des phosphates précipités est assez restreint, à raison de la rareté de ce produit dont la fabrication est subordonnée d'un côté à celle de la gélatine et de l'autre à la production de l'acide chlorhydrique. La première industrie n'a qu'un développement limité et, d'autre part, la production de l'acide chlorhydrique résiduaire est, aujourd'hui, plus faible qu'il y a quelques années. Ces produits sont surtout achetés par les marchands d'engrais qui s'en servent pour l'enrichissement de leurs mélanges.

Emploi des phosphates. — — D'après ce que nous avons dit au sujet de la manière dont les phosphates se comportent dans le sol et de l'action qu'exercent sur cet élément fertilisant les différents réactifs avec lesquels ils se trouvent en contact dans la terre, on peut tirer quelques principes généraux qui permettront de fixer plus utilement son choix sur telle ou telle autre nature des engrais de cette catégorie que le commerce et l'industrie mettront à la disposition de l'agriculture.

Ce point mérite d'être établi en raison de la diversité des prix des phosphates, suivant leur provenance, et de manière à éviter l'erreur économique qui consisterait à faire usage de ceux d'une valeur plus élevée là où ceux d'une valeur moindre donneront des résultats tout aussi satisfaisants, ou au contraire des phosphates à bas prix, là où ces derniers ne produiraient que peu d'effet.

Sachant, par exemple, ainsi que nous l'avons fait connaître au commencement de ce chapitre, que toutes les terres acides, terres de défrichements, landes, terres de bruyères, tourbes, terres de vieilles prairies, toutes celles enfin où la matière organique prédomine sans être saturée par le calcaire, sont aptes à agir sur les phosphates qui y deviennent rapidement assimilables, on conçoit facilement que les phosphates minéraux dont la décomposition est plus lente que dans certains agents phosphatés d'autres provenances, mais dont aussi le prix est moins élevé, l'addition de superphosphates à des terrains de cette nature, non seulement constituerait une dépense superflue, mais serait plutôt défavorable à raison de l'acidité de ces produits.

Il en de même pour tous les sols riches en matières organiques, quoique non acides, tels que les terres argileuses ou argilo-calcaires, et en général dans toutes les terres fortes où, faute d'air, les matières organiques ont une tendance à s'accumuler et qui peuvent également décomposer assez facilement les phosphates naturels et les amener graduellement à un état de combinaison qui facilite leur absorption par les plantes, quoique d'une façon moins active que dans les terres acides.

Dans les sols calcaires ou silico-calcaires, légers et perméables, pauvres en humus, il serait préférable, au contraire, d'utiliser les phosphates facilement assimilables, tels que les produits d'os dont l'action est suffisamment rapide; c'est dans de pareils sols que les superphosphates trouveraient leur plus judicieux emploi.

En résumé, il faut réserver les phosphates d'os ou de guano, de même que les superphosphates ou phosphates précipités, et, en général, tous les engrais phosphatés, de décomposition rapide, qui sont d'un emploi plus coûteux, aux sols dans lesquels les phosphates naturels ne produisent que peu d'effet, c'est-à-dire aux sols pauvres en matières organiques, tels que le sont, en général, les terres très calcaires, ainsi qu'aux sols très légers dans lesquels la combustion de la matière organique est active et où l'humus fait généralement défaut. Mais si on veut constituer dans les terrains de cette nature un stock d'acide phosphorique utilisable graduellement, les phosphates naturels devront encore être préférés. La quantité qu'on en mettra compensera, dans une certaine mesure, leur plus lente assimilation.

Les quantités d'engrais phosphatés à incorporer aux sols sont naturellement subordonnées à la richesse en acide phosphorique de ces engrais, à celle du sol lui-même et enfin à l'exigence de la plante.

Mais comme on peut dire que l'adjonction d'engrais phosphatés est toujours rémunératrice, qu'il suffit d'un faible excédent de récolte pour couvrir les frais de cette fumure dont le prix est peu élevé; comme d'un autre côté, sous quelque forme que l'on applique l'acide phosphorique, on n'a jamais à craindre de déperditions, et que ce qui n'aura pas profité à une récolte sera utilisé par la subséquente, il s'ensuit qu'il n'y a non seulement aucun inconvénient, mais encore qu'il est presque toujours avantageux d'appliquer cet engrais à haute dose.

Or, bien que, fait observer M. L. Grandeau, la récolte la plus exigeante n'enlève pas à la terre qui la produit plus de 30 à 40 kilogrammes d'acide phosphorique, c'est-à-dire trente à quarante fois moins que n'en contiennent certains sols, la pratique nous fournit tous les jours une preuve décisive que 100 à 150 kilogrammes d'acide phosphorique convenablement choisi, épandu à la surface d'un hectare et enfoui par le labour, suffiront pour doubler, tripler ou même quadrupler la récolte d'un champ où l'analyse a décelé une quantité décuple de phosphate naturel, cela, bien entendu, à la condition que la plante y trouve, en outre, les autres principes fertilisants qui sont nécessaires à son alimentation.

En somme, les proportions de cet engrais à ajouter peuvent être poussées aussi loin que l'on en obtient des résultats rémunérateurs. C'est donc affaire d'expérimentations auxquelles le cultivateur a toujours intérêt à se livrer.

Les phosphates doivent toujours être incorporés dans le sol d'autant plus profondément que les racines des plantes y pénètrent plus au fond. On les sème en couverture, à la volée, puis on fait passer la charrue de manière à mélanger intimement l'engrais avec la terre. L'épandage doit être régulier et uniforme, afin de multiplier les points de contact avec les racines des plantes; l'époque la plus favorable pour cette opération est l'automne; pendant l'hiver, une partie de l'acide phosphorique se solubilise et se trouve ainsi à la disposition des plantes au moment de la reprise de la végétation.

Sur les prairies artificielles ou naturelles, le phosphate ne peut être donné qu'en couverture; on le répand soit au commencement de l'hiver, soit au commencement du printemps, suivant les climats. L'emploi des engrais phosphatés sur les prairies est presque toujours accompagné d'un surcroît de rendement considérable.

L'épandage à la main des scories est moins facile à réaliser que celui des phosphates naturels. Les petites grenailles de fer qu'elles renferment abîment les mains des ouvriers; il est donc préférable de les répandre soit à la pelle, soit au semoir à engrais. Quant aux superphosphates, en raison de leur acidité produisant sur les mains une impression qui devient à la longue fort désagréable, il est indispensable de les semer à la pelle, à moins de munir les ouvriers de gants en cuir, ce qui rend l'opération difficile.

Les phosphates précipités peuvent être semés à la main, mais on aura soin de choisir un temps calme et même humide de manière à éviter la perte des poussières qui sont extrêmement légères, et qui, de plus, sont pénibles pour les ouvriers

L'emploi des semoirs pour cet épandage serait encore préférable.

Enfin, nous n'avons pas besoin d'insister plus que nous l'avons fait déjà, dans le cours de cette étude, sur la nécessité de répandre les fumures phosphatées, quelles qu'elles soient, à l'état de division moléculaire la plus extrême possible. Si on ne prenait pas cette précaution, les grumeaux agglomérés qu'on laisserait tomber sur le sol s'y localiseraient et ne subiraient leur transformation que dans un rayon très restreint autour d'eux, sans aucun profit pour les plantes avoisinantes. L'agriculteur doit donc porter son attention sur le degré de division d'où dépendra la répartition égale dans le sol.

CHAPITRE XII

Les engrais potassiques. — La potasse. Considérations générales. — Transformation des sels potassiques dans le sol. — Les sources d'engrais potassiques : cendres de bois ; plantes marines ; eaux marines ; salins de betteraves ; suint ; carbonate de potasse. — Chlorures de potassium : chlorures de potassium français ; chlorures de potassium allemands ; sulfate de potasse. — Emploi des sels de potasse ; application suivant les sols ; application suivant les cultures ; épandage ; doses à employer. — Valeur comparative des différents sels de potasse, au point de vue de leur action sur la végétation : carbonate de potasse ; nitrate de potasse ; sulfate de potasse chlorure de potassium. — Soude.

La potasse. Considérations générales. — La potasse est l'un des éléments de fertilisation les plus indispensables aux plantes, dans lesquelles elle contribue plus spécialement à la formation des matières sucrées et amylacées. C'est donc aux végétaux qui produisent une plus grande quantité d'amidon et de sucre, tels que les betteraves, les pommes de terre, les céréales, la vigne, qu'il convient particulièrement d'apporter cette fumure, en proportions plus ou moins grandes, suivant que le sol dans lequel ils puisent leur nourriture en renferme plus ou moins sous la forme assimilable.

La preuve la plus formelle de l'indispensabilité pour les plantes de trouver cette substance à leur disposition, réside dans ce fait que toutes, sans exception, concentrent la potasse dans leurs tissus, à tel point que pendant longtemps les cendres végétales ont constitué la source unique où l'agriculteur allait chercher le supplément de cette sorte d'engrais dont il jugeait nécessaire de doter ses cultures.

La potasse se trouve dans la plupart des terres.

1° A l'état de sels solubles dans l'eau (nitrate, sulfate, carbonate, silicate de potasse, chlorure de potassium, etc.), mais en très petite quantité;

2° A l'état de sels attaquables seulement par les acides forts (acide nitrique, chlorhydrique, sulfurique, eau régale). Ce sont, en général, des silicates ayant subi un commencement de désagrégation sous l'influence des agents météoriques;

3° A l'état de combinaisons avec les matières organiques provenant de la végétation ou des engrais, combinaisons inattaquables par les mêmes acides;

4° Enfin à l'état de combinaisons insolubles dans l'eau, inattaquables par les acides forts et dont on ne peut séparer la potasse que par les fondants alcalins (baryte, carbonate de soude ou par l'acide fluorhydrique).

Or, nous savons qu'aucun corps ne peut pénétrer dans les racines des végétaux, et conséquemment alimenter ces derniers, s'il n'a préalablement été dissous par l'eau qui imprègne le sol.

Il semble dès lors que, pour connaître la richesse en potasse utilisable par la végétation, il suffirait de doser la potasse qui existe dans la terre à l'état de combinaisons immédiatement solubles dans l'eau.

Mais il est certain qu'une partie plus ou moins importante de ces combinaisons pourra, au cours de la saison, être entraînée dans le sous-sol par les eaux pluviales, et, par conséquent, échapper à l'absorption des racines.

On devrait, par suite, en opérant ainsi, arriver à des dosages exagérés, tandis que c'est généralement le contraire qui a lieu. Si on compare les quantités ainsi trouvées dans les terres fertiles à celles qu'enlèvent les récoltes, on trouve presque toujours que ces dernières l'emportent de beaucoup. Il faut donc, nécessairement, qu'une partie des combinaisons potassiques, insolubles à un moment donné, se solubilise peu à peu pendant la période d'activité de la végétation, et qu'ainsi la potasse de ces combinaisons, appartenant à la seconde et à la troisième catégorie susindiquées, intervienne dans l'alimentation des plantes, d'où la nécessité d'en tenir compte dans les analyses qui ont pour but d'éclairer la pratique agricole. Mais il est évident que la quantité de potasse qui se dégagera des combinaisons insolubles pour alimenter les plantes variera beaucoup suivant que la saison sera plus ou moins favorable à cette transformation.

En réalité, suivant que les circonstances sont plus ou moins favorables, suivant le milieu dans lequel elles se trouvent engagées, les combinaisons potassiques que nous venons d'énumérer finissent toujours par se désagréger, plus ou moins lentement il est vrai, mais sûrement, et à mettre ainsi à la disposition des plantes, à l'état soluble, la potasse qu'elles renferment.

La quantité de potasse assimilable contenue dans les terres arables est extrêmement variable; d'après une sorte d'enquête faite par M. Paul de Gasparin sur des sols provenant de localités très nombreuses, elle est comprise entre 0gr,3 et 10 grammes par kilogramme de terre, soit dans le rapport de 1.200 à 40.000 kilogrammes de potasse par hectare. Fort abondante dans les terrains volcaniques, granitiques, dolomitiques, elle existe en bien moindre quantité dans les terrains d'alluvion qui, lavés par les eaux météoriques, ont perdu une partie des composés solubles qu'ils renfermaient lors de leur formation.

On admet, généralement, que la consommation annuelle de la potasse par l'enlèvement des récoltes est, en moyenne, de 50 kilogrammes par hectare. Dans la plupart des cas, on voit donc que l'approvisionnement naturel du sol devrait suffire pour fournir aux plantes les proportions de cet alcali dont elles peuvent avoir besoin. Une terre contenant 1gr,25 sur 1.000 grammes pourrait leur fournir de la potasse pendant une centaine d'années, sans qu'il puisse paraître nécessaire d'ajouter aux engrais des sels de potasse, et d'autant plus que ceux-ci se rencontrent, d'ailleurs, dans tous les engrais qui ont une origine organique.

Nous venons de dire qu'en dehors de la potasse attaquable, les terrains renferment souvent des quantités très considérables de ce corps que les acides n'attaquent pas, mais qui subissent toujours, à la longue, la désagrégation qui rendra sa combinaison attaquable et qu'on peut considérer comme la réserve de l'avenir. Ainsi, les sables des terrains primitifs ne sont guère formés que de particules feldspathiques, brillantes au soleil, dont l'état cristallin apparaît surtout à la loupe et qui sont riches en sels de potasse.

Est-ce donc à dire que, dans la plupart des cas, l'apport des fumures potassiques soit inutile et constituerait une dépense que l'on pourrait éviter?

L'expérience a démontré le contraire, et ce que nous disions plus haut en parlant de l'acide phosphorique peut s'appliquer avec la même raison à la potasse, à savoir que, entre la restitution nécessaire des principes fertilisants enlevés au sol par les récoltes, il est constant que, pour l'obtention des hauts rendements, il est nécessaire de placer la plante au sein de l'abondance plutôt que de lui mesurer son alimentation avec parcimonie, ce qui conduit à dire que, malgré qu'il serait démontré qu'une récolte n'enlèverait au sol que la trentième ou quarantième partie de l'agent fertilisant (azote, acide phosphorique, potasse ou chaux) dont l'analyse aurait révélé la présence dans ce sol, l'apport de l'un ou de tous ces agents, en proportions qui sembleraient, au premier abord, devoir constituer un excès inutile, permettra souvent de doubler, tripler et même quadrupler le rendement.

Du reste, il est une limite à laquelle il est facile de s'arrêter, c'est celle où cet apport, progressivement augmenté à la suite d'opérations méthodiquement conduites, ne donnerait plus aucun résultat progressif.

C'est là, dira-t-on, un procédé empirique, mais c'est aussi le meilleur en l'état actuel de la science agronomique, à tout prendre encore bien obscure.

Il convient de faire observer, en outre, que pour qu'il y ait parfait équilibre dans la végétation des plantes, il faut que celles-ci trouvent dans le sol, non seulement tous les principes, sans exception, qui sont nécessaires à leur fertilisation, mais encore que les proportions de chacun de ces principes soient à peu près équivalentes. Une terre, par exemple, pourra être naturellement riche en acide phosphorique et en azote, ou bien ces substances auront pu être mises à la disposition des végétaux au moyen d'engrais appropriés, en proportions assez considérables pour obtenir une récolte maxima. Si, en même temps, la fumure potassique n'est pas mise avec la même largesse à la disposition des plantes, soit par apport direct, soit par le fait de son existence naturelle dans le sol, la végétation trompera les espérances ; on aura fait une dépense inutile en apportant en abondance des éléments de fertilisation d'une certaine nature, sans songer à ceux qui s'imposaient au même titre.

En un mot, il existe une solidarité telle entre les agents de fertilisation que le sol doit contenir, que la suppression d'un seul suffit pour faire perdre à tous les autres une partie de leur efficacité, si même elle ne les rend complètement inertes.

M. G. Ville cite à cet égard des exemples frappants résultant d'expériences méthodiquement conduites.

Sur un champ de blé, on applique une fumure complète, c'est-à-dire azote, acide phosphorique, potasse et chaux ; tandis que sur un autre champ on néglige l'apport de la potasse, et on obtient les résulats suivants :

	Engrais complet		
Paille.	4.500	kilog.	
Grains	1.890	—	(24 hectol.)
Total. . .	6.390	kilog.	

Engrais sans potasse

—

Paille.	2.730 kilog.	
Grains	920 —	(11 hectol.)
Total. . .	3.650 kilog.	

La même expérience est poursuivie sur un champ de pommes de terre et donne les résultats ci-après :

Engrais complet

—

Tubercules . . . . 27.950 kilog.

Engrais sans potasse

—

Tubercules . . . . 10.520 kilog.

Voici une autre expérience de M. Wagner :

Terrain non fumé.	100 kilog.	de récolte.
Engrais potassique seul . .	100	—
— phosphaté seul . .	126	—
— phosphaté et potassique	147	—

En voici une autre de M. Wœlcker sur les mangolds :

Sans engrais	35.780	kilog.
Avec sels potassiques seuls. . . .	40.170	—
— superphosphate seul	65.280	—
— superphosphate et sels potassiques.	80.350	—

Ces expériences démontrent bien la solidarité qui existe entre les divers principes fertilisants et la nécessité qui s'impose de les fournir aux plantes ensemble et non séparément.

En fait, dans les deux dernières expériences précitées, l'action négative de la fumure potassique employée seule aurait pu faire croire à une richesse suffisante du sol en éléments de cette nature, si ces expériences n'avaient pas été poursuivies plus avant, c'est-à-dire si on ne s'était souvenu du principe de solidarité dont nous venons de parler, et duquel il résulte que, le plus généralement, l'action des fumures est d'autant plus remarquable que celles-ci sont distribuées de manière à se prêter un concours mutuel.

C'est bien souvent pour n'avoir pas tenu compte de ce principe que l'on est arrivé à conclure à l'inutilité de fumures potassiques, parce que celles-ci, appliquées à l'exclusion des autres éléments fertilisants, n'avaient donné aucun résultat appréciable.

Néanmoins, certains auteurs considérant que la plupart des terres sont suffisamment riches en potasse, estiment que l'apport de cet engrais pourrait être exclusivement réservé aux sols auxquels manque l'élément potassique, tels que les terres tourbeuses qui proviennent de la décomposition lente des matières organiques en l'absence de l'air et du calcaire, les terres sableuses lorsqu'elles ne sont pas d'origine manifestement granitique, enfin les terres calcaires, et que pour la plupart des autres terrains, il suffirait d'y compenser les pertes subies par l'exportation des récoltes.

D'autres prétendent qu'on peut, sans aucun inconvénient, se dispenser de fournir aux végétaux toute la quantité de potasse qu'ils sont susceptibles de condenser dans leurs tissus, sans qu'il en résulte une diminution de rendement, certaines plantes montrant pour cet alcalin une avidité hors de proportion avec leurs besoins réels.

Et, en définitive, le problème de la production végétale est tellement complexe, ou si l'on veut si peu défini encore, que chacune des théories que nous venons d'exposer a ses partisans, pour ou contre, qui viennent à leur tour appuyer leur manière de voir sur des expérimentations qui contredisent celles de ceux dont l'opinion diffère de la leur; si bien que les thèses les plus opposées, en ce qui concerne le véritable rôle de la potasse dans l'alimentation des végétaux et la nécessité plus ou moins absolue de fournir cet aliment aux plantes par surcroît à ce qu'elles en trouvent dans les sols qui en sont en apparence suffisamment pourvus, pourraient être soutenues avec des apparences de vérité de chaque côté.

Dans ces conditions, il semble que l'agriculteur doive agir comme ces expérimentateurs, c'est-à-dire appliquer les fumures potassiques sur leurs champs, constater s'il en résulte un bénéfice de rendement et n'y renoncer que dans le cas contraire.

Nous verrons cependant plus loin qu'il est des

cas où ces fumures s'imposent, quelle que soit la nature du sol auquel il convient de restituer les fortes quantités enlevées par les fruits.

Transformation des sels potassiques dans le sol. — L'humus possède la propriété précieuse au point de vue agricole d'absorber l'oxygène de l'air et de le transformer incessamment en acide carbonique au sein de la terre végétale. Cet acide carbonique résultant de la combustion spontanée de l'humus, ne sert pas seulement à la nutrition des plantes, fonction dans laquelle l'acide carbonique de l'atmosphère pourrait le remplacer ; il joue un rôle beaucoup plus important, celui de désagréger et de rendre plus facilement solubles les éléments minéraux du sol. Les feldspaths, par exemple, résistent moins à l'eau chargée d'acide carbonique qu'à l'eau pure et la chaux, la silice, la potasse, produits précieux de leur décomposition, sont ainsi mis plus facilement et en plus grande quantité à la disposition des plantes qui végètent dans les terrains riches en humus et en sels potassiques insolubles.

L'acide carbonique dont la formation est constante, en raison du phénomène que nous venons d'expliquer, au sein de la terre végétale riche en humus, se combine lui-même avec la chaux lorsqu'il rencontre cet élément dans le sol et donne naissance à du carbonate de chaux.

Lorsqu'un sel de potasse, sous quelque forme qu'il se présente, se trouve en contact avec le carbonate de chaux, il se produit immédiatement une décomposition chimique dont le résultat est de donner naissance à un carbonate de potasse soluble et par conséquent assimilable par les plantes, tandis que l'acide avec lequel cet alcalin était primitivement combiné, s'unit à la chaux pour former un sel de chaux.

C'est ainsi que si on a employé du chlorure de potassium, le produit de la décomposition au sein de la terre sera, d'une part, du carbonate de potasse et, d'autre part, du chlorure de calcium; avec du sulfate de potasse, on aura du carbonate de potasse et du sulfate de chaux, etc. Le carbonate de potasse ainsi produit reste d'ailleurs fixé dans le sol, absorbé qu'il est par l'humus dont on connaît les propriétés fixatrices.

Puisque tous les sels de potasse doivent être métamorphosés en carbonate, dans le sol, à la faveur du carbonate de chaux, ils ne peuvent être vraiment efficaces que là où l'élément calcaire existe en proportion suffisante. Quand ce dernier élément fait défaut, les produits potassiques restent en l'état où on les a employés, et alors ils ne sont plus retenus par l'humus ni par l'argile, excepté le carbonate de potasse, qui a d'avance la forme voulue pour être accaparé par les éléments en question.

La conséquence de ce fait est que les terres tourbeuses, qui manquent presque absolument de chaux, ne seront pas aptes à leur faire subir la transformation nécessaire; ils les laisseront échapper presque entièrement dans les eaux de drainage. Les terrains calcaires proprement dits et les terrains sablonneux pourvus de chaux, bien que pauvres d'humus et d'argile, seront des milieux plus favorables à leur action. Mais ce sont les terres à la fois argileuses et humifères qui les utiliseront et les conserveront le mieux, à moins qu'elles ne soient pas calcaires du tout.

Dans les terres fortes, il faudra donc toujours enfouir les engrais potassique à l'automne, pour qu'ils aient le temps de former avec les matières humiques, avant le réveil de la végétation, des combinaisons assimilables par les plantes. Par contre, dans les sols légers ou très calcaires, il vaut mieux en différer l'application jusqu'au printemps et n'y employer que la quantité strictement nécessaire à une seule culture. Enfin, dans les terres privées de calcaire, la fumure potassique devra être précédée d'un chaulage ou d'un marnage, si on ne veut pas qu'elle soit une dépense inutile.

Les sources d'engrais potassiques. — Pendant longtemps, l'agriculture n'eut guère à sa disposition, pour les mettre à la disposition des plantes dans les sols où l'adjonction de cet alcalin aurait pu accroître la fertilité, que des produits potassiques peu nombreux et d'un prix trop élevé pour être employés avec avantage, dans la plupart des cas. Cet engrais n'était presque exclusivement fourni que par les cendres de bois ou les plantes marines, les marcs de vendanges, les lies de vin, les résidus de savonnerie et de buanderie, etc.

Aujourd'hui, les choses ont bien changé, et c'est pour ainsi dire en quantités illimitées que l'industrie est à même de fournir des sels de potasse remplissant toutes les conditions de bon marché et d'assimilation désirables.

Nous allons passer ces différents produits en revue.

Cendres de bois. — Tous les produits végétaux contiennent de la potasse en abondance. Lorsqu'on les brûle, on obtient des cendres qui renferment cette substance à l'état de carbonate, de sulfate et de chlorure.

La teneur des cendres de bois en potasse varie dans de très larges proportions; elle est comprise entre 10 et 25 0/0.

On peut utiliser directement ces cendres pour la fumure des terres, lorsqu'on n'est pas placé dans une situation qui permette de les employer plus avantageusement, ce qui n'est généralement pas le cas, l'industrie les payant à un prix élevé, en raison des usages multiples qu'elle en fait, notamment pour en extraire le carbonate de potasse.

Lorsque les cendres ont servi soit dans les ménages, soit dans les blanchisseries pour la lessive du linge, elles ne contiennent plus aucun des sels de potasse que nous venons d'énumérer et qui, en raison de leur solubilité, ont été entraînés par les eaux de lavage. Les cendres lessivées sont connues sous le nom de *charrées*. Nous en parlerons plus loin.

C'est en majeure partie à l'état de carbonate de potasse que cet alcalin se trouve dans les cendres de bois. On extrait ce sel à l'état pur au moyen de procédés industriels, dans le détail desquels il serait inutile d'entrer.

Il nous suffira de dire qu'on soumet ces cendres à un lavage méthodique avec de l'eau dans laquelle se solubilisent tous les sels de potasse. La lessive ainsi obtenue est évaporée dans des chaudières jusqu'à consistance pâteuse; on mélange vigoureusement à l'aide d'un ringard et on obtient ainsi une masse que l'on soumet à la calcination à l'air libre. Le produit mixte résultant de ces diverses opérations est désigné sous le nom de *potasse perlasse*, dont la composition est très variable, suivant la nature du bois qui en a été l'origine.

Elle contient naturellement la potasse sous les différentes combinaisons dans lesquelles cet alcalin se trouve toujours dans les cendres, c'est-à-dire à l'état de carbonate, de sulfate et de chlorure. L'agriculteur qui voudrait l'utiliser devrait l'acquérir au prix de la potasse totale qu'elle contiendrait d'après un dosage déterminé par l'analyse.

Les cendres de bois, en même temps qu'elles contiennent de la potasse dans une proportion qui varie de 8 à 16 0/0, suivant les essences d'arbres d'où elles proviennent, et qui va de 20 à 25 0/0 dans l'ormeau, renferment encore de la chaux dans la proportion de 25 à 50 0/0, du sulfate de magnésie dans la proportion de 6 à 10 0/0, et de l'acide phosphorique dans la proportion de 6 à 13 0/0.

Voici, au sujet de l'achat de ces produits, les très judicieuses observations présentées par MM. Müntz et Girard dans leur traité sur les engrais.

« Lorsque l'agriculteur se trouve à proximité d'une industrie qui utilise pour le chauffage: des bois, des sciures, des tannées, des bois épuisés, etc., il a souvent intérêt à s'adresser à ces produits, s'il peut se les procurer à bas prix. Le prix auquel les cendres sont vendues, varie suivant les localités; il est ordinairement fixé d'après l'hectolitre. Comme ce volume représente un poids très variable et généralement peu élevé, il serait plus logique et plus sûr d'acheter au poids. Lorsqu'on doit s'en procurer des quantités importantes, il est indispensable de recourir à l'analyse chimique pour être fixé sur la valeur du produit laquelle dépend de sa richesse en potasse, en acide phosphorique et en chaux; on peut établir la valeur réelle des cendres en la comparant aux engrais chimiques. Mais en faisant l'achat, il est bon de considérer que l'on doit payer seulement les éléments qui font réellement besoin au sol; si, par exemple, les cendres sont destinées à un sol qui contient en suffisante quantité la chaux et l'acide phosphorique, il faut se garder de faire entrer dans l'évaluation du prix la valeur de ces deux éléments, puiqu'ils sont inutiles. Quant à la valeur de la potasse des cendres, on peut lui attribuer le taux le plus élevé des engrais commerciaux potassiques, car elle est en majeure partie combinée avec l'acide carbonique et, par suite, à l'état regardé comme le plus actif.

» L'usage des cendres est très répandu dans quelques localités, mais l'achat et l'emploi n'en sont pas toujours bien raisonnés; dans beaucoup de cas, l'agriculteur a plus d'intérêt à s'adresser aux engrais concentrés du commerce; il doit toujours établir une comparaison rigoureuse avec ceux-ci, pour déterminer s'il a réellement avantage à s'adresser à ces produits encombrants et d'un transport coûteux. Cette comparaison fera disparaître, dans bien des cas, les usages établis de longue date. M. Risler cite l'exemple des Vosges, où l'emploi des cendres lessivées comme fournisseurs d'acide phosphorique est répandu de temps immémorial. On va jusqu'à 100 kilomètres chercher cet engrais, alors que le phosphate naturel rendrait les mêmes services à un prix bien inférieur ».

Comme autres sources d'où l'industrie retire encore les engrais potassiques, sous les différentes formes sous lesquelles ces sortes d'engrais peuvent se présenter, c'est-à-dire à l'état de carbonate et de sulfate de potasse, ou de chlorure de potassium, et, en dehors des substances qui contiennent ces éléments et dont nous aurons à nous occuper d'une manière spéciale dans le cours de cette étude, il nous faut citer :

Les plantes marines. — Les plantes marines, varechs, goémons, etc., dont nous avons déjà parlé dans le cours de cet ouvrage, à titre d'engrais azotés, sont exploitées par l'industrie pour en retirer l'iode qu'elles contiennent.

A cet effet, on les sèche, on les incinère, et de 100 kilogrammes de matière desséchée, on obtient environ 100 kilogrammes de cendres dont la composition moyenne centésimale est de :

Sulfate de potasse	10.2
Chlorure de potassium. . . .	13.5
— de sodium	16.0
Carbonate de chaux	57.0
Iodures alcalins	0.6

Eaux marines. — L'eau de la mer est recueillie dans des marais salants, où elle se concentre par l'évaporation de l'eau en y déposant le chlorure de sodium ou sel marin. Lorsque ce sel est enlevé, il reste un liquide (eaux mères) contenant du sulfate de soude, des sels de magnésie, du brome et du chlorure du potassium.

Ces eaux mères, de nouveau concentrées jusqu'à 38 degrés Baumé, contiennent environ, par hectolitre, de 8 à 12 kilogrammes de chlorure de potassium que l'on isole par différents procédés.

Salins de betteraves. — La betterave à sucre contient 10 à 12 0/0 de son poids sec de matières minérales, dont la potasse forme souvent près de la moitié.

Par suite des différentes opérations que l'on fait subir à la betterave pour en extraire le sucre, on obtient des eaux mères qui portent le nom de mélasses et qui renferment toute la potasse que contenait cette racine.

Ces mélasses sont distillées après fermentation pour en retirer l'alcool et le liquide aqueux qui reste au fond des alambics, connu sous le nom de vinasse, est utilisé pour en extraire la potasse.

Pour cela, on neutralise d'abord l'acidité du liquide en l'additionnant de carbonate de chaux, on le réduit par évaporation dans des chaudières chauffées à feu nu, on calcine le résidu dans lequel la potasse se trouve à l'état de nitrate, lequel, sous l'action du feu, se transforme en carbonate. A l'état brut, ce produit, qui contient de 30 à 35 0/0 de carbonate de potasse, est quelquefois employé tel quel par l'agriculture, mais, le plus généralement, il est traité industriellement pour en obtenir le carbonate de potasse à l'état pur.

Dans les pratiques nouvelles de l'industrie sucrière, beaucoup de fabriques ne livrent plus leurs mélasses à la distillerie pour en tirer l'alcool, mais les traitent elles-mêmes par le procédé dit de l'osmose pour en retirer les derniers vestiges de sucre qu'elles renferment. On obtient ainsi des liquides plus ou moins riches en potasse que l'on peut employer directement à l'irrigation ou à l'arrosage des fumiers ou que l'on traite comme nous l'avons dit plus haut, en parlant des mélasses, de manière à en tirer du carbonate de potasse, ou mieux encore, que l'on soumet à une simple évaporation qui laisse comme résidu un mélange formé en majeure partie de nitrate de potasse accompagné d'une plus ou moins grande proportion de chlorure de potassium et de sodium ainsi que de sulfate de potasse. Par des cristallisations successives, on peut obtenir de ce mélange le nitrate de potasse à un état de grande pureté.

Suint. — Sur la toison des bêtes à laine se dépose une substance grasse, onctueuse et très odorante, secrétée par les glandes de la peau, que l'on appelle suint et qui, calciné, donne du carbonate de potasse presque pur.

Dans les industries où l'on traite la laine brute en grande quantité, on soumet cette laine à des lavages méthodiques permettant d'obtenir des solutions assez concentrées pour permettre de les évaporer de manière à en retirer, à l'état sec, les diverses substances qu'elles contiennent, à savoir : des matières organiques dosant environ 2 0/0 d'azote, et des sels potassiques dans lesquels le carbonate de potasse entre pour la proportion de 75 0/0.

Carbonate de potasse. — Le bois, comme nous venons de le dire, est l'origine la plus commune de cet engrais; mais on le retire encore des salins de betterave et du suint, substance grasse, onctueuse et odorante qui se dépose sur la toison, sorte de savon à base potassique.

Quand ce sel est pur, il est blanc, très hygrométrique et d'une grande causticité qui rend son maniement très désagréable. Il contient 60,11 0/0 de potasse.

L'agriculture ne peut pas s'adresser au carbonate pur qui serait un engrais de luxe en raison de son prix élevé, qui est presque double de celui de la potasse dans le chlorure de potassium. Elle a tout au plus recours aux sels raffinés dont nous donnons ci-après l'énumération; parfois même elle se contente des potasses brutes que lui fournissent diverses industries.

Les potasses épurées des *salins de betterave* titrent environ 60 0/0 de potasse; celles du *suint* dépassent rarement 55 0/0, et celles des *cendres de bois* atteignent rarement 47 0/0 dans les plus beaux produits d'Amérique et de Russie.

Au point de vue théorique, l'usage agricole du carbonate de potasse est très rationnel. Cet engrais exalte la solubilité de l'humus, il attaque les silicates et il a sur ses congénères l'avantage de n'exiger aucune transformation pour être assimilé directement par les plantes, ainsi que nous l'avons expliqué plus haut. Chose curieuse, il n'y a guère à redouter l'effet de sa causticité sur les racines des végétaux, parce que les matières organiques et les silicates du sol neutralisent immédiatement la vivacité de son action, peut-être aussi parce que l'acide carbonique atmosphérique le convertit en bicarbonate qui est inoffensif. Mais il a toutefois plusieurs inconvénients qui mettent de sérieux obstacles à son adoption : il est trop hygrométrique, sa conservation est difficile, son maniement désagréable, enfin son prix est trop élevé.

Chlorure de potassium. — On trouve dans le commerce différents types de chlorures de potassium et parmi lesquels on peut distinguer, notamment, les chlorures d'origine française et ceux d'origine allemande.

Chlorures de potassium français. — Les chlorures de potassium français proviennent des cendres de varechs, des eaux mères de marais ou du raffinage des salins de betteraves ; ce sont ces dernières substances qui, après qu'on en a extrait le carbonate de potasse pour les usages industriels, fournissent un résidu dont on extrait les produits les plus riches en chlorure de potassium ; ce sel s'y trouve généralement dans la proportion de 80 à 85 0/0, allié de 9 à 12 0/0 de sulfate de potasse et 2 à 3 0/0 de carbonate de potasse et de soude.

Les chlorures provenant des eaux marines dosent, en moyenne, 75 0/0 de chlorure allié à 15 0/0 de sulfate de magnésie et 2 0/0 de chlorure de sodium ou sel de cuisine.

Chlorures de potassium allemands. — Depuis la découverte et la mise en exploitation des mines de Stassfürt-Anhalt, près de Magdebourg, en Saxe, soit depuis vingt à vingt-cinq ans environ, c'est à cette source que l'agriculture demande la plus grande partie de la potasse qu'elle peut avoir intérêt à utiliser.

Ces gisements de sel gemme ou chlorure de sodium, ont été longtemps exploités uniquement pour le sel de cuisine que l'on en retirait, et que l'on n'atteignait qu'après avoir traversé les couches salines supérieures que l'on rejetait sous le nom de sels de déblais (abraumsalz) et qui étaient considérés comme n'ayant aucune valeur.

Ce sont ces couches supérieures, constituées en proportions variables de sels de potasse, de soude et de magnésie, qui sont aujourd'hui l'objet principal de l'exploitation de ces mines pour en tirer le chlorure de potassium.

Disons de suite que ces dépôts proviennent vraisemblablement de la concentration successive et incessante, pendant une longue suite d'années, des eaux de la mer probablement déversées dans une sorte de puits immense, à travers un étroit canal et où elles sont restées emprisonnées s'évaporant peu à peu. Aussi trouve-t-on ces dépôts constitués en couches superposées dans lesquelles les substances se présentent dans le même ordre de concentration que dans les marais salants.

Ces couches ou régions sont au nombre de quatre :

1° La région inférieure, dite *région de l'anhydrite*, exclusivement composée de sel gemme et dont nous n'avons pas à nous occuper ;

2° La région dite *région de la polyhalite*, dans laquelle le sel gemme domine dans la proportion de 90 0/0, allié à une petite quantité de sulfates de chaux, de magnésie et de potasse ;

3° La région dite *région de la kiésérite*, où le sel gemme se trouve dans la proportion de 65 0/0, allié à 17 0/0 de sulfate de magnésie et une faible quantité de chlorures de magnésium et de potassium ;

4° Enfin, la région supérieure, dite *région de la carnallite*, est constituée en majeure partie par un chlorure double de potassium (27 0/0), de magnésium (34 0/0), par du sulfate de magnésie dans la proportion de 10 à 15 0/0 ; enfin, le sel gemme n'y entre plus que dans la proportion de 25 à 30 0/0.

C'est cette dernière région qui fournit seule les sels utilisés en agriculture.

Pour extraire le chlorure de potassium contenu dans la carnallite, on utilise la propriété que possède ce sel d'être beaucoup plus soluble à chaud qu'à froid, alors que le sel gemme ou chlorure de sodium a le même degré de solubilité aux diverses températures.

Dans une chaudière munie d'un double fond percé de trous, on met les sels de déblais réduits en poudre avec une quantité d'eau insuffisante pour les dissoudre. On fait passer de la vapeur d'eau chaude qui ne dissout, en totalité, que les chlorures de magnésium et de potassium et une faible quantité du sulfate de magnésie et du sel gemme dont la plus grande partie reste, en conséquence, dans la chaudière. Puis, par une série d'opérations dans le détail desquelles il est inutile d'entrer, on isole le chlorure de potassium des différentes substances avec lesquelles il se trouve mélangé.

Suivant que ces opérations ont été conduites plus ou moins à fond, on obtient des chlorures de potassium plus ou moins purs.

A l'état de pureté absolue, le chlorure de potassium ou muriate de potasse se présente sous forme de cristaux blancs cubiques, inaltérables à l'air, d'une saveur salée, crépitant lorsqu'ils sont chauffés, fondant au rouge sombre et se volatilisant au rouge blanc; enfin, très solubles dans l'eau.

La composition chimique de ce sel est représentée par la formule Cl, K, et contient pour cent parties.

Chlore. . . . 47.58
Potassium . . 52.42 correspondant à 33.14 de potasse.

Mais ce n'est jamais à l'état pur que le chlorure de potassium est livré à l'agriculture. Ce sel, que l'industrie agricole demande principalement aux usines allemandes, sous le nom de *sels de Stassfürt*, lui est fourni sous deux formes principales correspondant aux compositions centésimales suivantes :

	Chlorure de potassium	Sulfate de magnésie	Sel marin	Potasse totale
	—	—	—	—
Chlorure trois fois concentré	50 à 55	5 à 10	25 à 40	30 à 33
Chlorure cinq fois concentré	80 à 85	»	10 à 20	50 à 53

L'agriculture française n'a pas intérêt à employer les premiers de ces produits, bien que d'un prix moins élevé que les seconds, mais qui, en raison des matières inertes qu'ils renferment, se trouveraient grevés de frais de transport inutiles.

L'achat de ces sels doit toujours se faire sur garantie d'analyse donnant la proportion de chlorure de potassium chimiquement pur qu'ils renferment et qu'il faut multiplier par 0,63 pour avoir la teneur en potasse. Ainsi, un sel de chlorure de potassium impur, dans lequel l'analyse fait ressortir 85 0/0 de chlorure pur, contiendra en réalité 53,70 0/0 de potasse.

Le sel de Stassfürt à 80 ou 85 0/0 de chlorure est coté, aux usines de fabrication allemande, de 17 à 18 francs les 100 kilogrammes par chargement d'au moins 10.000 kilogrammes à la fois, et il est grevé de frais de transport, pour arriver à Paris, s'élevant à 3 fr. 35 c. environ par 100 kilogrammes, ce qui fait ressortir le prix total sur cette place de 20 fr. 50 c. à 22 fr. 50 c. par 100 kilogrammes; le prix du kilogramme de potasse, dans ces conditions, revient donc de 40 à 42 centimes.

Le chlorure de potassium ne présente aucun inconvénient au point de vue du maniement par les ouvriers et il peut être mélangé avec tous les engrais sans crainte de donner lieu à des combinaisons spéciales. Le sel marin et le sulfate de magnésie avec lesquels il se trouve toujours allié, mélangé, en proportions plus ou moins grandes, le rendent très hydroscopique et obligent à le conserver en lieu sec. Ces proportions d'alliages sont souvent augmentées frauduleusement de manière à diminuer le prix de revient; l'agriculture s'exposerait dès lors à payer trop cher un produit ne contenant pas la quantité de principes utiles annoncée par le vendeur, s'il achetait sans la garantie de l'analyse.

Sulfate de potasse. — Nous avons vu plus haut

que la seconde région inférieure des mines de Stassfürt, celle dite région de la polyhalite, était constituée de sel gemme, dans la proportion de 90 0/0 et de sulfates de chaux, de magnésie et de potasse pour le surplus. Ce sont ces sulfates que l'on désigne spécialement sous le nom de polyhalite. La composition de ce minerai est la suivante :

Sulfate de potasse	27 0/0
— de magnésie . . .	20 —
— de chaux.	43 —
Eau.	7 —

En outre de ce minerai et de ceux dont nous avons déjà eu à nous occuper, les mines allemandes en contiennent d'autres en moindres proportions, mais qu'il convient de faire connaître; ce sont :

1° La sylvine;

2° Le kaynite;

3° Le krugite ou grugite.

Sylvine. — La sylvine est constituée par du chlorure de potassium pur à l'état cristallisé, mais n'intéresse pas l'agriculture.

Kaynite. — Le kaynite se présente avec la composition suivante :

Sulfate de potasse	24.0 0/0
— de magnésie	16.5 —
Chlorure de magnésium	13.0 —
— de sodium ou sel marin .	31.0 —
Sulfate de chaux.	1.5 —
Eau.	14.0 —

Krugite. — Le krugite ou grugite renferme :

Sulfate de potasse	18.00 0/0
— de magnésie	13.50 —
— de chaux	63.50 —

C'est de ces différents minerais que l'on tire la presque totalité de sulfate de potasse employé par l'agriculture. On extrait ce sel au moyen de l'eau bouillante qui l'abandonne ensuite à l'état de cristaux par refroidissement, ou bien en additionnant du chlorure de potassium à la solution de sulfate; on obtient, par ce dernier procédé, du chlorure de magnésium qui reste dissous et du sulfate de potasse qui cristallise.

On tire encore ce sel des cendres de plantes marines qui en fournissent environ 10 0/0 de leur poids. Le raffinage des salins de betteraves en donne également une quantité notable.

A l'état pur, le sulfate de potasse est un sel blanc, cristallisé en prismes durs, inaltérable à l'air, d'une saveur salée et amère, soluble dans neuf fois son poids d'eau à la température ordinaire. Sa composition chimique répond à la formule SO^3, KO, ce qui correspond aux proportions suivantes :

Potasse.	54.07 0/0
Acide sulfurique	45.93 —

Le plus riche des sulfates que fournit ordinairement le commerce est celui des mélasses de betteraves; il titre jusqu'à 96 0/0 de sulfate pur

Les mines de Stassfürt en livrent de deux qualités : la première contenant de 90 à 95 0/0 de sulfate de potasse, ce qui correspond de 50 à 52 0/0 de potasse pure; la seconde ne contenant que 70 0/0 de sulfate ou 38 0/0 de potasse. Il est superflu d'ajouter que, pour ne pas payer le transport d'éléments inutiles, on fait sagement de n'acheter que les cristaux les plus riches.

Dans l'achat de cette fumure, susceptible plus qu'aucune autre d'être fraudée par addition de sel marin, de sulfate de soude, etc., il est indispensable de faire intervenir l'analyse qui déterminera non seulement la quantité de potasse qu'elle contient, car elle peut s'y trouver à l'état de chlorure de potassium qui peut ne pas convenir à l'usage que l'on en veut faire, mais celle du sulfate de potasse que l'on multipliera par 0,54, pour obtenir la quantité de potasse réelle. Ainsi, un produit à 85 0/0 de sulfate donnera $85 \times 0{,}54 = 46$ 0/0 de potasse.

Le prix de cette substance, suivant la distance à parcourir, varie de 23 fr. 50 c. à 25 francs au degré de 85 à 90 0/0 de pureté, ce qui fait ressortir le prix du kilogramme de potasse à environ 0 fr. 50 c.

Sous le nom de *sulfates bruts*, on trouve aussi dans le commerce des produits dont la composition moyenne est de :

Sulfate de potasse	8 à 12 0/0
Chlorure de potassium	6 à 11 —
— de sodium.	35 à 55 —
Sulfate de magnésie.	15 à 20 —

Dans cette composition, la proportion réelle de potasse ne ressort pas à plus de 9 à 12 0/0, mais, d'ordinaire, on l'enrichit à l'aide de sels potassiques divers, de manière à lui faire doser de 30 à 35 0/0 de potasse. Il convient tout particulièrement, pour cet engrais, de ne l'acheter que sous la garantie de l'analyse, en le payant suivant sa teneur de potasse réelle.

Emploi des sels de potasse. — *Application suivant la nature des terrains.* — Pour l'emploi des sels potassiques, il y a lieu de distinguer tout d'abord les terres qui ont besoin de cet engrais ou celles qui peuvent s'en passer à la rigueur. A cet égard, l'agriculteur est seul juge de l'opportunité de recourir ou non à cette fumure, dont l'utilité est naturellement subordonnée à la richesse du sol en potasse et surtout aux exigences de la plante que l'on y cultive.

Nous n'avons donc à envisager que la manière dont ces sels se comporteront dans les différents sols où on s'est déterminé à les appliquer.

A ce point de vue, il convient de classer les terrains en deux grandes catégories :

1° Ceux qui sont riches en calcaires et où, par conséquent, les sels potassiques subiront facilement la réaction qui les transforme en carbonate de potasse, condition sans laquelle, nous l'avons expliqué plus haut, l'engrais ne serait plus assimilable et resterait sans action dans le sol en s'y maintenant dans l'état même où on l'y aurait apporté;

2° Ceux qui sont riches en humus et en argile, et, par suite, susceptibles de fixer énergiquement la potasse qui leur est confiée, autrement dit, de la retenir à la disposition des plantes en l'empêchant de s'éliminer dans les sous-sols perméables.

Dans la première catégorie, on peut ranger :

Les terres franches qui sont dans les meilleures conditions imaginables pour utiliser les engrais potassiques dont on les dote, en raison de ce qu'elles contiennent toujours en proportions suffisantes l'humus et l'argile, grâce auxquels la potasse est retenue, et le calcaire qui permet aux sels de potasse de se transformer en carbonate.

Les terres fortes se comportent, vis-à-vis des sels en question, de la même manière que les terres franches, avec cette nuance que, plus riches en argile que ces dernières, elles cèdent moins facilement la potasse aux plantes qu'on y cultive, ce qui conduirait à cette conclusion que les doses d'engrais potassiques devraient être plus fortes pour arriver aux mêmes résultats.

Dans les terrains arables appartenant à ces deux catégories, on doit confier les fumures potassiques avant l'hiver. Aucune déperdition n'y est à craindre, et les végétaux seront en état d'en profiter précisément au moment où les réactions qui rendent ces fumures assimilables se seront accomplies.

Il n'en est pas de même pour les terres calcaires ou sableuses. Si les sols de cette catégorie sont riches en calcaires et si, dès lors, la réaction qui transforme les sels potassiques en carbonate, s'y accomplit facilement, par contre ils sont pauvres en argile et en humus. Conséquemment, la potasse n'y est que faiblement maintenue et s'élimine avec les eaux météoriques. Aux terres de cette nature, la fumure potassique ne saurait être confiée longtemps à l'avance, au moment des labours ou un peu avant les semis du printemps, c'est-à-dire lorsque l'on n'a plus à craindre les grandes pluies de l'hiver.

Quant aux terres tourbeuses qui sont, il est vrai, riches en matières organiques, et qui, par suite, pourraient retenir énergiquement la potasse, mais qui ne contiennent pas le calcaire susceptible de transformer les sels potassiques en carbonate, et à plus forte raison les terres non calcaires, il serait inutile de leur confier la fumure potassique qui y resterait sans action, si on n'a pas pris soin, au préalable, de modifier leur nature par des amendements qui les doteront de ce qui leur manque, c'est-à-dire au moyen d'un chaulage ou d'un marnage.

Application suivant les différentes cultures. — Les sels de potasse possèdent des propriétés caustiques qui les rendent dangereux pour les plantes avec lesquelles on les mettrait en contact. Ils peuvent même, dans certains cas, déterminer la mortification complète des végétaux qui se trouveraient exposés dans leur milieu.

Aussi, ne saurait-on recommander les plus grandes précautions pour l'application de cette fumure qui doit toujours précéder, du plus long temps possible, l'épandage des semences ou les plantations quelles qu'elles soient. La recommandation est surtout importante quand il s'agit des betteraves et des pommes de terre qui redoutent beaucoup le contact des sels potassiques. Pour ces deux cultures, la fumure de potasse doit précéder de six mois au moins les semis, c'est-à-dire être toujours appliquée avant l'hiver ou mieux encore à la récolte précédente. Introduite en même temps que les plants, elle diminue notablement la proportion de fécule et de sucre de la récolte.

Pour les céréales d'hiver on doit agir de même et éviter, en répandant le sel avec la plus grande uniformité, le risque de mettre les semences en contact avec des doses massives de ce sel qui les tueraient infailliblement, dans le cas où la diffusion dans le sol ne se serait pas régulièrement accomplie, pour une raison quelconque.

Une exception doit être faite à la règle générale : elle concerne les prairies naturelles dont la permanence ne permet pas l'incorporation de l'engrais au sol. On est forcément obligé de l'appliquer en couverture pendant l'hiver, afin que les pluies de cette saison en effectuent la répartition. Il n'y a pas d'ailleurs, à cette époque, à craindre une action trop dangereuse sur la végétation qui est au repos.

Quant aux prairies artificielles établies dans les terrains où l'engrais potassique serait considéré comme nécessaire, si la nature de ces terrains permet de supposer qu'ils retiendront cet engrais, il serait avantageux de l'appliquer dès le début de leur établissement, en quantité suffisante pour toute la durée de la prairie. Si, au contraire, la nature du sol faisait craindre des déperditions de potasse, on procéderait à des fumures en couverture, comme pour les prairies naturelles.

En résumé, relativement à l'application des sels de potasse, tout en prenant en considération sérieuse, les observations qui précèdent, l'agriculteur devra tout particulièrement tenir compte du caractère du sol qu'il cultive, afin d'éviter autant que possible des pertes de substances. Mais il ne devra pas lui échapper, d'autre part, que cet engrais, pour qu'il puisse agir utilement sur les végétaux, doit subir tout d'abord une réaction qui le rende assimilable par les plantes. Par suite, lorsque l'on vise à une action immédiate, c'est-à-dire s'exerçant sur la récolte de l'année même, il importe que l'engrais soit enfoui aussi longtemps que possible à l'avance, de telle sorte que la plante puisse l'utiliser dès le commencement de sa végétation. Dès lors, en ce qui concerne les cultures à racines profondes, telles que la vigne et la luzerne, par exemple, quelle que soit la nature du terrain, il sera toujours avantageux de leur fournir la fumure potassique le plus tôt possible, quand bien même cette fumure risquerait d'être entraînée dans les couches inférieures où ces racines iraient la chercher.

Épandage. — Outre l'action caustique qui est toujours à craindre dans les fumures potassiques et qui doit conseiller de ne pas mettre les engrais de cette nature à la portée immédiate des plantes, il y a lieu de considérer, d'une part, que les sels de potasse, bien que pouvant être considérés comme solubles dans l'eau, ne le sont pas suffisamment cependant pour que leur diffusion puisse se réaliser dans le sol aussi rapidement qu'il serait désirable; d'autre part, que l'action de l'argile s'exerce quelquefois d'une manière si énergique sur ce sel que, lorque l'on se borne à le semer à la surface du sol, il y est retenu très longtemps et qu'il ne parvient que difficilement à la portée des racines, particulièrement lorsque celles-ci pénètrent profondément dans la terre.

Pour ces différents motifs, il importe donc, en

premier lieu, que l'épandage des engrais de cette catégorie soit fait d'une manière très régulière et à l'état de la plus extrême division possible, ce que l'on obtiendra plus facilement en les mélangeant intimement avec des matières inertes, terre sèche, sable, ou encore chaux vive; en second lieu, après l'épandage, d'incorporer le sel à la terre par un profond labour.

Il n'y a aucun inconvénient à mélanger les sels de potasse à la plupart des engrais usuels, même à la chaux vive, ainsi que nous venons de le dire; ils ne donnent lieu, par leur contact les uns avec les autres, à aucune réaction susceptible de diminuer leur valeur fertilisante.

Doses à employer. — Les doses de sels de potasse à employer sont naturellement subordonnées à l'espèce de récolte que l'on se propose d'obtenir et à la richesse du sol en sels alcalins de l'espèce. Dans les terrains granitiques ou résultant de la désagrégation des roches basaltiques qui sont toujours suffisamment pourvus de potasse, on peut réduire ces doses même en deçà de ce que les récoltes en enlèvent annuellement. Mais dans les sols qui en sont dépourvus ou qui n'en renferment que de faibles quantités à l'état assimilable, leur emploi doit être proportionné de manière à satisfaire largement aux exigences des plantes.

Il n'est pas inutile ici, de placer sous les yeux du lecteur, un tableau indiquant les quantités moyennes de potasse absorbées par les principales cultures et par hectare.

Nature des cultures	Exportation par hectare
	kil.
Céréales (blé, orge, seigle, avoine, maïs, sarrasin)	31.6
Légumineuses (haricots, pois, féveroles) .	51.5
Plantes industrielles (colza, œillette, lin, chanvre, houblon)	59.0
Tabac.	98.0
Tubercules (carottes, navets, pommes de terre).	122.0
Tubercules (Rutabaga, betterave fourragère, topinambour)	253.0
Tubercules (betteraves à sucre)	168.0
Plantes fourragères (foin, sainfoin, vesce).	95
— (seigle, trèfle, luzerne).	145
— (maïs, fourrage) . . .	192
— (choux)	215
Plantes arbustives (vigne, pommiers) . .	25

A l'aide de ce tableau, l'agriculteur peut facilement calculer les quantités de potasse à restituer annuellement au sol, en tenant compte de la richesse des fumures potassiques auxquelles il a recours et sur laquelle il doit toujours être fixé lorsqu'il en fait l'achat, sous peine d'agir absolument en aveugle.

Valeur comparative des différents sels de potasse au point de vue de leur action sur la végétation. — Nous avons vu que tous les sels de potasse doivent, pour être assimilés par les plantes, subir préalablement une décomposition qui les transforme en carbonate de potasse, et que ces sels sont plus ou moins caustiques et peuvent agir d'une manière défavorable sur les semences et les végétaux à l'état naissant, lorsqu'ils sont en contact immédiat avec eux. En outre, la plupart de ces sels, qui ne sont jamais utilisés à l'état de pureté complète par l'agriculture, sont accompagnés de substances qui peuvent avoir une influence nocive sur les végétaux. C'est à ces divers points de vue que nous allons les examiner.

Carbonate de potasse. — Ce sel se trouvant, dès l'origine, dans l'état où les plantes peuvent l'utiliser immédiatement, les engrais qui le renferment, tels que les salins, les potasses brutes, les cendres végétales, etc., ont, dès lors, une supériorité marquée sur les autres sels potassiques qui ne se présentent pas sous le même état.

Nous avons dit, d'ailleurs, en parlant de cet engrais, qu'il n'y avait rien à redouter de sa causticité naturelle, lorsqu'il est en contact avec le sol, sans doute parce qu'il y est immédiatement transformé en bicarbonate.

Mais on devra s'abstenir de l'appliquer en couverture, parce que sa causticité naturelle, n'étant plus annihilée par le contact avec la terre, aurait pour effet de brûler les organes foliacés qu'il atteindrait.

Nitrate de potasse. — Le nitrate de potasse se transforme rapidement en carbonate au sein de la terre; en outre, il est inoffensif pour les plantes, étant dépourvu de causticité. Si on ajoute à ces qualités sa richesse en principes azotés, on peut considérer cette fumure comme étant de premier ordre à tous égards.

Sulfate de potasse. — Ce sel se transforme rapidement en carbonate au contact du calcaire du sol; il est peu caustique et il agit d'une manière favorable sur les plantes, non seulement à raison de la potasse qu'il contient, mais encore à raison de son acide sulfurique qui active énergiquement la végétation, celle surtout des légumineuses. Cette substance est incontestablement le plus recommandable des engrais potassiques.

Chlorure de potassium. — Le chlorure de potassium, outre qu'il possède une certaine causticité qui peut nuire aux semences et aux végétaux avec lesquels il serait mis en contact, est presque toujours accompagné d'une certaine proportion de chlorure de magnésium, sel plus caustique encore que le chlorure de potassium. Tous ces inconvénients sont d'ailleurs évités si on prend la précaution d'incorporer cette substance au sol, assez longtemps à l'avance pour que les végétaux n'aient point à en souffrir avant que sa transformation en carbonate se soit produite. Ajoutons que l'on devra s'abstenir d'appliquer cet engrais en couverture sur de jeunes organes foliacés qu'il détruirait infailliblement. Si on doit l'employer de cette manière, pour les prairies naturelles ou artificielles, par exemple, l'épandage, ainsi que nous l'avons expliqué plus haut, sera fait seulement pendant l'hiver.

Soude. — La soude n'existe dans les végétaux qu'en proportions très minimes, pour ne pas dire insignifiantes; il semble donc que cet élément tout à fait secondaire, s'il n'existait pas dans le sol, ne constituerait pas un cause d'infertilité.

D'après même la plupart des auteurs les plus autorisés, non seulement l'apport de cet alcalin n'accroît en rien la valeur fertilisante des terres, mais encore il aurait sur les végétaux une action plutôt pernicieuse.

C'est au chlorure de sodium ou sel marin que recourent les agriculteurs qui estiment néanmoins que cet engrais est susceptible de présenter quelques avantages, bien qu'il soit démontré, aujourd'hui, que ces avantages sont plus que problématiques.

Introduit à haute dose dans le sol, ce sel, en effet, est nuisible à la végétation et peut même rendre la terre stérile; à dose modérée, ses traces ne se retrouvent nulle part dans la plante.

La soude et la potasse, malgré leur grande analogie au point de vue de leurs propriétés chimiques, sont loin d'agir dans les mêmes conditions sur la végétation. La potasse est indispensable à la nutrition des plantes, et, dans un sol qui en est dépourvu, on n'obtiendrait que de maigres récoltes, tandis qu'il est bien démontré aujourd'hui que le rendement ne peut être en rien affecté par la pénurie d'un sol, relativement à la soude.

Du reste, si l'on fait usage comme engrais de sels de potasse, il n'y a jamais à se préoccuper de fournir de la soude à la terre, ces sels en renfermant en proportion toujours bien suffisante.

La terre, en outre, en est presque toujours largement pourvue, et comme les végétaux en consomment peu, l'emploi direct du sel marin est bien rarement nécessaire. Les agriculteurs feront mieux de le réserver pour le mélanger à la nourriture des animaux de la ferme, sur lesquels il exerce l'action la plus bienfaisante en aidant à leur digestion et en contribuant à leur bien-être général.

De la sorte, le sel marin retourne au fumier, pour être, de là, répandu sur les terres, et c'est encore le meilleur procédé pour doter celles-ci d'un alcalin qui, s'il n'est pas indispensable, peut, dans certains cas, rendre service.

CHAPITRE XIII

Amendements. — Engrais calcaires. — La chaux : le chaulage : action de la chaux dans les sols; pratique du chaulage; épandage; achat et conservation de la chaux; exigence des plantes en chaux. — Marnage : la marne; pratique du marnage; principes économiques du marnage; épandage. — La craie. — Calcaires marins : coquilles; faluns; merl ou maërl; tangue; trez. — Cendres calcaires : cendres de houille; cendre de tourbe; cendres lessivées ou charrées; carbonates divers. — Comparaison entre le chaulage et le marnage. — Le plâtrage : action fertilisante du plâtre; épandage; plantes auxquelles le plâtre convient plus spécialement. — Engrais magnésiens : chlorure de magnésium; carbonate de magnésie; sulfate de magnésie; magnésie.

Engrais calcaires. — On donne le nom d'amendements aux matières minérales que l'on introduit dans les terres, afin d'en modifier soit les propriétés physiques, soit la composition chimique, et en vue de rendre celles-ci aptes à réaliser certaines réactions qui ne se manifesteraient pas en l'absence de ces agents d'une nature spéciale.

C'est ainsi que, nous avons eu maintes fois l'occasion de le faire ressortir dans cet ouvrage, l'azote que les terres contiennent naturellement ou celui qui leur est apporté au moyen des engrais organiques, ne nitrifie pas, — condition cependant indispensable de son action fertilisante, — lorsque l'élément calcaire fait défaut. Dans de pareils sols, l'azote est immobilisé et reste à l'état inerte, et les plantes végètent misérablement, quoique souvent au sein de l'abondance.

Il en est de même pour les sels de potasse qui, en l'absence de carbonate de chaux, ne subiraient pas la réaction qui les transforme en carbonate de potasse, condition sans laquelle ces sels ne seraient plus assimilables et ne profiteraient en rien aux végétaux.

La chaux doit, en outre, être considérée comme un aliment dont les plantes ne sauraient se passer, ainsi que le révèle l'analyse qui établit que cette substance existe d'une façon constante et en quantité relativement élevée dans tous les végétaux.

La présence de cet élément constitue donc une condition essentielle de la vie végétale.

Mais ce n'est pas là seulement le rôle utile du calcaire, et nous avons vu également que, grâce à lui, on peut modifier avantageusement la nature physique de certains sols trop compacts, par exemple, et qui, au moyen de cet amendement, sont rendus perméables, et qui, de presque stériles qu'ils étaient, deviennent heureusement fertiles.

Telles sont, dans ces divers cas, les terres argileuses, les terres siliceuses, les terres à base organique formant les landes, les terres tourbeuses.

Toutes ces terres non calcaires ont une végétation spéciale : les froments et les légumineuses n'y prospèrent que par exception. En revanche, l'oxalis, l'oseille sauvage, la flouve odorante, la houlque laineuse y dominent à l'état sauvage.

Aux sols de cette nature, il faut donc apporter des amendements calcaires, opération que l'on réalise au moyen du chaulage et du marnage.

Par le marnage, expliquent MM. Müntz et Girard, on donne la chaux sous forme de carbonate, à l'état même où on l'extrait du sol ; par le chaulage, on la donne après cuisson du minerai constituant la pierre à chaux. La cuisson permet de tirer parti de la chaux, même de celle qui se présente à l'état de roche dure. Cette opération, en éliminant l'acide carbonique, réduit notablement le poids de la matière et conséquemment les frais de transport. Le produit obtenu a en outre la propriété de se déliter et de prendre, sans frais de manipulation, la forme de poussière extrêmement fine permettant sa diffusion dans le sol. L'expérience a de plus appris que la chaux caustique à des effets beaucoup plus rapides que ceux du carbonate, même quand on l'emploie en quantité moindre. Ces diverses raisons expliquent pourquoi la pratique du chaulage est adoptée sur une vaste échelle, surtout dans les pays où le calcaire ne se présente pas sous une forme divisée, comme la marne, et dans ceux où il y a des frais de transport élevés.

La chaux. *Le chaulage.* — La chaux, considérée comme substance chimique, est un oxyde de calcium et répond à la formule CO^2: on l'obtient en décomposant le carbonate de chaux par intervention d'une température élevée qui donne lieu à un dédoublement des deux éléments qui constituent ce dernier sel, savoir son acide CaO (acide carbonique) qui s'élimine et sa base CO^2 qui reste dans les fours.

La fabrication de la chaux est tellement banale qu'il est à peine utile de s'y arrêter.

Chacun sait que l'on introduit la pierre à chaux (carbonate de chaux) dans des fours plus ou moins perfectionnés, dits fours à chaux, où on la soumet à la cuisson qui la transforme comme nous venons de le dire plus haut.

Au sortir des fours, cette matière est appelée *chaux vive*, c'est-à-dire chaux privée d'eau. Elle est dure, d'autant plus blanche qu'elle est plus pure et souvent mélangée avec une proportion plus ou moins notable de sable et d'argile. La plus belle porte le nom de *chaux grasse*; elle n'est ni argileuse ni siliceuse, c'est celle que l'agriculture doit rechercher. Lorsqu'on l'arrose doucement avec de l'eau, elle l'absorbe, se fendille, puis elle s'échauffe au point de pouvoir enflammer la poudre et toutes les substances organiques facilement combustibles. Bientôt son volume augmente d'une manière notable et elle tombe en poussière; on dit alors qu'elle est *éteinte*, *hydratée* ou *délitée*. En cet état, elle diffère de la chaux vive par sa combinaison avec l'eau dont elle renferme presque le quart de son poids (24.32 0/0). L'eau en dissout un peu plus d'un gramme par litre à froid ; l'eau chaude la dissout bien moins.

Pulvérulente ou dissoute, éteinte ou vive, la chaux est toujours caustique. Abandonnée à l'air, elle s'empare aussitôt de son acide carbonique et elle est graduellement convertie en carbonate de chaux. C'est ce qui fait que l'eau de chaux, préalablement filtrée, ne peut être conservée liquide que dans des flacons entièrement pleins et bien bouchés. Dès qu'elle a le contact de l'air, elle se trouble et dépose une poudre blanche qui est du carbonate de chaux.

Les mêmes transformations s'accomplissent quand on incorpore de la chaux vive dans la terre. L'extinction est ici beaucoup plus lente que sous l'influence de l'arrosage direct, en raison du peu d'humidité que contient le mélange. Par contre, la métamorphose de la chaux éteinte en carbonate y est plus rapide que par la simple exposition à l'air atmosphérique, la terre étant un condensateur d'acide carbonique et pouvant céder ce gaz à la chaux en plus grande quantité que l'air lui-même.

Action de la chaux dans le sol. — Supposons maintenant la chaux récemment éteinte, introduite dans le sol. Que va-t-elle devenir et quels effets chimiques va-t-elle provoquer ?

Nous avons dit plus haut qu'elle modifie profondément les propriétés physiques des terres argileuses. Voici le mécanisme de son intervention. Les argiles sont des silicates doubles d'alumine et de potasse, présentant deux caractères principaux : leurs particules sont très adhésives entre elles et difficiles à décomposer. De la première de ces propriétés, il résulte qu'elles communiquent au sol une compacité pouvant devenir nuisible lorsqu'elle est excessive. La seconde fait qu'elles retiennent leur potasse avec une très grande énergie.

Un intermédiaire est indispensable pour vaincre leur fâcheuse influence sur la porosité du sol et la résistance qu'elles mettent à céder de la potasse aux végétaux. Cet intermédiaire, c'est la chaux, qui agit d'une double façon sur les argiles. D'une part, elle exerce sur elles une sorte d'action coagulante spéciale qui leur fait perdre leur plasticité naturelle. Par son mélange avec les terres argileuses, celles-ci deviennent perméables et se prêtent mieux aux réactions chimiques, en raison des facilités qu'elles donnent à la circulation de l'air et de l'eau, deux facteurs importants de toutes les transformations souterraines. En second lieu, elle s'unit peu à peu à la silice et à l'alumine, en mettant en liberté de petites quantités de potasse immédiatement utilisables.

Ce n'est pas tout. Boussingault a établi expérimentalement que la chaux divise l'humus comme l'argile et qu'elle change rapidement son azote en ammoniaque. Une terre qui, sans addition de chaux, avait produit 20 kilogrammes d'ammoniaque par hectare en un mois, en donnait 304 kilogrammes pendant le même temps et pour la même superficie après avoir été chaulée. Une autre, qui n'avait pas formé d'ammoniaque du tout, dans l'espace de deux mois, en contenait 180 kilogrammes par hectare un mois après son chaulage.

La chaux opère donc tout à la fois, dans les terres fortes, des effets physiques et chimiques très remarquables et on ne peut plus importants pour leur fécondité. Mais il est bien entendu que tous ces phénomènes sont dus à la chaux hydratée seule. Dès qu'elle est carbonatée, elle cesse d'attaquer l'humus et l'argile; son influence reste toujours très grande, sous cette forme nouvelle, mais elle n'est pas la même; nous l'examinerons tout à l'heure.

Dans les terrains tourbeux, l'action du chaulage est plus simple, puisqu'il n'y a pas d'argile. Elle se résume en la neutralisation des acides engendrés par la destruction des végétaux. De l'humate de chaux prend alors naissance, et le sol, devenu plus poreux, acquiert promptement les propriétés des terres arables.

Dans les terres légères, l'action de la chaux est analogue à celle qu'elle exerce dans les terres fortes et purement chimique, ce qui ne veut pas dire qu'elle soit inutile. S'il n'y a pas ici d'argile à diviser, il est néanmoins indispensable de chauler, à moins que les terres ne soient calcaires d'avance.

Mais s'il est utile de compenser l'insuffisance du sol par des apports fréquents de calcaire, il faut aussi se garder soigneusement de l'abus. Puisque la chaux décompose l'humus et favorise la nitrification, il est évident qu'elle tend à épuiser la terre, si on n'a pas soin de l'appliquer avec modération et de restituer au sol aussi bien les éléments formateurs de l'humus que les principes fertilisants minéraux, hors la présence desquels la chaux n'agit que très incomplètement. Quand ces deux conditions ne sont pas remplies, la terre donne généreusement tout ce qu'elle contient, sous la pression du stimulant qui lui a été fourni, et pour peu que dure ce régime, elle est bientôt frappée de stérilité, à moins de lui fournir en excès, des fumures dont on pourrait se dispenser. Cela revient à dire que la conséquence des amendements calcaires, c'est la nécessité de promptes et abondandantes fumures.

L'emploi abusif de la chaux et de la marne a donné lieu à ce proverbe populaire : les amendements, a-t-on dit, *enrichissent les pères et ruinent les enfants*. Rien n'est plus vrai ; mais c'est contre l'abus et non contre l'usage modéré que le proverbe a été formulé.

Chauler et marner pour faire blés sur blés, voilà l'abus contre lequel les propriétaires ne sauraient être trop en garde lorsqu'ils ont des domaines à fermage ou à métayage. Chauler et marner pour donner au sol la faculté de produire du trèfle et autre légumineuse, et pour faire de cette culture fourragère la base d'une culture améliorante où les céréales restent dans les limites reconnues utiles à leur propre succès, voilà l'usage rationnel, l'usage qu'il faut conseiller, et cela pour la chaux plus que pour la marne, car il est certain que celle-ci, constamment dangereuse en cas d'abus, l'est cependant moins que celle-là.

Dans la culture améliorante, marner ou chauler, c'est donc *s'imposer le devoir* de fumer la terre, mais c'est aussi se *donner le droit* de compter sur l'accroissement des fourrages qui amène celui des fumiers. Sans calcaire, une terre est à la fois limitée quant à l'engrais qu'elle peut reproduire par ses récoltes fourragères et ses pailles et quant à l'engrais qu'elle peut consommer, *digérer*, transformer en récoltes.

Vienne le calcaire, et cette terre reproduira et consommera plus de fumier, ce dont il ne faudra pas se plaindre, car ce sera l'activité imprimée au capital de circulation,

De ce qui précède, concluons que pour obtenir de bons résultats du chaulage, il faut avant tout s'assurer que la terre ne renferme pas une proportion de chaux suffisante et qu'elle est, au contraire, bien pourvue d'humus. En deuxième lieu, on doit éviter de le pratiquer sur des terres médiocres, dont la ruine serait alors considérablement accélérée. Enfin, si riche que soit le sol qu'on se propose de charger de chaux, il est encore nécessaire d'y entretenir un taux élevé d'humus, par des fumures organiques abondantes.

Entouré de toutes ces précautions, le chaulage est une excellente pratique, trop négligée la plupart du temps, décriée même par ceux qui n'ont pas su la manier, mais qui n'a que des avantages quand elle est rationnellement conduite. A cet égard, on ne saurait trop le répéter, il est nécessaire de condamner, comme au moins périlleux, les chaulages exagérés, auxquels le cultivateur est trop facilement enclin, lorsqu'une fois il a vu les bons effets de la chaux.

Pratique du chaulage — En général, 1,000 à 2,000 kilogrammes de chaux par hectare, renouvelés tous les trois ou quatre ans seulement, sont largement suffisants pour procurer une amélioration culturale importante.

Bien peu de terres supportent, sans préjudice, les doses de 5,000 et 7,000 kilogrammes qu'on leur donne parfois. Dans les marais, cependant, il n'y a pas d'inconvénient à forcer légèrement le quantum normal, l'abondance des acides naturels permettant à la terre d'accepter, sans que son équilibre physiologique en soit troublé, une proportion élevée de l'amendement alcalin, soit par exemple, 2,500 à 3,000 kilogrammes.

Il en est tout autrement pour les terres légères, où la quantité de 1,000 kilogrammes à l'hectare ne peut guère être dépassée sans risque sérieux. Dans tous les cas, il y a des soins particuliers à prendre pour assurer au chaulage son maximum d'effet. Les terres fortes en exigent davantage, enfin les terres riches en matières organiques en exigent des proportions variables avec cette richesse même. Ce sont les sols tourbeux, où la matière organique est extrêmement abondante qui ont besoin des plus fortes quantités.

Quel que soit le sol sur lequel on opère, la dose doit être d'autant plus élevée que les labours sont plus profonds et que, par suite, l'action de la chaux doit s'exercer sur une plus grande masse de terre.

Dans certaines contrées, on laisse la chaux vive se déliter spontanément à l'air, pendant plusieurs mois, et on la répand ensuite sur la terre, sans y rien mélanger. De tous les procédés, c'est le moins bon. Il fournit un produit dont le quart est souvent carbonaté; en outre, la manipulation de la chaux en nature est des plus désagréables.

Mieux vaut, ainsi qu'il est généralement en usage, déposer la chaux vive en amas peu volumineux, sur le sol où elle doit être enfouie, et la recouvrir de terre. Elle se délite lentement, en déchirant çà et là son enveloppe, que l'on rétablit sans relâche, dès qu'elle s'est crevassée. En trois semaines environ, elle est complètement éteinte. S'il reste des fragments encore durs, on les remet en tas, avec de la terre par-dessus et on attend qu'ils soient devenus pulvérulents. On mélange ensuite la chaux avec la terre qui la protégeait, on répand le tout le plus uniformément possible sur le sol, et on laboure aussitôt à une profondeur moyenne. La chaux ayant une tendance constante à gagner les couches profondes, il y a bénéfice à lui faire accomplir son œuvre dans les parties superficielles du sol.

Cette méthode est la plus économique, et elle mérite réellement la préférence qui lui est presque partout accordée. Toutefois, elle ne supprime pas complètement la carbonatation reprochée au premier moyen. On peut avoir, beaucoup plus rapidement, de la chaux exempte de carbonate, en arrosant la chaux vive avec de l'eau, à la manière des maçons, ou en la trempant dans ce liquide pendant une ou deux heures et en l'abandonnānt ensuite à l'air, elle prend très promptement l'état pulvérulent. On se hâte alors d'y mélanger de la terre et de la porter dans les champs, pour l'enterrer rapidement comme il a été dit.

Le chaulage peut être effectué à toute époque

de l'année, en tenant compte des deux observations suivantes. La causticité de la chaux pouvant nuire aux plantes nouvellement germées, il est nécessaire d'employer cet engrais, un mois environ avant les semailles. D'un autre côté, comme on se propose, en chaulant, de désagréger les argiles et les matériaux organiques du sol, il est également utile d'y procéder à l'avance, pour que ce double effet soit réalisé, au moment où les végétaux pourront commencer à en profiter.

Ceux qui observent la règle du chaulage hâtif, y trouvent encore l'avantage de ne pas être exposés à mêler de la chaux à des engrais qui lui soient incompatibles et il y en a plusieurs.

Il n'est pas bon, par exemple, de la mettre en contact avec les superphosphates, avec les phosphates fossiles ou avec les scories phosphoreuses, dont elle retarde beaucoup la dissolution.

Il est bien plus défectueux encore de l'incorporer au fumier, au guano et au sulfate d'ammoniaque, dont elle diminue rapidement le titre en azote. Le précepte est inflexible sur ce point : *jamais il ne faut mélanger de la chaux à un engrais contenant de l'azote ammoniacal.* On peut conjurer, dans une certaine mesure, les inconvénients de ce mélange, par l'absorption d'une forte proportion de terre qui absorbe l'ammoniaque mise en liberté. Mais il est encore plus prudent de ne point provoqueru ne semblable décomposition, avant que l'engrais azoté ne soit introduit dans le sol.

Rien ne s'oppose, au contraire, à ce que la chaux soit associée aux nitrates et aux sels de potasse. La connaissance de ces faits est fort importante, même en dehors de la question de chaulage.

Epandage. — Il y a deux manières d'amener la chaux à l'état d'emploi, c'est-à-dire à l'état de poudre éteinte. On dépose directement sur le terrain même, les morceaux de chaux vive que l'on forme en petits tas recouverts de terre. Ceux-ci ne tardent pas à se déliter et alors on brasse le tout, on fait un mélange intime que l'on répand sur le sol ou bien on recourt à la méthode des composts.

Dans tous les cas, il faut recommander aux charretiers de ne jamais se laisser surprendre par la pluie alors qu'ils sont en charge, car l'eau sur la chaux vive, c'est au point de vue agricole, une détoriation, une perte. Dans les grands trajets, il est donc prudent de mettre de la paille sur les tombereaux chargés.

Déposer la chaux en petits tas et sur place, c'est réduire les frais de transport, mais alors il faut une terre libre de toute récolte. Les petits tas déposés, des ouvriers assez nombreux, pour qu'aucune pierre calcaire ne reste à découvert la nuit suivante, s'empressent de recouvrir chaque tas avec de la terre qu'ils prennent à pied d'œuvre. Au bout de quelques jours, surtout après une pluie légère, les tas se fendillent, la chaux se dilate; il faut la brasser avec une nouvelle terre de manière que le mélange ne laisse plus apparaître que le moins possible des agglomérations de chaux pure. Cela fait, on met une légère enveloppe de terre qui a pour but de protéger contre la pluie chaque petit tas devenu plus gros. Et cet état, la chaux arrive à parfaite fusion : il ne reste plus d'intactes que quelques parties échappées à l'action du feu lors de la cuisson.

Le moment est venu d'étendre en choisissant un temps calme. On enterre ensuite et sans désemparer à la herse et au scarificateur.

Il faut, dans toutes ces opérations, éviter la pluie : elle mettrait la chaux en bouillie pâteuse, en grumeaux, et sous cette forme, la chaux se répartirait mal et produirait moins d'effets utiles. Par cette méthode, on chaule à 20, 40 et même 100 hectolitres à l'hectare; mais ce n'est guère que dans les sols tourbeux que ce dernier dosage est appliqué. En général, on estime qu'il faut trois hectolitres de chaux pour chacune des années de la durée du chaulage : en moins de trois semaines, la chaux peut être amenée, éteinte et enfouie.

On a simplifié la méthode de chaulage sur place en traçant à la charrue des raies équidistantes dans lesquelles les tombereaux déposent la chaux. Un autre trait de charrue recouvre chacune de ces raies.

La seconde méthode, dite méthode des composts, consiste à former un dépôt dans lequel chaque tas de chaux successivement est recouvert d'une légère couche de terres, de gazons, de curures de fossés. Ce tas, ainsi constitué, prend la forme d'un prisme triangulaire, de manière qu'il ne soit jamais pénétré par l'eau.

Quelques mois après sa mise en train, on le découpe pour en mélanger toutes les parties, et on le rétablit dans sa première forme. Enfin, après un nouveau repos de plusieurs mois, il est arrivé à point; on le transporte sur le terrain à chauler, et là, mis en petits tas régulièrement espacés; il est écarté à la pelle, puis enterré par les instruments aratoires.

Dans cette méthode, on peut ne mettre, à la rigueur, que 10 hectolitres par hectare; il n'y a pas le danger de brûler les récoltes, comme cela s'est vu dans quelques terres légères où l'on a employé trop de chaux. On est également moins limité par le temps que lorsqu'il s'agit de porter directement la chaux sur le terrain. Enfin, l'avantage de cette méthode est d'utiliser les propriétés caustiques de la chaux pour activer la décomposition des matières organiques qui se trouvent dans les composts et de les rendre immédiatement utilisables par le sol.

Les procédés d'épandage que nous venons d'indiquer sont de beaucoup préférables à celui qui consiste à laisser, comme on le fait dans certains départements, la chaux se déliter préalablement à l'air libre, sous des hangars où elle absorbe l'humidité et se réduit en poussière fine que l'on répand telle quelle dans les champs, ou bien encore, ainsi que cela se pratique dans d'autres régions, à la méthode qui consiste à plonger les pierres à chaux, au moment où l'on veut s'en servir, pendant une ou deux minutes dans l'eau, qu'elles absorbent en quantité nécessaire pour se transformer en chaux éteinte que l'on charge de suite sur des tombereaux où la délitation s'opère rapidement, laquelle, transportée à pied d'œuvre, se trouve à l'état pulvérulent qui permet de la répandre sur le sol à la pelle.

Quel que soit le procédé employé, on ne saurait trop recommander de disperser la chaux sur le sol avec le plus de régularité et le plus d'uniformité qu'il sera possible. C'est à cette condition surtout qu'elle agira dans le sens que l'on recherche.

Achat et conservation de la chaux. — Il y a diverses précautions à prendre dans l'achat de la chaux. En premier lieu, cet achat doit se faire au poids et non au volume, car celui-ci, pour la même quantité de produit, peut varier dans de très larges proportions et aller du simple au triple, suivant que le chargement est plus ou moins bien fait, que les fragments sont plus ou moins gros, etc.

La chaux vive, ainsi que nous l'avons expliqué plus haut, pouvant se transformer assez rapidement, sous l'influence de l'air atmosphérique, en carbonate de chaux qui a une valeur et une action moindres, il y a intérêt à acheter cette substance lorsqu'elle est de fabrication récente.

L'achat de la chaux en poudre doit toujours être fait sous la garantie de l'analyse, en raison des matières inertes que la fraude peut avoir intérêt à y mélanger.

MM. Müntz et Girard font, à cet égard, les recommandations suivantes :

« Il faut, en outre, disent-ils, essayer la chaux au point de vue du foisonnement. On doit, en effet, poser comme règle générale que les chaux qui se délitent le plus facilement, qui se réduisent spontanément en poussière plus impalpable, sont celles auxquelles il faut donner la préférence et dont il faut les moindres quantités pour obtenir un résultat utile. Il est facile de faire pratiquement un essai pour se rendre compte de la qualité de la chaux : il suffit d'en prendre quelques morceaux qu'on trempe dans l'eau pendant une ou deux minutes et qu'on laisse se déliter ensuite. Plus le foisonnement est grand, plus la division est complète, moins il y aura de parties pierreuses restant sur tamis fin, plus la qualité de la chaux sera bonne. Il est toujours utile de faire cet essai pour s'assurer de la valeur du produit qu'on emploie.

La chaux grasse doit se déliter complètement et tomber rapidement en poussière fine. C'est elle qui possède la plus haute valeur agricole.

Les chaux maigres ou hydrauliques foisonnent beaucoup moins; elles contiennent, en outre, très souvent des fragments qui résistent au délitement et qui sont sans aucune valeur. Lorsque la pierre à chaux est argileuse, elle résiste davantage à l'action de la chaleur, et si l'opération du chauffage n'a pas été bien conduite, il n'est pas rare de constater dans le produit des morceaux de pierrre calcaire incomplètement décarbonatés qu'on appelle des *incuits*. Si, au contraire, la matière a subi des coups de feu, certains fragments subissent la frite, c'est-à-dire une sorte de vitrification;on les appelle les *biscuits*. Les incuits et les biscuits ne se délitant pas, doivent être considérés comme inertes et, par conséquent, sans valeur.

Enfin, il y a lieu de distinguer, parmi les chaux maigres, celles qui sont pouvues d'hydraulicité et qui, employées directement, durciront dans le sol et formeront une sorte de mortier.

L'agriculteur doit donc apporter la plus grande attention au choix de la variété de chaux qu'il emploie, et les détails que nous venons de donner sont destinés à le mettre en garde contre le préjugé trop répandu qui consiste à croire que toutes les chaux se valent.

C'est dans un endroit sec, à l'abri de la pluie et de l'humidité, qu'on doit conserver la chaux vive, de manière à éviter qu'elle se délite avant l'épandage, car, en cet état, nous l'avons dit, elle se carbonate plus rapidement et perd une partie de son énergie.

Le mieux est de n'acheter ce produit qu'au moment de son emploi; on évite ainsi ce dernier inconvénient.

Exigences des plantes en chaux. — Nous avons dit que tous les végétaux, sans exception, révèlent, à l'analyse, la présence d'une plus ou moins grande quantité de chaux dans leurs tissus. L'absence de cet élément, dans le sol, serait donc une cause de stérilité. Mais, par cela même que les plantes empruntent à la terre cette substance nécessaire à leur alimentation, celle-ci se trouve exportée par les récoltes, et il est donc important de savoir, en premier lieu, quelle est l'importance de cette exportation, pour la compenser, au besoin, par des apports de chaux; en second lieu, quelles sont les exigences des différentes variétés de plantes, au point de vue de cet agent, de manière à le fournir en plus ou moins grande abondance, suivant les cultures.

Voici, approximativement, les quantités de chaux qui sont enlevées à un hectare de sol, par des récoltes moyennes, y compris la paille, le grain, le fruit, les feuilles, les racines, etc. :

	Kilog.
Céréales :	
Blé, orge, seigle, avoine, maïs . .	7 à 15
Sarrasin.	35 à 40
Légumineuses :	
Haricot, féverole, lentille, lin . . .	25 à 38
Pois, œillette	65 à 70
Tabac.	112
Chanvre	152
Racines et tubercules :	
Betterave, topinambour.	50 à 58
Pomme de terre	25
Navet.	87
Carotte	113
Rutabaga	208
Plantes fourragères :	
Seigle vert	24
Foin de prairie, maïs, fourrage, sainfoin, vesce.	46 à 72
Chou	123
Trèfle rouge.	153
Luzerne.	288
Cultures arbrustives :	
Vigne.	95
Pommier	20

On voit que ces quantités ne sont pas très considérables, et si l'on considère que la plupart des sols contiennent la chaux en proportions assez considérables pour suffire, pendant de longues années, aux nécessités de l'alimentation des plantes, on peut en déduire que, ainsi que nous l'avons déjà fait remarquer, cet élément, en tant qu'engrais, n'est souvent pas nécessaire.

Mais c'est au point de vue de l'action qu'il exerce sur le sol, c'est comme amendement destiné à améliorer la terre qu'il convient de l'envisager, et sous ce rapport, on peut dire que le chaulage et le marnage influeront presque toujours d'une manière heureuse sur les récoltes, là où ils sont pratiqués.

L'application de la chaux, notamment dans les prairies, fait disparaître rapidement les espèces végétales d'une faible valeur alimentaire ou même nuisibles, telles que les joncs, les carex, les laîches, les mousses, les bruyères, les genêts, et les remplace par des plantes d'une qualité bien supérieure. L'herbe y pousse plus drue, plus fine et y augmente notablement en quantité et en valeur nutrive pour les animaux.

Dans les terres granitiques, dans toutes celles qui sont pauvres en calcaire, l'apport de cet élément a constamment fait croître les rendements d'un quart à un tiers, et a permis de substituer à la culture du seigle et du sarrasin, celle bien plus rémunératrice du froment, de l'avoine, du trèfle, etc.

Mais, nous le répéterons encore une fois, il ne faut pas abuser du chaulage, et celui-ci devra toujours appeler de fortes fumures azotées.

Marnage. — C'est à l'état de carbonate de chaux que l'engrais calcaire est le plus fréquemment employé. La chaux, il est vrai, produit des effets plus frappants et plus rapides, mais on a souvent intérêt à recourir aux calcaires naturels que l'on porte directement, sans aucune préparation préalable, de leurs lieux de gisements sur la terre à amender.

Les calcaires que l'on emploie dans ces conditions, ne subissent donc point de frais de transformation; leurs prix d'achat et d'extraction sont généralement très minimes et ce sont les frais de transport qui représentent la plus grande partie de leur valeur à pied d'œuvre.

L'action du carbonate de chaux sur les éléments du sol diffère notablement de celle de la chaux libre à laquelle elle est très inférieure en énergie. Le carbonate calcaire n'est pas susceptible d'enlever la potasse à l'argile, non plus de se combiner à l'humus pour en dégager l'azote. Mais nous avons vu déjà qu'il est indispensable à la nitrification et à l'assimilation de la potasse.

On le prend sous diverses formes représentant toutes du carbonate naturel et impur dont l'origine est tantôt terrestre et tantôt marine.

Dans la première catégorie, il faut comprendre la Marne et la Craie; et dans la seconde, les Coquillages, les Faluns, le Merl ou Maërl, la Tangue, le Trez.

Enfin les cendres des végétaux constituent, également, une catégorie à part d'éléments dans lesquels le carbonate de chaux entre en proportions appréciables.

Nous allons passer en revue ces différents matériaux.

La Marne. — On nomme ainsi une roche

essentiellement composée de sable, d'argile et de carbonate de chaux en proportions variables et à l'état de mélange parfait. Ses gisements appartiennent aux terrains secondaires, principalement aux formations jurassique et crétacées qui en sont excessivement riches.

La meilleure marne renferme de 50 à 95 0/0 de carbonate de chaux; elle est dite :

1° *Calcaire,* quand elle dose en carbonate de chaux, les six dixièmes ou les neuf dixièmes de son poids. En cet état, lorsqu'elle est exposée à l'air, elle foisonne et se délite, comme le fait la chaux vive, sans avoir besoin, comme elle, d'être préalablement soumise à l'action du feu.

2° *Argileuse ou Siliceuse,* lorsque le sable y prédomine dans des proportions qui vont quelquefois de 30 à 75 0/0 et qu'elle dose moins de 90 à 40 0/0 de carbonate. Cette marne est sans cohésion et ne durcit pas quand on la chauffe.

Le calcaire est-il moins abondant encore; la marne perd son nom : il n'y a plus qu'une *argile marneuse* qui ne dose que de 50 à 10 0/0 de carbonate. Cette substance est peu délitable, mais elle durcit au feu et elle adhère vivement à la langue.

Parfois la marne est mélangée de matières végétales qui lui donnent un aspect tourbeux (marne humeuse); ou encore, ainsi qu'on le voit aux environs de Paris, elle est fortement pénétrée de sulfate de chaux (marne gypseuse). La marne humeuse est ordinairement maigre, peu calcaire. Celle qui est gypseuse est toujours plus riche.

On rencontre souvent dans les marnes, de petites quantités de potasse, d'acide phosphorique et même des traces d'azote. Ce ne sont pas ces divers éléments qui ajoutent de la valeur à ces produits, mais il est évident que leur présence ajoute à l'efficacité du carbonate de chaux, en raison de la grande quantité de marne que l'on introduit dans le sol.

En général, les marnes calcaires sont les plus recherchées, car c'est surtout par le carbonate de chaux que la marne est utile à l'agriculture.

Trois principaux caractères servent à reconnaître très facilement les marnes : elles font effervescence avec les acides, avec le vinaigre entre autres; elles se délitent et se déposent en bouillie dans l'eau; elles se réduisent en poudre par leur exposition à l'air.

Certaines marnes renferment des pierres calcaires qui peuvent être mises à part et traitées en pierres à chaux. Quant aux caractères tirés de la couleur, ils peuvent être utiles à consulter dans telle ou telle localité; mais il y a des marnes de tant de couleurs, et ces couleurs sont celles de tant de terres qui ne renferment pas de calcaire, qu'on ne saurait rien généraliser à cet égard.

On ne saurait, dès lors, tirer de l'aspect d'une marne aucune conclusion relativement à sa valeur qui est proportionnelle à la quantité de carbonate de chaux qu'elle contient et à la faculté qu'elle a de se déliter.

Un calcaire, en effet, font observer MM. Müntz et Girard, peut contenir jusqu'à 90 et 95 0/0 de carbonate de chaux, sans que, pour cela, son utilisation directe soit avantageuse, parce que s'il est dépourvu de la faculté de se déliter, il reste dans le sol à l'état inerte.

Gasparin indique un procédé assez rapide et très simple, pour établir, dans une marne, le départ entre la chaux totale et la chaux délitable. On place 1 kilogramme de marne dans une terrine avec de l'eau, de manière à la couvrir entièrement; après une heure de digestion, on agite et on décante; on renouvelle l'opération jusqu'à ce que l'eau surnageante soit claire. On pèse le résidu après l'avoir fait sécher et on établit ainsi la proportion des parties solubles et des parties inertes qui sont représentées par les gros fragments, lesquels n'ont pas d'action sur le sol.

L'action de la marne dans le sol est identique à celle de la chaux, avec cette différence toutefois que la première de ces substances n'agit pas avec l'énergie de la seconde sur les matières organiques du sol, que celle-ci désagrège en faisant dégager l'ammoniaque que ces matières contiennent et que, en outre, elle n'influence pas directement les silicates du sol, pour en mettre la potasse en liberté.

On peut dire, en somme, que le marnage se distingue du chaulage, eu égard aux fonctions chimiques exercées vis-à-vis de l'azote et de la potasse et de la modification physique des sols soumis à l'une ou l'autre de ces opérations, à ce seul point de vue que, par le marnage, les effets caustiques que procure le chaulage, n'existent pas.

Cependant, l'action de la marne et un peu moins énergique et moins rapide que celle de la chaux et alors que le chaulage produit, dès la première année de son application, ses effets sur les récoltes, ce n'est guère qu'après la première année que l'on peut juger de ceux produits par le marnage.

Pratique du marnage. — Un mètre cube de *marne calcaire*, non mouillée, pèse de 1,500 à 1,600 kilogrammes. L'usage traditionnel est d'enfouir de 20 à 50 mètres cubes de marne par hectare et pour une période de 15 à 20 ans. Rarement on descend au-dessous de 20 mètres, mais souvent on va jusqu'à 70 et 80, lorsque la marne est siliceuse.

Plusieurs auteurs citent des marnages de 100 à 150 mètres cubes à l'hectare pour le Dauphiné, de 40 à 50 mètres pour la Picardie, de 30 à 40 mètres pour le Berri, de 15 à 20 mètres pour la Flandre, de 16 à 30 mètres pour la Normandie et l'on ajoute que plusieurs de ces marnages ne reviennent sur le même terrain que tous les quinze-vingt ou vingt-cinq ans.

Avouons que ces pratiques sont aussi peu judicieuses que les indications que nous venons de relater sont vagues.

Que signifie, tout d'abord, cette préoccupation d'employer toujours et partout la même quantité de marne? Puis quelle est la valeur de la marne employée au point de vue de sa teneur en carbonate de chaux, seul élément dont il importe de tenir compte dans ce produit?

Or, que de diversités de marnes, depuis la marne argileuse qui dose à peine, en moyenne, de 2.50 à 3 0/0 de carbonate, jusqu'à la marne calcaire qui en contient jusqu'à 97 0/0, en passant par les marnes sableuses où on en trouve 10.55 0/0 ; les marnes crayeuses, de 69 à 93 0/0 ; les marnes magnésiennes, 58 0/0, etc.

Au lieu de suivre un usage que la routine a fait adopter aveuglément, il semble donc que l'agriculteur devrait, en pareille question, s'assurer en premier lieu des exigences du sol qu'il cultive, au point de vue de la nécessité d'y apporter en plus ou moins grande quantité, le principe fertilisant qui nous occupe. C'est ainsi que les terres fortes et celles qui sont de nature tourbeuse, ont besoin de plus de calcaire que les terres légères, et que, conséquemment, les premières devront en recevoir une proportion plus élevée que les secondes ; encore faudra-t-il tenir compte de ce que ces différentes catégories de sols en contiennent déjà.

D'autre part, il y a lieu de considérer la nature de la marne elle-même et d'être exactement fixé sur son dosage, sous peine de ne pas savoir du tout ce qu'on l'on fait quand on en emploie une quantité quelconque.

En effet, 20 mètres cubes de marne calcaire, dosant 90 0/0 de carbonate de chaux, apporteront au sol 27.000 kilogrammes de cette dernière substance, tandis que 50 mètres cubes de marne sableuse ne dosant que 10 à 11 0/0, n'en fourniront que 8,000 kilogrammes. On voit que l'écart est énorme. En outre, telle sorte de marne conviendra plutôt à tel terrain qu'à tel autre : la marne calcaire proprement dite ou siliceuse, devra être préférée pour les terres fortes et pour les terres chargées de matières organiques, tandis que la marne qui est argileuse, aura plus d'utilité dans les terres légères.

On voit combien il y a de considérations à observer dans la pratique de cet amendement.

Maintenant, pourquoi cet apport considérable de calcaire, à doses massives sur un sol, et en vue d'une utilisation appelée à durer un si grand nombre d'années? Est-il bien logique de surcharger une terre, d'un seul élément de fertilité à la fois? L'idéal ne serait-il pas, au contraire, de réaliser entre tous ses principes nutritifs, l'équilibre qui convient le mieux à la végétation ? Si certains engrais agissent favorablement à haute dose, il est vraisemblablement bon de n'en pas trop laisser diminuer la proportion, en infligeant à la terre, une longue abstinence à leur égard. Les doses fortes, dans tous les cas, devraient, semble-t-il, être suivies de rations d'entretien, destinées à maintenir à peu près régulier, le taux utile de chaque aliment. Une méthode qui serait basée sur ce principe, nous paraîtrait donc préférable à celle des apports excessifs renouvelés à long terme.

On nous répond à cela que la durée de l'action de la marne apportée, se vérifie par la végétation même, c'est-à-dire par la décroissance du rendement des froments, des trèfles et autres légumineuses, comme aussi par la multiplication de certaines plantes spontanées, l'oseille et l'oxalis, notamment.

Mais pourquoi s'exposer à cet affaiblissement de production que l'on pourrait facilement éviter en procédant à des marnages réguliers dont l'expérience déterminerait la durée d'efficacité? Pourquoi ces marnages énormes dont l'inutilité est incontestable et dont les inconvénients sont nombreux, alors surtout qu'ils nécessitent des avances de fonds que l'on pourrait s'épargner ?

« Lorsque l'on a pratiqué au début un fort marnage, disent MM. Müntz et Girard, on peut attendre quelques années avant de penser à la restitution de ce qui est enlevé par la récolte et par les eaux. Le plus souvent on attend quinze à vingt ans, c'est-à-dire jusqu'au moment où la chaux a presque complètement disparu et où les plantes des terrains acides et plus particulièrement l'oseille, commencent à reparaître. Nous pensons qu'on a tort d'attendre cette limite extrême. Il est plus judicieux, lorsque le sol a été amélioré par un premier marnage, de l'entretenir en bon état, en rendant tous les trois ou quatre ans, la proportion de carbonate de chaux qui a été enlevée. On peut estimer avec M. Schlœsing, que les récoltes enlèvent, en moyenne, 150 kilogrammes de carbonate de chaux par an et par hectare et que l'eau de pluie, en traversant la terre, en enlève de son côté 450 kilogrammes ; c'est donc une quantité totale de 600 kilogrammes de chaux qui disparaît annuellement du sol. Si tous les trois ou quatre ans, au début de chaque assolement, on fait un apport de marne, pour compenser cette diminution, le sol restera, en permanence, pourvu d'une quantité suffisante de calcaire. C'est le procédé que nous conseillons d'employer, il est plus rationnel et permet de maintenir la terre en bon état. Ces restitutions répétées ont, d'ailleurs, l'avantage d'échelonner les frais, tandis qu'un renouvellement à longue échéance, nécessitant en quelque sorte, une nouvelle reconstitution du sol, entraîne à une mise de fonds importante à faire d'un seul coup.

En supposant qu'on ait à sa disposition une marne contenant 40 0/0 de carbonate de chaux, ce serait environ 1,500 kilogrammes à donner chaque année ou 6,000 kilogrammes tous les 4 ans, soit 4 à 5 mètres cubes.

Principes économiques du marnage. — Au point de vue économique, il y a lieu d'établir une distinction raisonnée entre le chaulage et le marnage, ce dernier procédé d'amendement étant surtout influencé par les frais de charroi.

A cet égard, nous ne pouvons mieux faire que de mettre sous les yeux de nos lecteurs, des calculs comparés établissant des prix moyens pour l'une ou l'autre de ces deux pratiques.

Supposons donc l'état de choses suivant :

1° La chaux à 1 fr. 50 c. l'hectolitre, de la marne à 2 fr. 50 c. le mètre cube ;

2° La distance de charroi, 3,400 mètres ;

3° Les quantités transportées par jour, 8 mètres cubes de marne ou 80 hectolitres de chaux ;

4° Le prix de la journée d'attelage, à deux chevaux, 8 fr. 32 c.;

5° La dose du chaulage, 20 hectolitres, dont l'action durera six ans.

Dans ces conditions, l'hectare marné revient à 160 francs environ, soit par année moyenne 10 fr. 66 c.

D'autre part, 80 hectolitres de chaux coûteront :

Une journée de 2 chevaux.	Fr.	8 32
Chargement.		3 »
Manipulation dans le champ.		30 »
Prix d'achat à 1 fr. 50		120 »
Soit pour 80 hectolitres.	Fr.	161 32
Soit par hectolitre.		2 01
Soit par hectare, chaulé à 20 hectolitres. . . .		42 20
Soit par année, la durée du chaulage étant de 6 ans.		7 03

Ainsi, à une distance de 3,000 mètres :

	1re année	Par année moyenne
	—	—
Le marnage coûte par hectare. . . Fr.	160	10 66
Le chaulage.	42 20	7 03

Que serait-ce donc si, dans une opération où les frais de charroi jouent un si grand rôle, les distances doublaient et triplaient ?

A 3,400 mètres, les frais de charroi montent :

A 41 fr. 60 c. par hectare marné à 40 mètres cubes.
A 2 08 » chaulé à 20 hectolitres.

En conséquence, ils seront :

		PAR HECTARE	
		Marné	Chaulé
		—	—
La distance étant	3.400 m.	41 fr. 60	2 fr. 08
— —	6.800 »	83 20	4 16
— —	10.200 »	124 80	6 24

Que pour réduire les frais de charroi à grande distance, on marche constamment à charge, à l'aller comme au retour, par un double transport d'amendements et d'autres denrées, la combinaison est très possible; mais elle ne saurait détruire cette vérité, à savoir que les transports de marne ne peuvent guère s'accomplir économiquement, par les attelages, que dans un rayon de 5 à 6 kilomètres.

Il faut, comme nous avons eu occasion de le dire, compter 20 centimes par tonne de marne (1,000 kilogrammes) et par kilomètre : soit 1 franc pour 5 kilomètres, ce qui, pour 1,500 kilogrammes, poids du mètre cube, fait 1 fr. 50 c. Ajoutons le prix d'achat, 2 fr. 20 c., ce sera de la marne à 4 francs le mètre cube, conduite à 5 kilomètres. Transportée à 10 kilomètres, ce sera 5 fr. 60 c., et à 20 kilomètres, ce sera 8 fr. 50 c. C'est-à-dire que, pour une distance parcourue de 8,333 mètres le prix d'achat de la marne sera déjà doublé par le transport, puisque le mètre cube coûtera 5 francs au lieu de 2 fr. 50 c.

Ainsi, en résumé, la marne est un fertilisant dont les frais de charroi limitent l'emploi dans un très court rayon au delà duquel la chaux devient préférable, pour peu que son prix oscille entre 1 franc et 1 fr. 50 c. l'hectolitre, bonne qualité sans *incuits*. La question des avances est surtout à prendre en considération, puisque dans telle situation nettement définie, nous avons établi que le marnage d'un hectare nécessite une avance de 160 francs et 5 journées de deux chevaux, tandis que le chaulage ne demande que 42 à 43 francs et dix fois moins de temps pour le charroi. Or, s'il n'est pas déraisonnable d'admettre qu'un propriétaire ayant affaire à des métayers, préfère, pour sa tranquillité, procéder à une avance à long terme, il y a plus de motifs sérieux pour admettre qu'un agriculteur, propriétaire ou non, préférera, dans ces conditions de prix de revient et d'avances, le chaulage avec une simple durée de six ans. Plus on opérera sur une grande étendue de terres, plus il y aura de raisons militant en faveur du chaulage, car, à tout prendre, et sous une direction intelligente, un second chaulage doit se recommencer, non par l'apport d'un nouveau capital, mais bien par les capitaux créés par le premier. Qu'on fasse donc ici un compte d'intérêts composés et l'on verra que, dans ce genre d'opérations, il est plus économique et plus fructueux de faire une avance de capitaux en deux fois et à l'aide d'un réemploi de la première mise de fonds, que de la faire en une seule fois à longue échéance.

Épandage. — Quand les terres ne sont pas abordables et quand il faut aller chercher la marne à grandes distances, on la décharge en dépôt d'approvisionnement à proximité des champs destinataires ; mais alors il y a lieu, plus tard, à des frais de recharge qui, autant que possible, doivent être évités par la conduite directe sur le terrain à marner. En tout cas, la marne est définitivement déchargée en petits tas espacés de 5 à 6 mètres en tous sens. Il ne faut pas aller au delà de cette distance, car il serait difficile à un épandeur de lancer la marne au delà de 3 mètres, le milieu du tas étant pris pour centre d'action.

La marne n'est pas comme la chaux : elle ne s'éparpille pas en poussière impalpable : elle tombe lourdement au lancé par la pelle, ce n'est qu'avec beaucoup de soin qu'on la répartit uniformément.

La charrue, l'extirpateur, la herse, complètent l'union de la marne avec le sol. C'est le cas de profiter de ces nécessités de façons multipliées, pour bien nettoyer la terre par la jachère.

L'enfouissement, suivant les terrains, ne doit guère dépasser 15 à 25 centimètres de profondeur et, du reste, il n'y a aucun intérêt à aller plus bas, puisque les eaux pluviales ont pour effet d'éliminer la marne des couches supérieures et de les entraîner dans les couches profondes.

L'époque la plus favorable pour l'épandage de la marne, est la fin de l'automne. Mise à ce moment, elle passe l'hiver sur le sol où elle se délite graduellement et elle est alors dans les meilleures conditions voulues pour être incorporée au sol par les labours du printemps. Répandue après l'hiver, elle n'aurait aucune action appréciable sur la récolte de l'année.

On peut, assurent MM. Müntz et Girard, appliquer le fumier sur une terre marnée et enfouir le tout par un même labour. La marne ayant été appliquée en automne, se trouve délitée à la fin de l'hiver et lorsque, à ce moment, on donne une fumure, elle se trouve toute prête à être enterrée. Mais il faudrait se garder de laisser longtemps la marne et le fumier en contact à l'air libre, parce qu'il se produirait sous l'influence du carbonate de chaux, du carbonate d'ammoniaque qui se volatiliserait. Cette cause de déperdition n'est pas à craindre si on procède immédiatement à l'enfouissement, les propriétés absorbantes de la terre, maintenant le carbonate d'ammoniaque formé. Il en est de même du sulfate d'ammoniaque qui, s'il restait longtemps en contact avec le carbonate de chaux, dégagerait de l'ammoniaque. Ici encore l'enfouissement immédiat doit être recommandé. Quant aux autres engrais azotés organiques ou minéraux, sang desséché, corne, nitrate de soude, ainsi que les engrais verts, il n'ont pas à craindre le contact de la marne ; cependant, il est préférable de les enterrer sans trop de retard.

Par contre, comme pour la chaux, il y a incompatibilité entre la marne et les phosphates fossiles, les superphosphates ou les scories de déphosphoration ; le mélange de la marne avec ces produits diminuerait leur solubilité, ceux-ci doivent donc être mis à part dans le sol et plusieurs semaines avant le chaulage ou le marnage. Plaçons ici une observation dont l'agriculteur peut tirer une heureuse conséquence au point de vue de ses intérêts, c'est que, en raison de l'action chimique puissante du calcaire et de la rapidité avec laquelle il décompose les engrais organiques, lesquelles sont connues depuis longtemps par les anciens agriculteurs et qu'ils exprimaient sous cette forme : « *Le calcaire dévore les engrais* », on peut sans crainte donner aux sols naturellement calcaires ou dans lesquels cet élément a été apporté par le chaulage ou le marnage, des engrais à azote organique insoluble, sang desséché, corne râpée, déchets de laine, cuir déchiqueté, etc., dont l'effet ne se ferait pas sentir en terrain argileux ou siliceux. Dans les terrains où le calcaire existe, au contraire, la décomposition et l'assimilation de ces engrais se font rapidement.

La craie. — La craie est un carbonate de chaux presque pur, qui forme en partie, le sous-sol de la Champagne et ceux de la Normandie, de l'Artois, du bassin de Paris, etc.

Elle appartient à la catégorie des carbonates terrestres et elle contient de 95 à 98 0/0 de carbonate de chaux, avec des traces de silice et de phosphate calcaire. Parfois on y trouve un peu d'azote. A la dose de 1,000 à 2,000 kilogrammes par hectare, elle modifie d'une manière avantageuse les terres qui sont dépourvues de chaux;

mais il faut avoir soin de n'en pas donner aux sols qui sont calciques.

Calcaires marins. — Il s'agit ici de la seconde catégorie de calcaires, dont nous avons parlé au commencement de ce chapitre. Nous allons les passer rapidement en revue.

a. *Coquilles.* — Les enveloppes calcaires d'une foule d'animaux marins (oursins, mollusques, etc.), peuvent être utilisées comme source de chaux. Elles renferment de 70 à 98 0/0 de carbonate de chaux, aussi de l'azote et de l'acide phosphorique, mais en proportion si faible, que l'action de l'engrais est presque uniquement celle du calcaire.

La mer entasse fréquemment de grandes quantités de ces coquilles sur ses rives. En l'état où elles se trouvent alors, elles sont peu recherchées ; leurs particules, très grossières, se dissolvent à peine dans le sol. Elles vaudraient beaucoup mieux si elles avaient subi un broyage convenable. Malheureusement elles n'ont pas assez de valeur, pour supporter les frais d'une manipulation de ce genre.

b. *Faluns.* — Ce sont des dépôts marins de coquilles fossilisées, auxquels on donne souvent le nom de *marnes coquillières*, justifié par la façon dont les faluns se comportent à l'air atmosphérique. On en rencontre dans la plupart des départements de l'Ouest, principalement dans ceux d'Indre-et-Loire et de Maine-et-Loire.

Leur extraction se fait sans difficulté, à la pelle, et on les met foisonner sur la terre pendant quelques semaines, avant de les y incorporer. Ils se délitent peu à peu, mais plus lentement et moins complètement que les marnes, auxquelles ils ressemblent encore par leur composition chimique. Ce sont des mélanges de carbonate de chaux (40 à 75 0/0) et de sable, enrichis d'un peu de potasse (0.17 à 0.59 0/0), avec des traces insignifiantes d'acide phosphorique.

Même emploi que pour les calcaires précédents, à la dose de 10 à 60 mètres cubes par hectare et pour 20 à 30 ans, qu'il serait mieux de réduire à un ou deux mètres cubes répétés tous les ans.

c. *Merl* ou *Maërl*. — On appelle ainsi un calcaire impur, sécrété par des algues marines, que l'on drague pendant l'été dans la rade de Brest, à l'embouchure de l'Odet, à Concarneau, à Belle-Isle-en-Mer, et presque sur tout le littoral du Finistère et des Côtes-du-Nord.

Le merl est tantôt rose, tantôt d'un gris verdâtre *(merl blanc)*. Souvent il recèle du sable, des coquilles, des mollusques ou des végétaux, qui diminuent sa valeur comme calcaire, mais qui augmentent la proportion de ses principes organiques et lui apportent un peu d'azote.

Le plus riche est généralement le *merl rose*, Le *merl mort*, c'est-à-dire celui qui est resté longtemps exposé à l'air, est le moins actif. La composition de ces différents produits est comprise dans les limites que voici :

	Pour cent.
Carbonate de chaux.	50 à 80
— de magnésie	2 à 11
Matières organiques.	3 à 4
Acide phosphorique.	traces.
Azote	traces.

Avant de s'en servir, on a soin de le laisser se désagréger et se dessaler sous l'influence de l'air et de la pluie. L'habitude est de ne pas recourir au merl récemment tiré de l'eau (merl vif); c'est peut-être une routine puisqu'il est reconnu que le merl perd notablement de sa valeur à l'air humide. La pulvérisation du produit, suivie d'une courte exposition à l'air, serait probablement préférable à la pratique actuelle.

Comme proportion, les agriculteurs se tiennent entre 5 et 30 mètres cubes de merl par hectare, suivant la nature de la terre et la durée qu'ils entendent imposer à l'engrais.

d. *Tangue*. — La mer dépose sur les rives de Bretagne et de Normandie, un mélange très divisé, d'une teinte grise ou jaunâtre formé d'argile, de sable, de débris de roches et de coquilles, qui prend le nom de *tangue*. La plus forte accumulation de cet engrais se trouve dans la baie Saint-Michel où il est l'objet d'un trafic important.

Moins riche que le merl et que la marne, la tangue présente la composition moyenne suivante :

	Pour cent.
Carbonate de chaux	20 à 45
Sable et argile	45 à 70
Acide phosphorique	0.1 à 1.4
Azote	0.10 à 0.16
Potasse.	traces.

De même que les calcaires précités, elle est toujours, après son extraction, abandonnée à l'air et à la pluie, pendant un mois ou deux, de manière à perdre le sel dont l'eau de mer l'a imprégnée et à lui faire éprouver une légère désagrégation.

Le principe suivi pour son application est toujours celui dont il vient d'être parlé; on en gorge la terre et les proportions de 50 à 100 mètres cubes par hectare n'effraient pas le cultivateur habitué à en faire usage. Cependant, lorsque la tangue est de très bonne qualité, il se contente parfois de 20, de 10 et même de 5 mètres cubes par hectare. C'est le cas le plus rare. Les premières quantités citées introduisent, dans le sol, des proportions importantes d'azote et d'acide phosphorique, grâce auxquelles la végétation prend un élan marqué. Il en résulte que la tangue a trop souvent la réputation d'être un engrais complet, ce qui est un danger réel. On l'emploie seule, systématiquement, alors qu'on augmenterait considérablement son action avec des fumures complémentaires.

c. *Trez.* — C'est un autre calcaire marin

analogue à la tangue, mais d'une texture plus grossière et d'une richesse généralement moindre. On y trouve, parfois, de 60 à 80 0/0 de carbonate de chaux; mais le plus souvent cette proportion s'abaisse de 30 ou 40 0/0. Le reste est composé de sable et d'argile; il n'y a pas d'azote et l'acide phosphorique y est accidentel et sans importance pondérable.

La Bretagne le récolte sur un certain nombre de ses grèves et particulièrement sur celles de Douarnenez, de Brest, de Roscoff, de même qu'à l'embouchure de la rivière de Pont-Aven, de la Rance, etc.

Bien qu'il foisonne insensiblement, on lui fait subir le contact de l'air avant de le mettre en terre. On croit bon, ici encore, de ne pas trop prolonger ce contact, le trez trop lavé par les eaux météoriques *(trez mort)* étant réputé bien inférieur à celui qu'on vient d'extraire *(trez vif)*. Il faut un peu plus de trez que des autres calcaires pour agir sur les cultures, en raison de son titre moins élevé.

Presque toujours les agriculteurs préfèrent la tangue au trez et le trez au merl; ce dernier est plus compact, par suite plus lentement assimilé que les autres. Quel que soit le calcaire choisi, c'est à l'ameublissement des terres fortes qu'il faut le consacrer; il serait imprudent de le donner aux terres légères, dont il aggraverait les défauts.

Cendres calcaires. — Certaines cendres

renferment en proportion notable plusieur éléments fertilisants et ne seraient pas à leur place ici; de ce nombre sont les cendres des végétaux ligneux et celles des végétaux herbacés. D'autres sont surtout des produits calcaires; c'est de celles-là seules qu'il s'agit en ce moment.

a) *Cendres de houille.* — Elles contiennent de 8 à 26 0/0 de chaux, suivant l'origine du charbon qui les a fournies. De potasse et d'acide phosphorique, elles n'ont que des traces, tandis que l'alumine et l'oxyde de fer peuvent y atteindre, ensemble, jusqu'à 10 et 20 0/0 de leur poids. Elles ont encore, comme principes utiles, 10 à 25 0/0 de sulfates, qui leur communiquent une action voisine de celle du plâtre.

Quand elles sont lourdes et rougeâtres, elles sont chargées de sulfure de fer dont il y a lieu de se défier, car il sera transformé dans la terre en sulfate susceptible de nuire, si sa proportion est trop élevée. Dans ce cas, on en restreint l'emploi, tandis qu'on peut, sans inconvénient, en répandre 5 à 10,000 kilog. par hectare, quand elles ne sont pas pyriteuses.

b) *Cendres de tourbe.* — Leur composition chimique ressemble à celle des cendres de houille, avec augmentation de carbonate de chaux, dont le quantum peut monter à 25 0/0 de leur poids Le taux des sulfates dépasse quelquefois 20 0/0. Quant à la potasse, elle y est à l'état de traces faibles, et l'acide phosphorique y manque presque totalement. Ce sont donc des engrais calcaires au premier chef, dont l'effet est rehaussé par celui de l'acide sulfurique dont elles sont assez riches.

Quelquefois elles sont pyriteuses, et alors elles exigent les mêmes précautions que les cendres de houille. On les fait toujours intervenir à très haute dose; trente et même cinquante hectolitres sont considérés comme une fumure moyenne. Le cinquième serait bien suffisant. Cette critique écartée, il est certain que les cendres de tourbe comme celles de la houille sont d'excellents engrais, que trop facilement on laisse perdre à la ferme et qui font merveille dans les terres argileuses et sur les prairies tant naturelles qu'artificielles.

Les cendres pyriteuses se reconnaissent à leur teinte rougeâtre et à leur densité; la proportion de pyrite non oxydée qu'elles renferment est variable.

Les cendres, avant leur emploi, doivent être passées à la claie pour en séparer les scories et les pierres qui s'y trouvent mélangées; on les introduit avec avantage dans les composts.

c) *Cendres lessivées ou charrées.* — Les cendres rejetées par les blanchisseries et les savonneries qui les ont utilisées pour la potasse qu'elles contiennent, constituent un amendement calcaire d'une réelle valeur.

Voici leur composition centésimale moyenne :

Matières organiques et charbon . . .	3	à	9.80
Sels alcalins	1.20	à	3.40
Silice.	12	à	42
Phosphate de chaux	12	à	28
Carbonate de chaux	28	à	48

On peut donc considérer ces produits comme représentant des engrais calcaires en même temps que phosphatés, et les bons résultats qu'ils donnent dans les sols granitiques, notamment, où ils apportent les éléments qui leur manquent le plus, en ont fait adopter l'usage dans beaucoup de contrées où ils sont très appréciés comme matière fertilisante.

Les diverses cendres que nous venons de passer en revue, sont ordinairement vendues à l'hectolitre, mais c'est toujours à l'analyse chimique qu'il faudra avoir recours, pour établir leur valeur réelle et qui déterminera si leur emploi, comparé à celui de la chaux ou du plâtre, est avantageux au point de vue économique.

Il faut bien que l'on sache, d'ailleurs, que peu de produits subissent davantage les adultérations des fraudeurs, par addition de matières inertes telles que sable, charbon, etc. et qu'il serait impossible de constater au simple aspect extérieur, pas plus qu'au toucher ou à l'odeur.

Carbonates de chaux divers. — L'industrie peut encore offrir, à l'agriculture, divers résidus contenant des proportions plus ou moins considérables de carbonate de chaux et que celle-ci peut avoir intérêt à se procurer, lorsque, étant à proximité des usines, ils lui sont fournis à bon compte.

Parmi ces résidus, nous citerons : La chaux d'épuration du gaz qui peut contenir de 15 à 50 0/0 de carbonate de chaux, mais qui renferme aussi des sulfates et des hyposulfites de chaux, dont l'action serait funeste à la végétation. Aussi quand on s'adresse à ces produits, il est prudent de ne les employer qu'après les avoir laissés exposés plusieurs mois à l'air et de les enfouir longtemps avant les semences. Le mieux serait encore de les mélanger aux composts.

Les écumes de défécation que l'on se procure dans les distilleries constituent un produit bien plus précieux, car outre le carbonate de chaux qu'elles contiennent dans la proportion de 38 à 48 0/0, elles renferment encore du phosphate de chaux, 1.50 à 2.50 0/0 ; des matières organiques, 8 à 15 0/0 et de l'azote 0.4 à 0.5 0/0.

Les scories de fer non phosphorées que la métallurgie produit en si grande abondance, renferment jusqu'à 31.50 0/0 de chaux.

Enfin les papeteries, les fabriques de gélatine et celles de soude laissent encore à l'agriculture des résidus calcaires dont l'emploi peut être avantageux, s'ils sont achetés dans de bonnes conditions.

Comparaison entre le chaulage et le marnage. — Ce que nous avons déjà dit au sujet de ces deux méthodes et de l'action particulière que la chaux et le carbonate de chaux exercent respectivement sur les sols et sur les végétaux avec lesquels ces substances sont mises en contact, pourrait nous dispenser d'établir d'autres distinctions entre elles.

Toutefois, nous croyons devoir ne pas terminer ce chapitre sans présenter les observations suivantes.

Il y a une ancienne théorie en vertu de laquelle il convient, dit-on, de marner les terres légères, afin de leur donner de la consistance par l'argile de la marne, et de chauler les terres fortes, afin que le carbonate de chaux affaiblisse leur cohésion, leur ténacité.

Ces deux effets contraires résultent, il est vrai, de la chaux et de la marne employées comme amendements. Cependant il n'est pas sans exemple que la chaux ait considérablement amélioré des terres très sablonneuses, très légères à leur point de départ, et ce précédent pourrait suffire tout au moins pour combattre les idées fausses qui ont cours au sujet de la chaux.

La proscrire comme dangereuse dans les terres légères, c'est non seulement exagérer, mais encore c'est, très souvent, quand on a le choix entre la marne et la chaux, préférer une amélioration dispendieuse à une amélioration économique. Que la marne dure plus longtemps dans le sol, c'est incontestable ; mais ce qui l'est aussi, c'est que la chaux amène plus rapidement une production abondante de fourrages et de pailles, et par suite de fumiers. Or, le fumier, c'est l'humus, et l'humus c'est la terre légère prenant de la consistance. Voilà surtout comment la chaux modifie heureusement les propriétés physiques des sols; mais quelle que soit la méthode adoptée, il importe de ne jamais oublier que la chaux est encore plus impérieuse que la marne sous le rapport de l'assainissement du sol et de l'accroissement des fumures.

On se souviendra enfin que la chaux a une action beaucoup plus rapide et beaucoup plus énergique que la marne, qu'avant sa transformation en carbonate, elle opère une véritable désagrégation des résidus végétaux réfractaires, qui prédispose ceux-ci à subir, dans la suite, avec une plus grande facilité, les phénomènes de nitrification, et rend assimilable l'azote qu'ils renfermaient, qu'enfin, en raison de sa causticité, elle attaque les silicates et met la potasse en liberté, ce que ne produit pas le carbonate de chaux.

Lorsque l'on veut mettre rapidement en circulation tous les éléments utiles contenus dans le sol, c'est donc au chaulage qu'il convient de s'adresser préférablement.

Le plâtrage. — L'usage agricole du plâtre semble avoir pris naissance en Allemagne, sous l'inspiration du pasteur Mayer, vers le milieu du XVIIIe siècle. Il a été promptement adopté dans l'ancien comme dans le nouveau monde, et il suit, actuellement encore, une progression toujours ascendante.

Le plâtre est un sulfate de chaux, c'est-à-dire un sel résultant de la combinaison de l'acide sulfurique avec l'oxyde de calcium. On l'emploie à l'état *cuit* et à l'état *cru*. Dans le premier de ces états, sa composition répond à la formule chimique CaO, SO^3 et, dans le second état, sa formule correspond à $CaO, SO^3, 2HO$. Il contient pour cent, quand il est pur :

	Plâtre cru	Plâtre cuit
	—	—
Acide sulfurique.	46.51	58.83
Chaux	32.56	41.17
Eau.	20.93	»

Ce qui revient à dire que lorsque le plâtre est cuit, il est débarrassé de son eau.

Celui que l'on emploie en agriculture est moins riche, il dose en moyenne 70 0/0 seulement de sulfate de chaux à l'état cru, et 80 à 82 0/0 lorsqu'il a subi la cuisson.

Le plâtre cru est celui que l'on tire tel quel des carrières ; le plâtre cuit est celui qui a subi une cuisson préalable dans des fours, à peu près dans les mêmes conditions que la pierre à chaux ; ce dernier possède la propriété précieuse de faire prise au contact de l'eau et c'est toujours ainsi qu'il est utilisé pour les usages industriels. Aussi son prix est-il naturellement plus élevé que celui du plâtre cru qui n'est grevé d'aucun frais de préparation.

Au point de vue agricole, les résultats obtenus par l'un ou par l'autre sont identiques; on peut donc indifféremment s'adresser au premier ou au second, en se souvenant, toutefois, que la proportion de sulfate de chaux, c'est-à-dire du principe utile, étant plus élevée dans le plâtre cuit que dans le plâtre cru, il y aura à établir la compensation si on use de celui-ci. Mentionnons enfin que le plâtre provenant des démolitions est aussi bon que le plâtre naturel, souvent même il est plus actif, par suite des nitrates qui se sont formés à la surface.

Pour l'achat de cette substance, l'agriculteur n'aura donc à se préoccuper que des conditions plus ou moins avantageuses de prix, auxquelles il pourra se la procurer, en établissant par le calcul, le taux de revient du sulfate de chaux qu'elle contient. Aussi, n'avons-nous pas besoin d'ajouter qu'il est toujours nécessaire de n'acheter ce produit qu'avec la garantie de l'analyse, d'autant plus qu'il est, comme presque tous les engrais d'ailleurs, l'objet de nombreuses adultérations, par addition de matières inertes telles que sable, chaux, calcaire pulvérisé, etc. On ne saurait donc prendre trop de précautions pour se mettre en garde contre ces fraudes.

L'une des conditions essentielles de sa valeur réside dans son état de ténuité, les effets de cet engrais sur les plantes étant en proportion directe de son état de division. Le plâtre cru est plus difficile à pulvériser que le plâtre cuit.

Action fertilisante du plâtre. — Les effets du plâtre sur la végétation sont très variables, souvent médiocres et quelquefois nuls; d'autres fois, au contraire, ils sont très énergiques, sans que, jusqu'à ce jour, on ait pu déterminer d'une manière bien précise et son mode d'action et les circonstances dans lesquelles il est préférable de l'appliquer.

On est d'accord cependant sur ce point, que le plâtre ne produit pas d'effet sur les sols froids, humides, situés dans les bas-fonds ou exposés au nord, non plus que sur les terrains compacts qui se crevassent par la chaleur et la sécheresse. Cet engrais n'exerce aussi aucune action sur les plantes, quand on l'applique sur des terres épuisées ou qui ne contiennent qu'une très faible quantité de matières organiques et d'humus.

Le plâtre a, au contraire, une très grande influence sur la végétation, quand il est employé sur des terres légères, sablonneuses, c'est-à-dire perméables et bien aérées, chaudes, sèches, un peu élevées et qui ont été bien fumées.

Suivant M. Dehérain, il forme avec le carbonate de potasse de la terre du sulfate de potasse et du carbonate de chaux. Le sulfate de potasse, beaucoup moins adhérent que le carbonate aux particules terreuses, s'y diffuse beaucoup mieux que lui et gagne facilement les couches inférieures. Il porte par conséquent les engrais potassiques et, par le même mécanisme, les engrais ammoniacaux, jusqu'aux racines profondes.

C'est ce qui expliquerait les résultats véritablement remarquables que l'on obtient dans la végétation de la vigne, lorsqu'on y applique du plâtre, ainsi que sur les légumineuses dont les racines, comme celles du sainfoin, par exemple, s'enfoncent dans la couche arable jusqu'à des profondeurs de 2 mètres et $2^{m},50$.

En même temps, cet engrais est efficace par sa chaux transformée en carbonate et par son acide sulfurique dont on retrouve la trace dans tous les végétaux. La preuve qu'il doit son utilité au dernier de ces principes autant qu'au premier, c'est qu'il se montre souvent très actif dans des terres calcaires où il ne peut avoir d'influence que par son acide sulfurique.

D'après MM. Pichard et Warington, il a aussi le pouvoir de favoriser la nitrification. Son rôle est donc multiple et tout à fait spécial ; il diffère beaucoup de celui des autres engrais calcaires auxquels, dès lors, on ne peut pas toujours substituer le plâtre.

On admet généralement que toutes les terres de cultures n'en profitent pas de la même manière, mais ce n'est pas démontré ; il suffirait peut-être de mieux étudier les faits pour découvrir qu'il contribue à la nutrition des plantes de toute nature, lorsque sont réalisées les conditions exigibles pour sa décomposition. Pour l'instant, celles qui paraissent en bénéficier le plus sont les légumineuses (trèfle, luzerne, jarosse), un peu les crucifères (chou, colza, etc.), aussi la vigne qui a fourni sous son action à M. Oberlin, jusqu'à 42,000 kilogrammes de raisin par hectare, en Alsace. Par contre, il est généralement admis que cet agent n'augmente pas d'une façon sensible la récolte des céréales, sauf peut-être dans certains terrains et particulièrement dans les terrains calcaires, où il agit par l'acide sulfurique qu'il contient.

Qu'on ne l'oublie pas toutefois, lorsque le plâtre excite la production d'aussi magnifiques récoltes, il opère un véritable drainage des sels ammoniacaux et potassiques du sol. Il est donc absolument nécessaire de ne l'affecter qu'à la fumure des terres qui sont en bon état d'entretien, en ayant bien soin de ne pas en exagérer la quantité, car c'est un excitant de premier ordre, au même titre que la chaux.

D'après M. L. Grandeau, c'est au plâtre que l'on devrait l'action rapide et efficace du fumier sur la végétation.

« Si le fumier, dit-il, est nécessaire quand on veut obtenir de grandes récoltes, c'est dans le plâtre que nous trouvons le moyen d'activer son effet. Sans l'emploi de ce stimulant, le fumier reste quelquefois enfoui pendant des années, sans exercer une influence visible sur la végétation de la vigne, de sorte qu'une partie notable de l'azote s'en va en pure perte ».

M. Oberlin partage la même manière de voir qui, pour lui, résulte d'expériences irréfutables auxquelles il s'est livré dans la culture de la vigne.

« Le capital fumier que nous confions au sol, fait-il observer, est souvent un capital mort qui ne rapporte d'intérêts qu'au bout de plusieurs années. Pendant ce temps une partie de l'azote se perd ou est assimilée par les mauvaises herbes. Avec le plâtre nous rendons ce capital immédiatement productif, et, de plus, nous augmentons de la sorte considérablement la valeur de ce capital, puisque les intérêts que nous en retirons sont doublés, triplés, même quadruplés». En manière de conclusion, M. Oberlin ajoute : « Mais, encore une fois, je ne saurais assez le répéter, pas de plâtre sans fumier et pas de fumier sans plâtre, tant dans les vignes que sur les tas et même dans les étables. »

Épandage. — Le plâtre est généralement employé à la dose de 250 à 350 kilogrammes à l'hectare; toutefois on ne saurait assigner une limite fixe à la quantité utile bien que celle ci-dessus paraisse devoir être considérée comme la plus élevée. Il semble donc que, dans la circonstance, l'agriculture devra s'en rapporter à sa propre expérience, commencer par de petites doses qui, si elles produisent peu d'effet, seront successivement augmentées. Un autre motif qui milite en faveur des petites doses à appliquer successivement, c'est que le plâtre, en raison de sa solubilité, s'élimine du sol assez rapidement et qu'on n'a pas intérêt, dès lors, à lui en confier de fortes proportions à la fois.

Cet agent étant enlevé par l'eau qui traverse le sol, son action est limitée à une faible durée, aussi est-il préférable de ne le répandre que dans les proportions nécessaires pour qu'il profite à la seule récolte de l'année. On doit d'ailleurs se souvenir que cet engrais épuise le sol et qu'il n'agirait plus dans les terres où on en abuserait, si on ne l'accompagnait de fumures proportionnelles.

On le sème généralement à la main au printemps, d'avril à mai, lorsque les plantes commencent à couvrir le sol de leurs feuilles et on recommande d'ordinaire d'opérer au moment où celles-ci sont encore imprégnées de rosée. Cette manière de faire répond à la croyance de beaucoup d'agriculteurs qui s'imaginent que l'action de ce produit sur les organes foliacés est directe et qu'il accroît leur vitalité et leur développement. Or, il n'en est rien, le plâtre n'agit que dans le sol même et il est donc indifférent de le semer par un temps sec. L'action se produira d'autant plus rapidement que les pluies surviendront après son application, car ce n'est que sous l'influence de l'humidité du sol qu'il agit efficacement sur la végétation.

Au lieu de semer le plâtre au printemps, on peut encore en répandre sur le sol, la moitié en automne, que l'on enfouit au moment des labours qui précèdent les semailles et l'autre moitié seulement sur la jeune plante au moment du printemps. On active ainsi considérablement la végétation, et la maturité de la récolte peut en être avancée d'une quinzaine de jours.

Cet avantage, il est vrai, peut être détruit par l'effet des gelées tardives qui ont une action d'autant plus néfaste que les végétaux sont plus en avance. Par contre, en divisant l'épandage en deux époques, on a plus de chances d'obtenir un effet utile, car il faut considérer, qu'avec une application en automne, on risque de voir tout le plâtre traverser le sol, sans remplir ses fonctions, si les pluies hivernales sont trop fréquentes, tandis que l'application au printemps peut être sans effet si la saison est sèche et si par conséquent, l'humidité du sol est insuffisante pour favoriser les réactions sans lesquelles le produit n'agit pas.

En résumé, fait observer M. Müntz, quoique les bons effets du plâtrage aient été reconnus d'une façon générale pour certaines cultures, la théorie de son application laisse encore à désirer et les règles d'emploi ne peuvent pas être basées sur des raisonnements aussi rigoureux que ceux qui s'appliquent aux engrais et aux amendements précédemment étudiés.

Plantes auxquelles le plâtre convient plus spécialement. — Jusqu'à ce jour, le plâtre a été principalement appliqué sur les légumineuses, parce qu'il exerce très peu d'effet sur les graminées; de l'avis le plus général, il n'agit que très faiblement sur les céréales, sauf dans le cas spécifié plus haut.

Nous avons déjà dit, également, que la vigne en profitait d'une manière remarquable.

De toutes les légumineuses, le trèfle est la plante sur laquelle le plâtre agit avec le plus d'intensité. Cela est si vrai, qu'il existe des localités en France où il suffit d'en répandre une certaine quantité sur un trèfle, pour être certain de voir ses racines augmenter en grosseur, ses tiges atteindre une plus grande hauteur, ses feuilles acquérir un plus grand développement et une couleur vert noir et ses fleurs avoir une teinte rouge foncé.

Pour montrer l'influence du plâtre sur le rendement du trèfle, nous citerons l'expérience de Boussingault qui a obtenu les résultats suivants :

	1841 — Kilog.	1842 — Kilog.
Trèfle non plâtré.	1,100	1,100
— plâtré.	5,000	5,908

Et cet autre de M. Pineus en Allemagne :

Trèfle non plâtré	2,160
— plâtré	3,060

Le trèfle blanc, la luzerne et le sainfoin végètent aussi avec vigueur sous l'action de cet engrais minéral.

Le plâtre agit aussi sensiblement sur les choux, le lin, le chanvre, la navette, le tabac et les autres plantes dont la graine produit de l'huile et qui ont une riche foliation.

Puvis a observé que lorsqu'on l'emploie sur les prairies naturelles sèches, il augmente la quantité du produit et y fait prédominer les légumineuses; mais qu'il faut alterner son emploi avec les engrais végétaux, car autrement la fécondité qu'il produit ne se soutient pas.

Toutefois, si les légumineuses, en général, acquièrent des développements remarquables, lorsqu'elles ont été plâtrées, il faut reconnaître que les semences de haricots, pois, lentilles, fèves, etc., sur lesquelles on a répandu du plâtre, pour hâter leur développement, cuisent difficilement. C'est là une cause de défaveur pour les produits venus de la sorte et un fait bien constaté par les agriculteurs, et qui est dû à ce que le plâtre forme avec la *légumine*, matière azotée des graines de légumineuses, un composé insoluble. Il est vrai, qu'il est facile de corriger cet effet, par l'addition, avant la cuisson, d'une très petite quantité de carbonate de soude, qui décompose le plâtre. Mais tout le monde n'est pas chimiste.

Au surplus l'action du plâtre ne s'exerçant que sur les tiges et sur les feuilles dont il accroît le développement sans augmenter le rendement des grains, il parait inutile de plâtrer les légumineuses exclusivement cultivées pour leurs graines, puisque ce sont les parties inutiles de la plante qui en profitent et qu'il en résulte des inconvénients pour la partie utilisée de la récolte.

Engrais magnésiens. — La magnésie existe dans tous les êtres vivants en même temps qu'elle se rencontre dans tous les organes végétaux. La conclusion à tirer de ce fait, est que l'intervention de la magnésie est nécessaire au développement des plantes qui la transmettent ensuite, par l'alimentation, aux animaux dont elle contribue à former surtout le squelette. Ses effets, au point de vue fertilisant, sont à peine connus; ils ont été du reste fort peu étudiés, par cette raison que les cas où il y aurait lieu de recourir à cet engrais sont assez rares, la plupart des sols en renfermant suffisamment pour les besoins des végétaux et les engrais de diverse nature qu'on apporte à la terre, en contenant, la plupart du temps, des proportions assez grandes pour compenser les pertes provenant de l'exportation des récoltes.

C'est ainsi que le fumier de ferme en renferme près de 2 kilogrammes 0/00 et qu'une fumure ordinaire de 10,000 kilogrammes par an peut en fournir, dès lors, de 20 à 24 kilogrammes au sol; les phosphates d'os en contiennent également des quantités notables, de même que la chaux, la marne et enfin les sels potassiques notamment les chlorures.

Or, la quantité de magnésie enlevée à la terre arable par les récoltes moyennes n'est guère plus élevée. Il y a lieu pourtant de faire une exception pour les cultures ci-après, qui absorbent des proportions de magnésie qui souvent peuvent atteindre les quotités suivantes :

	KILOG.
Chanvre	34
Rutabaga	29
Betteraves fourragères	44
— à sucre	60
Maïs vert	54
Trèfle en foin	55
Luzerne	35

Il pourrait donc y avoir intérêt, dans certains cas, à apporter des engrais magnésiens, dans les sols où on pratique ces cultures, de même que dans ceux où l'analyse aurait révélé l'absence de cet élément. Du reste, l'expérimentation serait le meilleur guide de l'agriculteur à cet égard, en ce sens qu'il pourrait étudier l'effet des sels de magnésie sur ses récoltes et y renoncer s'ils ne lui donnaient pas de résultat.

Voici les sources auxquelles on peut s'adresser pour obtenir cet engrais :

Chlorure de magnésium. — Il ne viendra jamais à la pensée d'aucun agriculteur de recourir à ce produit. Il est tellement hygrométrique, qu'on ne peut lui conserver l'état solide, au contact de l'air; il est promptement liquéfié. De plus, il exerce sur les plantes le même effet caustique que le chlorure de potassium ; son intervention pourrait être suivie de mécomptes sérieux. Aussi doit-on considérer comme excellente l'habitude, récemment prise, de chauffer les sels naturels qui en contiennent, afin de les transformer en magnésie, qui est inoffensive.

On utilise involontairement ce composé dans le nitrate de soude et dans certains sels potassiques de Stassfurt (carnallite, kaïnite), qui lui doivent leur fâcheuse tendance à s'emparer de l'humidité atmosphérique.

Dès qu'il est incorporé à la terre, le chlorure de magnésium est converti graduellement, par le calcaire, en chlorure de calcium et en carbonate de magnésie. Cette dernière substance agit alors à la manière du carbonate de chaux ; elle sature comme lui les acides organiques du sol, et comme lui elle concourt à la nitrification, ainsi qu'à l'assimilation de la potasse. Elle résiste assez bien aux influences chimiques tendant à l'éliminer de la couche arable ; cependant, l'acide carbonique la dissout et facilite lentement son entraînement par les pluies.

Carbonate de magnésie. — D'après ce qui précède, la forme de carbonate est la meilleure à donner à la magnésie destinée à l'agriculture. A cet état, elle n'exige aucune métamorphose pour concourir à l'acte de la végétation, elle peut ameublir les terres et neutraliser celles qui renferment un excès d'acides humiques.

Ce n'est pas au carbonate pur que l'on s'adressera pour les besoins agricoles ; sa valeur commerciale est trop élevée. Mais on peut se servir avec avantage de la *dolomie*, qui est un carbonate double de chaux et de magnésie. Lorsqu'elle a subi une cuisson convenable, la dolomie devient un mélange de magnésie et de chaux anhydres, dont l'effet sur le sol est identique à celui de la chaux vive, avec cette seule différence que ce mélange possède une hydraulicité dont il faut éviter la manifestation, si l'on ne veut pas durcir la terre au lieu de la diviser. On y parvient en lui faisant absorber l'humidité de l'air avant de le mettre en œuvre. Aussitôt qu'il est délité, on peut le répandre sans inconvénient.

Sulfate de magnésie. — C'est un très bon engrais magnésien, pouvant remplacer efficacement le carbonate et n'ayant besoin d'aucun traitement préalable.

Pur, il contient 33 0/0 de magnésie ; son prix est alors un peu fort pour les ressources des cultivateurs ; aussi lui préfère-t-on les sulfates impurs de Stassfurt, par exemple la *kiésérite*, (80 0/0 de sulfate pur) la *polyhalite* (20/00, la *kaïnite* (17 0/0) ou la *grugite* (13 0/0), qui ont l'avantage d'être en même temps des engrais potassiques et calcaires.

Introduit dans la terre, il y rencontre du carbonate de chaux, avec lequel il forme du carbonate de magnésie et du sulfate de chaux. C'est donc une source de plâtre autant qu'un agent magnésien, ce qui augmente son action sur les végétaux.

Magnésie. — On pourrait encore faire appel à la magnésie elle-même. Elle se comporterait vraisemblablement comme la chaux vive. Mais elle ne peut être obtenue à aussi bon compte que celle-ci; elle ne parviendra pas à la détrôner.

Il ressort des considérations ci-dessus, qu'il serait vraiment utile de mieux préciser le rôle que peuvent jouer en agriculture la magnésie et ses diverses combinaisons. Ce sujet mérite d'être approfondi.

En règle générale, font observer MM. Müntz et Girard, il est prudent d'employer les sels magnésiens solubles ou les engrais qui en contiennent de grandes quantités, à un moment éloigné de la végétation, afin qu'ils aient le temps de subir les transformations qui les rendent inoffensifs. Sous cette réserve, nous croyons que, dans beaucoup de cas, l'apport d'engrais magnésiens a son utilité et nous attirons l'attention des agriculteurs sur cette substance fertilisante, trop négligée jusqu'à présent.

CHAPITRE XIV

Les engrais composés. — Inconvénients divers des engrais composés; les engrais composés fabriqués à la ferme; pratique des mélanges; épandage.

Les engrais composés. — Nous avons énuméré les matériaux de diverse nature qui entrent dans la composition des plantes et que celles-ci doivent dès lors trouver à leur portée pour végéter convenablement, soit en les prenant à l'atmosphère, soit en les puisant dans le sol.

Nous avons insisté plus spécialement sur ceux d'entre ces matériaux qui représentent, au point de vue de la fertilité des terres, une nécessité irréductible, dont il faut à tout prix que celles-ci soient pourvues, sous peine de stérilité, savoir: les matières azotées, les matières phosphatées, les matières potassiques et la chaux; et nous savons que pour les autres éléments, la plante les trouve presque toujours en proportion suffisante dans le sol ou les emprunte à l'atmosphère, réservoir inépuisable.

Enfin, nous avons expliqué que chaque végétal montrait, à l'égard de ces matériaux, une préférence particulière constituant sa *dominante*, suivant l'heureux terme inventé par M. Georges Ville.

Qu'ainsi, la matière azotée produit un grand effet sur les céréales, le phosphate de chaux sur le maïs, la potasse sur la vigne et sur les pois, la potasse associée à la chaux sur le trèfle.

Si l'analyse chimique des végétaux de diverses catégories révélait à l'égard de chacun d'eux, une composition identique, le problème végétatif serait immédiatement résolu. Il suffirait de déterminer avec une certaine exactitude, d'une part la somme de principes fertilisants qui se trouve dans un sol, et d'autre part, la quotité de ces mêmes principes accaparés par la plante après sa complète évolution.

On pourrait alors établir les manquants, soit avant la récolte soit après, en faisant le calcul de ce que celle-ci a accaparé pour sa nourriture et y suppléer par l'apport d'engrais appropriés.

Malheureusement, les choses ne vont pas aussi simplement et si, à la rigueur, on peut être fixé sur la composition chimique du sol que l'on exploite, bien encore que nous ayons expliqué que des données certaines ne résultaient pas de cette connaissance, il faut dire aussi qu'une foule de circonstances peuvent influer sur la composition de la plante produite par ce sol, bien qu'il semble, au premier abord, que la nature aurait dû les créer de façon à peu près identique.

C'est ainsi que la qualité des graines, les conditions ambiantes de la végétation, c'est-à-dire l'exposition, le climat, les pluies plus ou moins fréquentes, la température plus ou moins élevée, l'âge de la plante, en dehors même de la nature du terrain, peuvent provoquer des modifications quelquefois surprenantes, dans la même région et d'une année à l'autre, dans les proportions des matériaux qui constituent des végétaux de même sorte.

Ces modifications ne portent pas seulement sur le rendement, sur la qualité des fruits obtenus, sur leur plus ou moins grande richesse en sucre, en acide, en amidon, etc., ce dont nous ne nous occupons pas ici et ce qui ne saurait nous surprendre, si la saison a été plus ou moins favorable. Elles portent, et c'est là ce qui fait la singularité du problème, sur leur teneur en principes chimiques fertilisants, qui, toutes choses égales d'ailleurs, sembleraient, nous le répétons, devoir revêtir des proportions, à peu de choses près, sensiblement les mêmes.

C'est ainsi que, si l'on peut considérer, par exemple, la richesse centésimale du grain de blé comme étant : pour l'azote de 2.08; pour l'acide phosphorique, 0.82; nous rencontrons des grains dans lesquels ces quantités descendent : pour l'azote à 1.5; pour l'acide phosphorique à 0.5; tandisqu'il en est d'autres dans lesquels ces proportions s'élèvent à 2.5 pour l'azote et à 1.2 pour l'acide phosphorique.

De même pour la paille de blé qui donne en moyenne : 0.48 d'azote et 0.23 d'acide phosphorique et dans laquelle ces quotités s'élèvent quelquefois à 0.6 pour le premier et à 0.5 pour le second.

A quoi tiennent ces profondes variations?

Tout d'abord, M. Georges Ville pose en principe que l'efficacité spécifique du principe fertilisant absorbé plus volontiers par telle plante, c'est-à-dire de la *dominante*, ne se manifeste que dans les sols d'une fertilité moyenne, c'est-à-dire déjà pourvus, dans une certaine mesure, de matière azotée, de phosphate de chaux, de potasse et de chaux. Dans un sol qui serait absolument dépourvu de ces produits, les effets de la *dominante* ne se manifesteraient pas. L'éminent professeur en tire cette conclusion logique, « que si la réunion du phosphate de chaux, de la potasse, de la chaux et d'une matière azotée, réalise la condition par excellence de la fertilité, chacun de ces quatre corps remplit tour à tour une fonction subordonnée ou prédominante.

Le praticien pourra, de son côté, en tirer cette autre conclusion, pour expliquer les variations dont nous venons de parler plus haut, c'est que suivant la richesse du sol au point de vue de l'un de ces quatre éléments, le végétal qui y sera produit, aura une composition variable, encore bien qu'on lui fournisse l'engrais, l'élément pour lequel il marque plus de préférence.

Cette composition répondra, toutes proportions gardées d'ailleurs, à la quotité de matières fertilisantes qui dominera dans le terrain de culture, soit que cette quotité y soit contenue naturellement, soit qu'elle y ait été ajoutée au moyen de fumures.

Ainsi dans un sol riche en substances nitriques, les plantes qui y croîtront seront plus azotées et il en sera de même pour la potasse, l'acide phosphorique et la chaux.

C'est grâce à ces particularités que l'on pourrait, dans la plupart des cas et sans le secours de la chimie, déterminer à l'aide de quelques essais raisonnés de culture, non seulement les agents utiles, c'est-à-dire assimilables, que le sol contient, mais encore suivre pas à pas l'épuisement de chacun d'eux, à mesure qu'il a lieu et marquer le moment précis où il faut rendre à la terre ceux qu'elle ne contient plus, si on ne veut pas qu'elle devienne improductive.

« Supposons en effet, écrit M. Georges Ville (1), deux parties de la même terre fumées, l'une avec l'engrais complet, c'est-à-dire avec les quatre éléments essentiels : azote, acide phosphorique, potasse et chaux, et l'autre d'où l'on aura exclu à dessein le phosphate de chaux ou la potasse. N'est-il pas évident que si les rendements se balancent, c'est que le sol contient, naturellement, de la potasse et du phosphate de chaux, c'est-à-dire l'agent qui manque au deuxième engrais.

(1) *La Production végétale et les Engrais chimiques.*

» C'est donc par l'abaissement que détermine dans les rendements, la suppression successive, mais isolée, de chacun des quatre éléments de l'engrais complet, qu'on découvre les agents qui manquent dans le sol. »

Méthode excellente pour déterminer exactement et avec certitude, ce que la terre contient et ce qui lui manque, méthode accessible à tous, que tous les agriculteurs devraient adopter et dont les résultats ne sauraient pas même être infirmés par l'analyse chimique, par la raison que celle-ci vînt-elle à établir que, par exemple, tel sol contient des proportions plus ou moins importantes d'acide phosphorique, alors que le végétal en aurait, au contraire, accusé la pénurie, ou l'absence, cela démontrerait tout simplement que cet acide existe dans ce sol, à l'état de combinaisons dont la plante ne peut tirer aucun parti, ce qui revient au même que s'il y faisait défaut.

« Les végétaux qui croissent dans les terrains à peu près dépourvus de chaux, écrivent MM. Müntz et Girard, dans leur traité : *les Engrais*, contiennent, dans leurs tissus, des quantités bien inférieures de sels de chaux, que ceux qui poussent sur des terres calcaires. Il en est de même pour les autres éléments; M. Schlœsing cite des tabacs qui, dans certains terrains, prennent jusqu'à 4 et 5 0/0 de potasse et, dans d'autres seulement 0.25 0/0.

» Que dans un sol riche en tel ou tel élément, la plante prenne celui-ci en plus forte proportion, ajoutent les mêmes auteurs, cela ne saurait surprendre, mais ce n'est pas un fait aussi général et aussi accentué, toutefois, qu'on serait tenté de le croire. L'espèce végétale à laquelle appartient la plante, exerce une influence plus considérable sous ce rapport, et si un principe fertilisant indispensable à la plante, se trouve en minime proportion, c'est moins sur la composition du végétal que sur la quantité de la récolte que ce fait peut influer. »

Nous revenons, comme on le voit, à la fameuse *dominante* de Georges Ville et à l'obligation, conséquemment, de connaître la composition moyenne des principales plantes que nous cultivons, de manière à répondre aux exigences de leur nutrition, en leur accordant, chaque année, la somme de principes fertilisants qui leur est nécessaire.

Entrer, pour chaque végétal, dans le détail de cette composition, serait un travail considérable qui dépasserait les limites que nous avons entendu donner à cet ouvrage dans lequel nous avons uniquement visé à faire connaître, sous une forme aussi claire et aussi concise que possible, ce que c'était que les engrais, leur mode d'emploi, les sources où on pouvait puiser et les services qu'ils étaient susceptibles de rendre dans les différentes cultures.

Mais nous avons suppléé à cette description,

en donnant pour chacune des fumures que nous avons examinées, l'exigence de chaque plante au point de vue des principes fertilisants que contiennent ces fumures et, conséquemment, l'agriculteur se trouve, avec ces indications, en présence de données précises qui lui permettent de calculer exactement, tout au moins les proportions de ces éléments divers que les récoltes annuelles enlèvent au sol et qu'il convient, dès lors, de lui restituer.

Mais les conditions végétales sont influencées par tant de circonstances variables, venons-nous d'expliquer dans les lignes qui précèdent, que ces données, si précises qu'elles soient, ne sauraient constituer une base mathématique sur laquelle on pourrait étayer des formules capables de s'appliquer indistinctement à tous les cas présentant entre eux une certaine analogie.

Non seulement, en effet, chaque plante affectionne, suivant sa nature, des proportions plus ou moins élevées d'un principe fertilisant déterminé, mais encore ces proportions, ainsi que nous l'avons expliqué, sont différentes suivant les conditions ambiantes de la végétation et surtout suivant la richesse des sols qui les nourrissent et dont la composition, on le sait, varie à l'infini.

Encore bien donc que, pour des cultures spécifiées, on combinerait une fumure dans laquelle on ferait entrer exactement, les quotités de principes fertilisants dont la science a déterminé le quantum afférent à chacune, on voit à quelles erreurs on s'exposerait, en usant de ces combinaisons dont certains éléments pourraient être au moins inutiles, sinon nuisibles.

Supposons, par exemple, que tenant simplement compte des exigences moyennes des plantes en principes fertilisants, nous appliquions les chiffres que nous connaissons, en vue d'une récolte de froment que l'on aurait la prétention, à l'aide des engrais chimiques, de porter à 40 hectolitres à l'hectare. Il faudrait, pour cela, que la plante trouvât à sa disposition environ les quotités suivantes :

	Kilogrammes.
Azote.	140.7
Acide phosphorique.	59.2
Potasse.	73.7
Chaux.	28.8
Magnésie.	20.7

Ce qui exigerait, à peu de chose près, les proportions suivantes :

700 kilog. de sulfate d'ammoniaque à 35 fr. les 100 kilog . . . . Fr.	245 »
175 kilog. de phosphate précipité à 25 fr. les 100 kilog.	43 75
100 kilog. de chlorure de potassium à 23 fr. les 100 kilog.	23 »

Appliquons cet engrais à une terre qui renferme par elle-même suffisamment de potasse, c'est une somme d'environ 25 francs par hectare que le cultivateur aura dépensée, en pure perte et sans aucun profit, ni pour la récolte, ni pour la terre.

On peut voir, par ce seul exemple combien ils ont tort et vont à l'encontre de leurs intérêts bien compris, les cultivateurs qui s'adressent aux engrais composés que le commerce met à leur disposition et dont les formules toutes faites ont la prétention de s'appliquer non seulement à toutes les cultures, mais encore à tous les sols, ce qui est la plus grande des inepties.

Aussi n'aurions-nous même pas parlé de ces engrais tout fabriqués, si, précisément, nous n'avions eu en vue de mettre l'agriculture en garde contre eux.

Déjà, au surplus, dans les régions éclairées où la culture est conduite scientifiquement, on rejette ces produits qui ne peuvent répondre à aucune réalité et on s'applique à employer les engrais vraiment utiles, en proportions variables, suivant les cultures auxquelles on s'adonne et suivant la nature des terrains que l'on a à sa disposition.

Inconvénients divers des engrais composés. — La raison et l'intérêt se réunissent donc pour conseiller aux agriculteurs de repousser les offres d'engrais composés que leur font certains indus triels.

Mais ces produits sont critiquables à bien d'autres titres encore.

Il faut bien que l'on sache d'abord, que ceux qui les fabriquent se préoccupent fort rarement de savoir si leurs combinaisons se concilient avec les règles de la chimie, soit que ces règles leur soient inconnues, soit que leur application contrarie leurs trafics.

C'est ainsi que l'on ne craindra pas de réunir dans un même mélange, du superphosphate et du nitrate de soude qui, en réagissant l'un sur l'autre, donnent lieu à des déperditions d'azote considérables.

M. Andouard, l'éminent directeur de la station agronomique de la Loire-Inférieure, s'est livré à diverses expériences sur ce point, desquelles il résulte qu'un engrais composé de superphosphate et de nitrate de soude, dans lequel l'analyse avait fait ressortir 6.17 0/0 d'azote nitrique au moment de la réception, ne renfermait plus que 3.78 de ce précieux produit fertilisant après 36 jours de conservation. Un autre engrais de même nature, provenant de la même fabrique, avait perdu 64 0/0 de son azote en trois semaines. L'agriculteur qui achèterait des combinaisons de cette sorte, et ce sont les plus ordinaires, serait donc à peu près certain de ne plus retrouver, au bout d'un certain temps, le titre d'azote sur lequel il était en droit de compter au moment de son acquisition.

Malgré ce défaut de garantie, le commerce n'en a pas moins la prétention de faire payer à l'agriculture ces sortes de mélanges à un prix beaucoup plus élevé que ne le comporterait la valeur réelle de chaque élément considéré isolément.

« Voici, écrivent MM. Müntz et Girard, dans leur traité sur les engrais, quelques exemples que nous choisissons dans les prospectus des grandes fabriques d'engrais et qui montrent, de la manière la plus nette, qu'il y a lieu de déconseiller l'emploi de ces produits.

Engrais complet, dosant :

10.5 à 11.5 0/0 d'acide phosphorique soluble dans le citrate.
3 0/0 d'azote ammoniacal,
5 0/0 de potasse.

Le prix total en est fixé à 19 fr. 50 c. les 100 kilogrammes.

Or, en attribuant :

A l'acide phosphorique, le prix élevé de	Fr.	» 70	le kg.
A l'azote ammoniacal,	—	1 80	—
A la potasse,	—	» 50	—

Et en additionnant les résultats, nous arrivons au prix total de 15 fr. 50 c. les 100 kilogrammes ; la différence de 4 francs par 100 kilogrammes représente la plus-value de l'engrais par suite du mélange et constitue, pour l'acheteur, une perte sèche.

Autre exemple :

Engrais complet dosant : 6 0/0 d'acide phosphorique soluble au citrate ; 3 0/0 d'azote et 14 0/0 de potasse.

Le prix en est fixé à 19 fr. 75 c. les 100 kilogrammes ; la valeur calculée sur les bases précédentes est de 16 fr. 60 c. ; c'est encore, du simple fait du mélange, un bénéfice supérieur à 3 fr. les 100 kilogrammes que le vendeur réalise *en plus de celui que lui procurerait la vente des mêmes engrais non mélangés.* »

« Ces exemples, ajoutent les auteurs précités, sont choisis dans les catalogues des maisons connues pour la correction de leurs procédés commerciaux ; il n'y a ni fraude ni intention frauduleuse ; mais il n'en est pas moins vrai que l'agriculteur a payé ces produits au-dessus de leur valeur.

» Mais que dirions-nous, si nous prenions nos exemples là où les scrupules n'existent pas et où, sous des noms pompeux, on vend aux agriculteurs, au prix de 25 francs les 100 kilogrammes, l'engrais suivant :

Azote.	2 0/0
Acide phosphorique, total.	15 —
Potasse.	2 —

» Calculé au plus haut cours, ce prix est surfait d'environ 50 0/0. On trouverait facilement, dans les prospectus envoyés aux agriculteurs, des exemples encore plus frappants, montrant que souvent des engrais prétendus complets se vendent avec une majoration de 75 0/0 de leur valeur réelle. »

Voilà pourquoi les industriels, spéculant sur

l'ignorance de certains agriculteurs, s'efforcent de persuader à ces derniers, que leurs compositions répondent indistinctement à tous les besoins, à tous les cas, qu'avec elles il n'est pas besoin de se mettre martel en tête, qu'enfin on peut agir les yeux fermés. Nous croyons avoir démontré que c'est là une pure chimère, une exploitation à laquelle les intéressés échapperont lorsqu'ils auront appris à connaître la nature des engrais, leur mode d'emploi, les services qn'ils peuvent rendre et leur valeur réelle sur laquelle ils peuvent toujours être fixés, en recourant à un journal agricole.

Si nous ajoutons qu'en s'adressant à ces produits, l'agriculteur ignore absolument quelle en est la nature, que, par exemple, l'acide phosphorique peut y être contenu sous la forme de phosphate naturel dont la valeur est moindre, au lieu de l'être sous la forme de phosphate d'os dont le prix est plus élevé ; que dans le même ordre d'idées, le cuir torréfié dont l'assimilation est très lente, peut être substitué au sang qui est rapidement assimilable, on comprendra que l'acheteur de ces mélanges ne peut jamais être fixé sur leur qualité réelle, encore bien qu'il en ferait faire une analyse toujours coûteuse pour des produits complexes et généralement incertaine quelque attention que l'on y porte, alórs que l'analyse des produits simples ne donne jamais lieu à aucun doute.

Enfin, nous avons expliqué, dans le cours de cet ouvrage, la nécessité d'introduire certains engrais dans le sol, à des époques déterminées. Les phosphates, par exemple, avons-nous dit, doivent être appliqués avant l'hiver, de telle sorte que l'acide phosphorique qui entre dans leur composition ait le temps de se solubiliser et soit mis ainsi à la disposition des plantes, au moment de la végétation. D'un autre côté, certains engrais tels que les nitrates, incorporés au sol à la même époque, seraient infailliblement, en raison de leur solubilité, entraînés par les eaux pluviales hivernales. Avec des engrais complets, cette distinction n'est naturellement pas possible et quelque époque que l'on choisisse pour en faire l'épandage, on risque donc, soit d'inutiliser l'un des principes fertilisants qu'ils contiennent, soit de le perdre.

Nous croyons en avoir assez dit, pour détourner l'agriculteur de l'achat et de l'emploi de ces produits.

Les engrais composés, fabriqués à la ferme. — Est-ce à dire pour cela que l'on ne puisse faire usage d'engrais mélangés et que chaque fumure doive être, forcément, appliquée séparément ?

Non, certes.

Mais à la condition, toutefois, de prendre les précautions nécessaires, précisément pour éviter les inconvénients que nous venons de signaler et qui découlent :

1° Des incompatibilités qui peuvent exister entre des engrais de diverse nature ;

2° De l'impossibilité d'appliquer chaque fumure à l'époque opportune lorsque l'on s'adresse aux engrais composés.

Sur le premier point, on se souviendra que les substances à réaction alcaline, celles notamment qui contiennent de la chaux, telles que la chaux vive ou éteinte, les scories de déphosphoration, les salins, les cendres, le carbonate de chaux, etc., influent sur la sulfate d'ammoniaque et entraînent, ainsi, une déperdition d'azote, laquelle, dans certains cas, peut prendre des proportions considérables. D'autre part, nous avons dit plus haut, que le superphosphate mélangé au nitrate de soude, donne lieu aux mêmes pertes, l'acide sulfurique et l'acide phosphorique du premier sel se combinant avec la base du second sel pour former du sulfate et du phosphate de soude et rendant de la sorte libre l'acide nitrique ou azotique du nitrate, qui s'échappe du sol à l'état de gaz. Ajoutons que la chaux vive doit être également proscrite de tout mélange avec les superphosphates, dont elle provoque la rétrogradation.

Par contre, on peut, sans inconvénient, mélanger ensemble ; la chaux vive avec les sels potassiques ; les engrais à azote organique ou à azote ammoniacal, avec les phosphates, les superphosphates, les sels potassiques et enfin le plâtre.

Sur le second point : l'agriculteur observera

les principes que nous avons établis au sujet de l'époque la plus favorable d'épandage de chaque engrais considéré à part. Pour l'automne, il préparera les mélanges dans lesquels il fera entrer les phosphates, de quelque nature qu'ils soient, qui doivent passer l'hiver dans le sol, ainsi que les engrais organiques azotés qui ont besoin d'un temps assez prolongé pour subir la nitrification sans laquelle leur azote n'est pas assimilable par les plantes. Dans les terres fortes, de même que dans certaines terres franches, on pourra, également, à la même époque, incorporer le sulfate d'ammoniaque et le chlorure de potassium, ce que l'on se gardera de faire pour les terres légères dans le sous-sol desquelles ces matières fertilisantes seraient entraînées sans utilité pour les plantes, en raison de la perméabilité de ces terres et de leur défaut d'argile et d'humus qui ne leur permet pas de retenir ces principes nutritifs à la surface.

Quant au nitrate de soude, sa grande solubilité le condamne à n'être jamais appliqué qu'au printemps, quelle que soit la nature des terres; car, autrement, les végétaux ne le retrouveraient plus, au moment où ils en auraient besoin.

En résumé, nous répétons qu'à cet égard, l'agriculteur devra se laisser guider par les indications que nous avons données pour chacune des fumures que nous avons étudiées dans le cours de cet ouvrage.

Pratique des mélanges. — Lorsque le cultivateur a déterminé la quantité de principes fertilisants de diverse nature qu'il entend employer, il réunit les sacs qui contiennent chacun d'eux, autour d'une aire bien plane, sur laquelle il étend, en couches minces et alternées, chacun des engrais dont il doit être fait usage. Cette superposition faite, on mélange le tout au moyen de vigoureux pelletages et jusqu'à ce que l'on soit bien convaincu que le mélange est homogène et aussi intime que possible.

Préalablement, on aura soin de s'assurer que tous les matériaux qui entrent dans la composition, soient dans le plus grand état de division désirable. A cet effet, chacun de ces matériaux aura été passé à la claie pour en séparer les parties pulvérulentes, les gros morceaux auront été écrasés au maillet et tamisés à leur tour, jusqu'à ce que le tout ait été amené au degré de finesse convenable.

On aura pris la précaution, enfin, de n'employer dans ces mélanges que des matériaux très secs, et cette recommandation est surtout essentielle pour les nitrates et les sels de Stassfurt qui sont hygrométriques, ainsi que pour les superphosphates mal fabriqués ou de fabrication récente. Si cette précaution n'était pas prise, on risquerait de n'obtenir qu'une bouillie difficile à manier, difficile à répandre et qui, par surcroît, en s'asséchant, se reprendrait en morceaux compacts qu'on devrait écraser de nouveau.

Dans le cas où on se trouverait en présence de produits de ce genre dont l'emploi immédiat s'imposerait pour une raison quelconque, il conviendrait de faire absorber l'humidité qu'ils contiennent, par de la terre, de la tourbe ou du plâtre. Dans tous les cas, le mélange, une fois opéré, doit être employé le plus rapidement possible, car autrement on s'exposerait à voir les matériaux se reprendre en masse, ce qui nécessiterait un nouveau et dispendieux broyage.

Épandage. — Pour l'épandage des engrais composés, on observe les mêmes règles que celles que nous avons tracées pour chaque engrais en particulier. Cet épandage se fera à la volée, par un semeur habitué à cette opération, avec autant de soins et de régularité que s'il s'agissait de semences.

Si l'on avait quelque doute à l'égard de l'habileté de l'opérateur, ou même à titre de simple précaution, on agirait prudemment en augmentant le volume du mélange par addition de matières inertes, terre sèche, sable, tourbe, plâtre, etc., que, dans ce cas, il conviendrait de malaxer avec les engrais employés et dans les mêmes conditions qu'eux.

Ces recommandations s'appliquent à la petite culture. Lorsqu'on a de grandes superficies à fumer, il est beaucoup plus économique et préférable à tous les points de vue, de faire usage de semoirs à engrais, dont l'industrie livre, aujourd'hui, à l'agriculture, des modèles de tous genres et de tous les prix et à l'aide desquels on obtient une distribution parfaite, grâce à un système particulier de réglage dont chacun de ces appareils est pourvu.

Pour l'enfouissement des engrais composés une fois répandus, on appliquera les mêmes règles que celles que nous avons fixées à l'égard de chaque nature de fumures considérées à part.

Il va sans dire qu'on doit, dans la composition des engrais composés, ne faire intervenir que des matériaux à peu près identiques au point de vue de la même densité et qu'on ne pourrait y incorporer, par exemple, des substances légères et volumineuses, telles que tournure et râpure de corne, chiffons de laine, etc., qui se sépareraient du malaxage, quelques précautions que l'on prendrait.

CHAPITRE XV

La fraude dans la vente des engrais : les divers modes de tromperies; les syndicats agricoles. — Législation relative à la vente des engrais : textes applicables; article 423 du code pénal; loi du 27 mars 1851 ; loi du 23 juin 1857; loi du 4 février 1888; décret du 10 mai 1889 portant règlement d'administration publique, pour l'application de ladite loi : circulaire ministérielle.

La fraude dans la vente des engrais. — On peut affirmer sans crainte d'être démenti, qu'aucun commerce n'a pratiqué la fraude sur une échelle aussi vaste que celui des engrais.

Pendant de longues années, depuis le jour où l'expérience a peu à peu établi que la restitution au sol des principes fertilisants exportés par la récolte, était la condition inéluctable pour maintenir à la terre sa production normale; puis, plus tard, lorsque les données scientifiques se propageant de plus en plus dans nos campagnes, il a été permis de constater que les fumures appropriées, que les fumures abondantes, rendaient au centuple, en produits, les frais nécessités par ces fumures, une exploitation honteuse et sans vergogne n'a pas hésité à mettre le siège autour de nos cultivateurs, à rançonner, leur ignorance par le dol et la fraude, risquant ainsi de faire perdre à notre agriculture, le bénéfice des patientes recherches et des riches conquêtes de nos savants.

Et de fait, si aujourd'hui les engrais chimiques sont acceptés par le petit cultivateur, alors qu'il y a quelques années à peine ils n'étaient mis en usage que par les agriculteurs d'avant-garde, il n'a pas tenu à beaucoup que ce bel élan fût arrêté tout net. A mesure, en effet, que la consommation en devenait plus considérable, les fraudes dont ces matières étaient l'objet devenaient elles-mêmes plus fréquentes et plus osées, les engrais industriels étaient frappés de discrédit par la raison que ces substances, la plupart du temps sans valeur, ne donnaient aucun résultat tangible là où elles étaient employées et nos cultivateurs renonçaient à en faire l'acquisition, n'y trouvant aucun avantage.

Grâce à la diffusion de l'enseignement agricole et à l'institution des syndicats dont la plupart se sont organisés de manière à garantir autant que possible leurs adhérents contre les procédés frauduleux dont ils étaient les victimes; grâce surtout à la législation très sévère, intervenue en 1888 et dont nous donnons plus loin les dispositions, l'indigne exploitation contre laquelle on s'élevait en vain depuis longtemps a été atténuée.

Le bas commerce des engrais, ajouterons-nous, qui ne vivait que de rapines et dont le chiffre d'affaires était trop peu important, pour suffire à ses frais généraux, s'il n'avait pas eu recours au système de vol organisé qu'il pratique, a dû disparaître en partie, au fur et à mesure que ses agissements révélés ne faisaient plus qu'un nombre restreint de dupes, et des maisons honorables se sont substituées à ces trafiquants, qui ont centralisé ce commerce dans leurs mains, qui ont cherché dans l'exécution loyale de leurs engagements le succès de leur industrie et qui, enfin, ont contribué à ramener la confiance de l'agriculture, dans l'emploi des fumures industrielles dont l'utilité et l'importance ne sont plus méconnues que par la routine et l'ignorance.

Est-ce à dire pour cela, que la fraude des engrais ait totalement disparu?

Malheureusement non, car le nombre des petits cultivateurs qui ignorent complètement la législation nouvelle et de ceux qui, surtout, sont incapables de discuter les termes techniques (azote, acide phosphorique, potasse, etc.) en usage dans le commerce des matières fertilisantes, est encore bien grand et c'est vers ceux-là que sont dirigés tous les efforts des maisons interlopes.

Les laboratoires agricoles, les stations agronomiques ne sont-ils pas là, dira-t-on, pour constater les fraudes et les faire punir? Le grand malheur c'est que la plupart du temps, le cultivateur qui n'achète que quelques sacs d'engrais à la fois, recule devant les frais d'une analyse et c'est confiants dans cette négligence que les fripons opèrent leurs ventes.

Divers modes de tromperie. — Du reste, l'habileté de ces faiseurs est grande et il n'est aucun expédient dont ils ne sachent user, aucune circonstance dont ils ne profitent avec adresse, pour arriver à leurs fins. C'est surtout en alléchant le cultivateur par le crédit, qu'ils y parviennent. Rien, en effet, ne séduit davantage l'homme des champs que la facilité qui lui est offerte de ne payer que plus tard, après la récolte, de ne pas débourser immédiatement de l'argent qu'il a eu tant de peine à gagner. Il semble, pour lui, qu'ayant terme il ne doit rien.

Mais c'est surtout avec les qualificatifs pompeux qu'ils donnent à leurs marchandises, en exhibant des certificats et des attestations de complaisance, des analyses qui se réfèrent à tout autre produit que celui qu'ils présentent à la vente, en embrouillant leur acheteur, dans des formules et des calculs dont les personnes compétentes pourraient seules démêler la supercherie, qu'ils parviennent à enjôler les clients naïfs qui consentent à les écouter.

C'est d'abord l'engrais indéterminé, que l'on vend sans spécifier aucun dosage pour la quotité des principes fertilisants qu'il est censé contenir, mais que l'on qualifie du terme expressif de *guano*, terme qui ne signifie absolument rien, car nous avons vu dans le cours de cet ouvrage qu'il existe des guanos de tout acabit, mais qui représente encore, pour beaucoup de nos agriculteurs, l'expression la plus élevée de la valeur fertilisante d'un engrais. De la sorte, on peut vendre un produit n'ayant aucune valeur et néanmoins être à l'abri de toute sanction pénale, car non seulement, on n'a rien garanti, mais, par surcroît, on n'a pas même indiqué la teneur générale de ce produit, en éléments divers quels qu'ils soient.

C'est ensuite la vente au titre sec, c'est-à-dire celle dans laquelle on spécifie que les proportions de principes fertilisants garanties, ne doivent s'appliquer qu'à l'engrais devenu sec. On conçoit combien ce mode d'achat peut être préjudiciable à l'acquéreur, puisqu'il suffira à l'industriel qui le pratique, de faire absorber aux produits qu'il livre, quelquefois jusqu'à un tiers d'eau, ce qui diminuera dans des proportions identiques la teneur en éléments utiles indiquée. A l'aide de cette habile supercherie, on arrive, en somme, à vendre de l'eau au prix de l'engrais.

D'autres fois, sous le prétexte qu'il n'est guère facile, sinon même impossible d'assurer le titrage exact d'un engrais et surtout d'un engrais composé, le vendeur se réserve une large marge à laquelle l'acheteur ne prête, la plupart du temps, qu'une faible importance, mais qui cependant le met en perte sérieuse qui se traduit en bénéfice très appréciable pour le vendeur.

Pour réaliser cette pratique, on libellera, par exemple, la facture de la manière suivante :

	Pour cent.
	—
Azote	4 à 6
Acide phosphorique soluble	12 à 15
Potasse	6 à 8

Il est évident que le produit livré dosera juste le minimum prévu et, de la sorte, la valeur de l'engrais qui, avec les proportions les plus élevées, aurait été de 23 fr. environ, descend à 17 fr. La perte n'est pas inférieure à 5 fr. pour l'acquéreur, sans que celui-ci ait aucune action contre son vendeur qui a fait ses réserves.

Enfin comme beaucoup de cultivateurs ne font encore aucune distinction entre les différentes qualités d'engrais et que même, dans une fumure, ils confondent souvent les termes généraux sous lesquels ces engrais sont vendus d'ordinaire, avec les principes utiles qui seuls doivent entrer en ligne de compte dans ces produits, il n'est pas rare qu'on leur vende de l'acide phosphorique total au prix de l'acide phosphorique soluble, le phosphate même au prix de l'acide phosphorique, l'ammoniaque ou les nitrates au prix de l'azote et enfin, sous le terme générique d'alcalis, de prétendus engrais potassiques contenant de fortes proportions de soude.

Nous ne parlerons pas ici des vulgaires tromperies sur le poids des livraisons, lesquelles se pratiquent avec d'autant plus de facilité que lorsqu'il s'agit d'expéditions assez considérables, les compagnies de chemins de fer se montrent très coulantes sur les pesées et se préoccupent surtout qu'il n'y ait pas dépassement du poids indiqué, ce qui est un grand tort suivant nous. Leur responsabilité pourrait, en effet, se trouver engagée, dans le cas où, par exemple, le destinataire exigerait une vérification avant de prendre livraison, ce qu'il néglige malheureusement trop souvent de faire, s'en rapportant à la feuille d'expédition. En pareille occurrence, les compagnies seraient parfaitement tenues de rembourser la différence, si elle existait et c'est inutilement qu'elles tenteraient de mettre l'expéditeur en cause.

Nous n'insisterons pas davantage sur un autre genre de fraude non moins grossière et qui consiste à introduire dans une livraison portant sur une forte quantité quelques sacs de matières sans valeur, mais d'apparence semblable au produit convenu, ou bien encore à faire mélanger, toujours dans quelques sacs seulement, des produits inférieurs à ceux spécifiés. Si la fraude est découverte, ce qui est rare, l'expéditeur en rejette la faute sur la négligence de l'un de ses employés, tient compte à son acheteur de la moins-value constatée et tout est dit. Dans le cas le plus fréquent, c'est-à-dire lorsque la supercherie passe inaperçue, c'est l'acheteur qui est tout simplement la dupe.

Nous pourrions multiplier à l'infini l'énumération des systèmes variés mis en œuvre par les commerçants d'engrais peu scrupuleux, pour tromper leur acheteur sur la qualité, la nature et le poids des marchandises qu'ils leur vendent. Il nous suffira, croyons-nous, d'avoir appelé l'attention sur quelques-uns de ces procédés malhonnêtes, pour mettre l'agriculteur en garde contre eux et pour bien persuader ce dernier qu'il ne saurait prendre des précautions trop méticuleuses afin de ne pas être la victime des agissements de ce genre.

Nous savons qu'il n'est pas toujours aisé de s'en prémunir, étant donné surtout, que le cultivateur est encore bien peu versé dans la connaissance des termes scientifiques qui distinguent les divers produits entre eux et qu'il est facile, dès lors, d'établir une confusion dans leur esprit, en donnant, à ces termes, des significations très éloignées de la réalité.

En fait, l'acheteur d'engrais, sans s'arrêter aux qualificatifs plus ou moins pompeux dont on décore la marchandise qu'on lui offre, doit toujours exiger de son vendeur, que celui-ci spécifie exactement sur sa facture, la quotité exacte de principes fertilisants utiles, contenue dans une fumure déterminée.

Or ces principes utiles se bornent à trois seulement, ou à quatre si on y comprend la chaux, savoir : l'azote, l'acide phosphorique, la potasse. Ce sont les seuls matériaux dont il ait à se préoccuper, les seuls dont il y ait lieu de tenir compte.

Si on est acheteur d'engrais phosphatés, qu'il s'agisse de phosphates d'os, de superphosphates ou de scories, la teneur en acide phosphorique est la première indication qui marque la valeur du produit.

De même dans les engrais azotés, qu'il s'agisse de nitrate ou de sulfate d'ammoniaque, de guano, de poudrette, de fumier même ou de toute autre combinaison présentée comme fumure de cette nature, on demandera le taux en azote.

De même, enfin, pour les engrais potassiques, qu'il s'agisse de chlorure de potassium, de sulfate de potasse etc., la potasse est le seul élément dont il soit essentiel de faire déterminer le taux.

Cela, bien entendu en dehors des conditions spéciales afférentes à chacune de ces fumures, telles que celles de la finesse et de la siccité des produits, de leur plus ou moins grande faculté d'assimilation, etc., au sujet desquelles nous nous sommes suffisamment étendu dans le cours de cet ouvrage.

Pour éviter de tomber dans les pièges sans cesse tendus par les marchands d'engrais peu scrupuleux, devant la bonne foi et malheureusement, il faut bien le dire aussi, l'ignorance du cultivateur, celui-ci, nous ne saurions trop le répéter, ne devrait jamais acheter aucun produit sans la garantie de l'analyse. Ceux qui achètent les fumures en quantités importantes, sont impardonnables de se priver de cette garantie, même quand ils s'adressent à des maisons de toute confiance qui ne sont pas cependant à l'abri de toute erreur.

Mais nous comprenons que lorsque ces achats ne se font que sur de petites parties, on recule devant les frais de l'analyse qui grèvent d'autant la marchandise. Dans ce cas, la seule manière d'agir est de ne s'adresser qu'aux maisons de premier ordre, et d'éloigner, impitoyablement, tous ces petits marchands dont la plupart ne parcourent nos campagnes que pour abuser de la simplicité de nos paysans.

Les syndicats agricoles. — Au surplus, avec l'institution des syndicats agricoles qui se propagent de plus en plus, l'agriculture est presque, maintenant, mise à l'abri des agissements frauduleux qui, pendant si longtemps, ont compromis son essor.

Ces institutions, en effet, non seulement agissent sur nos cultivateurs en les éclairant, en les mettant en garde contre les erreurs que la routine leur conseille quelquefois encore, en propageant et en encourageant à suivre les bonnes méthodes, mais encore et surtout en créant entre leurs membres adhérents, un lien étroit d'intérêts réciproques.

La plupart des syndicats agricoles, en effet, achètent, aujourd'hui, dans les meilleures conditions de prix et de qualité, les matières premières telles que semences, engrais, outils même et machines agricoles, ponr le compte de leurs associés. Ces opérations commerciales, portant ainsi sur des quantités importantes, en raison du groupement des commandes, il est compréhensible que les maisons les plus considérables se montrent jalouses d'obtenir cette clientèle et lui consentent des avantages très appréciables, ce dont chaque adhérent profite. A ces avantages particuliers viennent s'ajouter ceux résultant de la diminution des frais généraux qui grèvent subsidiairement les produits, tels que les frais de transport, moins onéreux lorsqu'on fait venir des chargements complets, les frais d'analyse des matières, qui deviennent pour ainsi dire nuls lorsque cette analyse se fait sur une grande quantité au lieu d'être multipliée sur un grand nombre de faibles parties, etc.

Malheureusement, bien que l'association syndicale ait fait de grands progrès dans ces dernières années, elle est encore bien loin d'avoir atteint la généralité des membres de l'armée agricole et beaucoup de régions ne profitent pas encore de ses bienfaits.

Ce n'est en somme que là où se sont trouvées des personnalités dévouées, convaincues, actives, énergiques, pleines de foi, compétentes, que ces institutions se sont développées et sont entrées dans la voie féconde en résultats heureux, où nous voudrions voir pénétrer à leur tour tous les adeptes de la grande famille agricole. Ces personnalités n'existent pas partout et leur absence se fait vivement sentir là où elles font défaut.

Puissent ces quelques réflexions tomber sous les yeux d'hommes jouissant, dans leur région, d'une autorité suffisante, ce qui n'est pas rare, et les engager à prendre en main la création d'une institution aussi incontestablement utile! Ils en seront largement récompensés, par la conscience des services qu'ils auront ainsi rendus à leurs concitoyens dont la reconnaissance ne leur fera certainement pas défaut.

Législation relative à la vente des engrais. — Quoi qu'il en soit, une législation très sévère, avons-nous dit au commencement de ce chapitre, est venue mettre certaines entraves au commerce frauduleux des engrais, donner certaines garanties aux cultivateurs qui veulent bien prendre quelques précautions à l'encontre de ceux qui les exploitaient sur une si vaste échelle, il n'y a pas encore longtemps, enfin enlever la confiance d'une quasi impunité, aux commerçants malhonnêtes qui abusaient de la crédulité et de l'ignorance de nos paysans.

« Les cultivateurs, disait l'exposé des motifs à l'appui de la loi dont nous allons faire connaître les dispositions, ont besoin plus que jamais d'être défendus contre les fraudes dont ils sont les victimes depuis trop longtemps et qui, chaque jour, font des progrès parallèles à ceux de la science. L'agriculteur, en effet, n'a pas la possibilité de reconnaître les falsifications par l'aspect de l'engrais, ni de savoir, par le simple examen des propriétés extérieures des substances qu'on lui propose, si celles-ci ont été adultérées. Confiant dans les assertions de son vendeur, il prodigue à la terre son travail, et ce n'est que de longs mois après, qu'il se trouve en présence d'une récolte presque nulle. Et, lorsqu'il s'aperçoit qu'il a été trompé, il ne peut obtenir justice, car il ne peut justifier que la cause de son insuccès est due à une tromperie.

La loi de répression des fraudes dans le commerce des engrais est datée du 4 février 1888; nous en donnons le texte ci-après, en le faisant uivre du décret portant réglementation d'administration publique pour l'application de cette loi, en date du 18 mai 1889, et de la circulaire ministérielle qui a précisé l'esprit et la lettre de la nouvelle loi et du décret intervenu postérieurement.

Mais divers textes de notre législation étant également applicables à l'espèce, nous croyons utile de les reproduire dans leur ordre de dates, afin que les intéressés soient totalement fixés sur la question.

TEXTES APPLICABLES A LA VENTE DES ENGRAIS

ART. 423 DU CODE PÉNAL. — Quiconque aura trompé l'acheteur sur le titre des matières d'or ou d'argent, sur la qualité d'une pierre fausse vendue pour fine, *sur la nature de toutes les mar-*

chandises; quiconque, par usage de faux poids ou de fausses mesures, aura trompé sur la quantité des choses vendues, sera puni de l'emprisonnement pendant trois mois au moins, un an au plus, et d'une amende qui ne pourra excéder le quart des restitutions et dommages-intérêts, ni être au-dessous de 50 francs. — Les objets du délit, ou leur valeur, s'ils appartiennent encore au vendeur, seront confisqués; les faux poids et les fausses mesures seront aussi confisqués, et, de plus, seront brisés. — Le tribunal pourra ordonner l'affichage du jugement dans les lieux qu'il désignera, et son insertion intégrale ou par extrait dans tous les journaux qu'il désignera, le tout aux frais du condamné.

Loi du 27 mars 1851, tendant à la répression plus efficace de certaines fraudes dans la vente des marchandises.

ARTICLE PREMIER. — Seront punis des peines portées dans l'article 423 du Code pénal :

1° Ceux qui falsifieront des substances ou denrées alimentaires ou médicamenteuses destinées à être vendues;

2° Ceux qui vendront ou mettront en vente des substances ou denrées alimentaires ou médicamenteuses qu'ils sauront être falsifiées ou corrompues;

3° Ceux qui auront *trompé ou tenté de tromper sur la quantité des choses livrées* les personnes auxquelles ils vendent ou achètent, soit par l'usage de faux poids ou de fausses mesures, ou d'instruments inexacts servant au pesage ou mesurage, soit par des manœuvres ou procédés tendant à fausser l'opération du pesage ou mesurage, ou à augmenter frauduleusement le poids ou le volume de la marchandise, même avant cette opération ; soit enfin par des indications frauduleuses tendant à faire croire à un pesage ou mesurage antérieur et exact.

Art. 2. — Si, dans les cas prévus par l'article 423 du Code pénal ou par l'article premier de la présente loi, il s'agit d'une marchandise contenant des mixtions nuisibles à la santé, l'amende sera de 50 à 500 francs, à moins que le quart des restitutions et dommages-intérêts n'excède cette dernière somme; l'emprisonnement sera de trois mois à deux ans. — Le présent article sera applicable même au cas où la falsification nuisible serait connue de l'acheteur ou consommateur.

Art. 3. — Sont punis d'une amende de 16 à 25 francs et d'un emprisonnement de 6 à 10 jours, ou de l'une de ces deux peines seulement, suivant les circonstances, ceux qui, sans motifs légitimes, auront dans leurs magasins, boutiques, ateliers ou maisons de commerce, ou dans les halles, foires ou marchés, soit des poids ou mesures faux, ou autres appareils inexacts servant au pesage ou au mesurage, soit des substances alimentaires ou médicamenteuses qu'ils sauront être falsifiées ou corrompues. — Si la substance falsifiée est nuisible à la santé, l'amende pourra être portée à 50 francs et l'emprisonnement à 15 jours.

Art. 4. — Lorsque le prévenu, convaincu de contravention à la présente loi ou à l'article 423 du Code pénal, aura, dans les cinq années qui ont précédé le délit, été condamné pour infraction à la présente loi ou à l'article 423, la peine pourra être élevée jusqu'au double du maximum, l'amende prononcée par l'article 423 et par les articles 1 et 2 de la présente loi pourra être portée jusqu'à 1.000 francs, si la moitié des restitutions et dommages-intérêts n'excède pas cette somme; le tout sans préjudice de l'application, s'il y a lieu, des articles 57 et 58 du Code pénal.

Art. 5. — Les objets dont la vente, usage ou possession constitue le délit seront confisqués, conformément à l'article 423 et aux articles 477 et 481 du Code pénal. — S'ils sont propres à un usage alimentaire ou médical, le tribunal pourra les mettre à la disposition de l'administration pour être attribués aux établissements de bienfaisance. — S'ils sont impropres à cet usage ou nuisibles, les objets seront détruits ou répandus aux frais du condamné. Le tribunal pourra ordonner que la destruction ou effusion aura lieu devant l'établissement ou le domicile du condamné.

Art. 6. — Le tribunal pourra ordonner l'affichage du jugement dans les lieux qu'il désignera, et son insertion intégrale ou par extrait dans tous les journaux qu'il désignera, le tout aux frais du condamné.

Art. 7. — L'article 463 du Code pénal sera applicable aux délits prévus par la présente loi.

Art. 8. — Les deux tiers du produit des amendes sont attribués aux communes dans lesquelles les délits auront été constatés.

Art. 9. — Sont abrogés les articles 475, n° 14, et 479, n° 5, du Code pénal.

Loi du 23 juin 1857, sur les marques de fabrique et de commerce.

Nous nous bornons à reproduire, pour cette loi dont le texte est très étendu, les articles ayant un rapport direct avec notre sujet...

Art. 7. — Sont punis d'une amende de 50 à 3.000 francs et d'un emprisonnement de 3 mois à 3 ans, ou de l'une de ces peines seulement :

1° Ceux qui ont contrefait une marque ou fait usage d'une marque contrefaite ;

2° Ceux qui ont frauduleusement apposé sur leurs produits ou les objets de leur commerce une marque appartenant à autrui ;

3° Ceux qui ont sciemment vendu ou mis en vente un ou plusieurs produits revêtus d'une marque contrefaite ou frauduleusement apposée.

Art. 8. — Sont punis d'une amende de 50 fr. à 2.000 francs et d'un emprisonnement d'un mois à un an, ou de l'une de ces peines seulement :

1° Ceux qui, sans contrefaire une marque, en ont fait une imitation frauduleuse de nature à tromper l'acheteur, ou ont fait usage d'une marque frauduleusement imitée ;

2° Ceux qui ont fait usage d'une marque portant des indications propres à tromper l'acheteur sur la nature du produit ;

3° Ceux qui ont sciemment vendu ou mis en vente un ou plusieurs produits revêtus d'une marque frauduleusement imitée ou portant des indications propres à tromper l'acheteur sur la nature du produit.

Art. 9. — Sont punis d'une amende de 50 à 1.000 francs et d'un emprisonnement de 15 jours à 6 mois, ou de l'une de ces peines seulement :

1° Ceux qui n'ont pas apposé sur leurs produits une marque déclarée obligatoire ;

2° Ceux qui ont vendu ou mis en vente un ou plusieurs produits ne portant pas la marque déclarée obligatoire pour cette espèce de produits ;

3° Ceux qui ont contrevenu aux dispositions des décrets rendus en exécution de l'article 1er de la présente loi (1).

(1) D'après cet article, des décrets, rendus en la forme des règlements d'administration publique, peuvent exceptionnellement déclarer la marque de fabrique ou de commerce obligatoire pour certains produits.

Nous arrivons maintenant aux documents essentiels sur la matière, savoir :

1° La *Loi* du 4 février 1888, concernant la répression des fraudes dans le commerce des engrais :

2° Le *Décret* du 10 mai 1889, relatif à l'application de cette loi.

Loi du 4 février 1888, relative à la répression des fraudes dans la vente des engrais.

Article premier. — Seront punis d'un emprisonnement de 6 jours à 1 mois et d'une amende de 50 à 2.000 francs, ou de l'une de ces peines seulement : ceux qui, en vendant ou en mettant en vente des engrais ou amendements, auront trompé ou tenté de tromper l'acheteur, soit sur leur nature, leur composition ou le dosage des éléments qu'ils contiennent, soit sur leur provenance, soit par l'emploi, pour les désigner ou les qualifier d'un nom qui, d'après l'usage, est donné à d'autres substances fertilisantes. — En cas de récidive, dans les 3 ans qui ont suivi la dernière condamnation, la peine pourra être élevée à 2 mois de prison et 4.000 francs d'amende. — Le tout sans préjudice de l'application du paragraphe 3 de l'article 1er de la loi du 27 mars 1851, relatif aux fraudes sur la quantité des choses livrées, et des articles 7, 8 et 19 de la loi du 23 juin 1857, concernant les marques de fabrique et de commerce.

Art. 2. — Dans les cas prévus à l'article précédent, les tribunaux peuvent, en outre des peines ci-dessus portées, ordonner que les jugements de condamnation seront, par extraits ou intégralement, publiés dans les journaux qu'ils détermineront, et affichés sur les portes de la maison et des ateliers ou magasins du vendeur, et sur celle des mairies de son domicile et de celui de l'acheteur. — En cas de récidive dans les 5 ans, ces publications et affichages seront toujours prescrits.

Art. 3. — Seront punis d'une amende de 11 à 15 francs inclusivement ceux qui, au moment de la livraison, n'auront pas fait connaître à l'acheteur, dans les conditions indiquées à l'article 4 de la présente loi, la provenance naturelle ou industrielle de l'engrais ou de l'amendement vendu et sa teneur en principes fertilisants. — En cas de récidive dans les trois ans, la peine de l'emprisonnement pendant 5 jours au plus pourra être appliquée.

Art. 4. — Les indications dont il est parlé à l'article 3 seront fournies, soit dans le contrat même, soit dans le double de commission délivré à l'acheteur au moment de la vente, soit dans la facture remise au moment de la livraison. — La teneur en principes fertilisants sera exprimée par les poids d'azote, d'acide phosphorique et de potasse contenus dans 100 kilogrammes de marchandise facturée telle qu'elle est livrée, avec l'indication de la nature ou de l'état de combinaison de ces corps, suivant les prescriptions du règlement d'administration publique dont il est parlé à l'article 6. — Toutefois, lorsque la vente aura été faite avec stipulation du règlement du prix d'après l'analyse à faire sur échantillon prélevé au moment de la livraison, l'indication préalable de la teneur exacte ne sera pas obligatoire, mais mention devra être faite du prix du kilogramme de l'azote, de l'acide phosphorique et de la potasse contenus dans l'engrais, tel qu'il est livré, et de l'état de combinaison dans lequel se trouvent ces principes fertilisants. La justification de l'accomplissement des prescriptions qui précèdent sera fournie, s'il y a lieu, en l'absence de contrat préalable ou d'accusé de réception de l'acheteur, par la production, soit du copie de lettres du vendeur, soit de son livre de factures régulièrement tenu à jour et contenant l'énoncé prescrit par le présent article.

Art. 5. — Les dispositions des articles 3 et 4 de la présente loi ne sont pas applicables à ceux qui auront vendu, sous leur dénomination usuelle : des fumiers, des matières fécales, des composts, des gadoues ou boues de ville, des déchets de marchés, des résidus de brasseries, des varechs et autres plantes marines pour engrais, des déchets frais d'abattoir, de la marne, des faluns, de la tangue, des sables coquilliers, des chaux, des plâtres, des cendres ou des suies provenant des houilles ou autres combustibles.

Art. 6. — Un règlement d'administration publique prescrira les procédés d'analyse à suivre pour la détermination des matières fertilisantes des engrais, et statuera sur les autres mesures à prendre pour assurer l'exécution de la présente loi.

Art. 7. — La loi du 27 juillet 1867 est et demeure abrogée.

Art. 8. — La présente loi est applicable à l'Algérie et aux colonies.

Décret du 10 mai 1889, portant règlement d'administration publique pour l'application de la loi du 4 février 1888.

Le Président de la République française, sur le rapport du ministre de l'agriculture,

Vu la loi du 4 février 1888 concernant la répression des fraudes dans le commerce des engrais, et notamment l'article 6 ainsi conçu :

Art. 6. — Un règlement d'administration publique prescrira les procédés d'analyse à suivre pour la détermination des matières fertilisantes des engrais, et statuera sur les autres mesures à prendre pour assurer l'exécution de la présente loi,

Le Conseil d'État entendu,

Décrète :

Article premier. — Tout vendeur d'engrais ou amendement, autre que l'un de ceux mentionnés à l'article 5 de la loi du 4 février 1888, est tenu d'indiquer, soit dans le contrat de vente, soit dans le double de la commission délivrée à l'acheteur au moment de la vente, soit dans une facture remise ou envoyée à l'acheteur au moment de la livraison ou de l'expédition de l'engrais ou amendement :

1° Le nom dudit engrais ou amendement;

2° Sa nature ou la désignation permettant de le différencier de tout autre engrais ou amendement;

3° Sa provenance, c'est-à-dire le nom de l'usine ou de la maison qui l'a fabriqué ou fait fabriquer, s'il s'agit d'un produit industriel, ou le lieu géographique d'où il est tiré, s'il s'agit d'un engrais naturel, soit pur, soit simplement trié et pulvérisé.

Art. 2. — Les indications prescrites par l'article qui précède doivent être complétées par la mention de la composition de l'engrais ou amendement.

Cette composition doit être exprimée par les poids des éléments fertilisants contenus dans 100 kilos de la marchandise facturée, telle qu'elle est livrée, et dénommés ci-après :

Azote nitrique;

Azote ammoniacal ;

Azote organique;

Acide phosphorique en combinaison soluble dans l'eau;

Acide phosphorique en combinaison soluble dans le citrate d'ammoniaque ;

Acide phosphorique en combinaison insoluble ;

Potasse en combinaison soluble dans l'eau.

Pour l'azote organique et la potasse en combinaison soluble dans l'eau, l'origine ou l'indication de la matière première dont ils proviennent doit être mentionnée.

Dans tous cas, la teneur par 100 kilogrammes d'engrais ou amendement est exprimée en azote élémentaire (Az), en acide phosphorique anhydre (PhO^5) et en potasse anhydre (KO).

Les mots « pour cent » dans l'indication du dosage doivent être exprimés en toutes lettres.

Art. 3. — Lorsque la vente est faite avec stipulation du règlement du prix d'après l'analyse à faire sur échantillon prélevé au moment de la livraison, l'indication de la composition de l'engrais ou amendement, telle qu'elle est exigée par l'article 2 qui précède, n'est pas obligatoire; mais le vendeur est tenu de mentionner, en outre des prescriptions de l'article 1er :

Le prix du kilogramme d'azote nitrique;

Le prix du kilogramme d'azote ammoniacal;

Le prix du kilogramme d'azote organique;

Le prix du kilogramme d'acide phosphorique en combinaison soluble dans l'eau ;

Le prix du kilogramme d'acide phosphorique en combinaison soluble dans le citrate d'ammoniaque ;

Le prix du kilogramme d'acide phosphorique en combinaison insoluble;

Le prix du kilogramme de potasse en combinaison soluble dans l'eau.

Pour l'azote organique et la potasse en combinaison soluble dans l'eau, l'origine ou l'indication de la matière première dont ils proviennent doit être mentionnée.

Les prix se rapportent toujours au kilogramme d'azote élémentaire (Az), l'acide phosphorique anhydre (PhO) et de potasse (KO).

Art. 4. — Les infractions aux dispositions de la loi du 4 février 1888 et à celles du présent règlement d'administration publique seront constatées par tous officiers de police judiciaire et agents de la force publique.

S'il y a doute ou contestation sur l'exactitude des indications mentionnées dans les contrats de vente, factures ou commissions destinées à l'acheteur, il peut être procédé, soit d'office, soit à la demande des parties intéressées, à la prise d'échantillon et à l'expertise de l'engrais ou amendement vendu.

Art. 5. — Au cas où il est procédé à la prise des échantillons, à la demande des parties intéressées, les échantillons sont prélevés contradictoirement par les parties au lieu de la livraison.

Si le vendeur refuse d'assister à la prise d'échantillon ou de s'y faire représenter, il y est procédé, à la requête et en présence de l'acheteur ou de son représentant, par le maire ou le commissaire de police du lieu de la livraison.

Art. 6. — Quand il est procédé d'office à la prise d'échantillon, celle-ci est faite par le maire de la localité ou son adjoint ou le commissaire de police, soit dans les magasins ou entrepôts, soit dans les gares ou ports de départ ou d'arrivée.

Art. 7. — Les échantillons sont toujours pris en trois exemplaires; chacun d'eux est enfermé dans un vase en verre ou en grès verni, immédiatement bouché avec un bouchon de liège sur lequel le magistrat qui aura procédé à la prise d'échantillon attachera une bande de papier qu'il scellera de son sceau.

Une étiquette engagée dans l'un des cachets porte le nom de l'engrais ou amendement, la date de la prise d'échantillon et le nom de la personne ou du fonctionnaire ou agent qui requiert l'analyse.

Art. 8. — Chaque prise d'échantillon est constatée par un procès-verbal qui relate :

1° La date et le lieu de l'opération;

2° Les noms et qualités des personnes qui y ont procédé;

3° La copie des marques et étiquettes apposées sur les enveloppes de l'engrais ou amendement;

4° La copie du contrat de vente, du double de la commission ou de la facture;

5° La marque imprimée sur les cachets et la couleur de la cire;

6° Le nombre des colis dans lesquels ont été prélevés des échantillons, ainsi que le nombre total des colis composant le lot échantillonné;

7° Enfin toutes les indications jugées utiles pour établir l'authenticité des échantillons prélevés et l'identité industrielle de la marchandise vendue.

Art. 9. — Des trois exemplaires de chaque échantillon d'engrais ou d'amendement, l'un est remis ou envoyé au vendeur, l'autre est transmis à un chimiste-expert pour servir à l'analyse, le troisième est conservé, en dépôt, au greffe du tribunal de l'arrondissement, pour servir, s'il y a lieu, à de nouvelles vérifications ou analyses.

Dans le cas où la prise d'échantillon a lieu d'un commun accord ou à la requête de l'acheteur, les parties peuvent convenir du choix du chimiste-expert.

En cas de désaccord, ou en cas de prise d'échantillon d'office, le chimiste-expert est désigné par le juge de paix du canton, sur la réquisition du magistrat qui a procédé à l'opération, ou, à son défaut, de la partie la plus diligente.

L'échantillon est remis au chimiste-expert; en même temps transmission est faite à celui-ci de la copie des énonciations de provenance et de dosage formulées par le vendeur, conformément aux articles 3 et 4 de la loi et des articles 1, 2 et 3 du présent décret.

ART. 10. — L'expertise est faite par l'un des chimistes-experts désignés par le Ministre de l'Agriculture et dont la liste est revisée tous les ans dans le courant du mois de janvier.

Les frais de l'expertise sont réglés d'après un tarif arrêté par le Ministre.

ART. 11. — L'analyse de l'échantillon doit être effectuée dans un délai de dix jours, au plus, à partir du jour de la remise de l'échantillon au chimiste-expert.

ART. 12. — L'analyse doit être faite d'après les procédés indiqués ci-après :

I. — Préparation de l'échantillon.

L'échantillon doit être amené à un état d'homogénéité parfaite.

II. — Dosage des éléments utiles.

1° *Azote.* — *a*) Azote nitrique.

On transforme l'acide nitrique en bioxyde d'azote au moyen de l'ébullition avec du protochlorure de fer, et on compare le volume du bioxyde d'azote obtenu au volume que donne une quantité connue de nitrate pur.

b) Azote ammoniacal.

On distille en présence d'un alcali la matière additionnée d'eau, en se servant d'un appareil à serpentin ascendant.

L'ammoniaque est recueillie dans l'acide titré.

c) Azote organique.

On le détermine par le chauffage de la matière avec la chaux iodée, qui le transforme en ammoniaque qu'on reçoit dans une liqueur titrée. Les nitrates qui peuvent se trouver dans l'engrais sont préalablement enlevés.

On dose encore l'azote organique en traitant la matière par l'acide sulfurique additionné d'un peu de mercure; l'azote, amené ainsi à l'état de sulfate d'ammoniaque, est dosé comme il est dit au paragraphe qui précède; il y a lieu aussi d'exclure l'azote nitrique.

2° *Acide phosphorique.* — *a)* Acide phosphorique total.

On dissout l'engrais ou amendement dans l'acide chlorhydrique, et on maintient en dissolution l'oxyde de fer et l'alumine, ainsi que la chaux par du citrate d'ammoniaque. On précipite l'acide phosphorique à l'état de phosphate ammoniaco-magnésien, qu'on calcine pour le transformer en pyrophosphate, et on pèse.

Si la chaux est en trop forte proportion, on l'élimine au préalable par l'oxalate d'ammoniaque.

b) Acide phosphorique en combinaison soluble dans l'eau.

On traite la matière par l'eau distillée en évitant un contact prolongé; on filtre, et, dans la solution filtrée, on précipite l'acide phosphorique et on dose celui-ci comme il est dit dans le paragraphe précédent *(a)*.

c) Acide phosphorique en combinaison soluble dans le citrate d'ammoniaque.

On traite la matière à froid par le citrate d'ammoniaque alcalin, en laissant le contact se prolonger pendant douze heures, et on précipite dans la solution l'acide phosphorique à l'état de phosphate ammoniaco-magnésien.

Pour les trois dosages *a*, *b* et *c*, au lieu de précipiter directement l'acide phosphorique à l'état de phosphate ammoniaco-magnésien, on peut au préalable le précipiter par le nitromolybdate d'ammoniaque en dissolution nitrique. Le précipité obtenu est dissous dans l'ammoniaque, et on détermine l'acide phosphorique en le transformant, comme dans les cas précédents, en phosphate ammoniaco-magnésien.

3° Potasse en combinaison soluble dans l'eau. — *a)* Dosage à l'état de perchlorate.

La potasse est amenée à l'état de perchlorate; celui-ci est lavé à l'alcool, séché et pesé.

b) Dosage par le platine réduit.

La potasse est précipitée à l'état de chlorure double de platine et de potassium; ce précipité, lavé à l'alcool, est traité par le formiate de soude, qui précipite le platine métallique dont on prend le poids après lavage et calcination. De la quantité de platine on déduit le poids de la potasse.

c) Dosage à l'état de chlorure double de platine et de potassium.

On amène les sels de potasse à l'état de chloroplatinate qu'on pèse après lavage à l'alcool et dessiccation.

Le Ministre de l'Agriculture règle, par une instruction, sur l'avis conforme du comité consultatif des stations agronomiques et des laboratoires agricoles, les détails de chacun des procédés d'analyse mentionnés ci-dessus.

Art. 13. — Le chimiste expert, dans son rapport, indique les tolérances d'écart qui lui paraissent admissibles, en tenant compte :

1° Du degré d'homogénéité dont l'engrais est susceptible;

2° Des changements qu'il a pu subir suivant sa nature entre la livraison et l'analyse;

3° Et enfin du degré de précision des procédés d'analyse suivis.

Il conclut en donnant son avis sur les circonstances qui ont pu, indépendamment de la volonté du vendeur, modifier la composition de l'engrais.

Art. 14. — Le rapport du chimiste-expert est déposé au greffe du tribunal qui a procédé à la désignation de l'expert. Avis du dépôt est donné par l'expert aux parties intéressées, au moyen d'une lettre recommandée.

Si le vendeur conteste l'analyse, il doit faire sa déclaration dans un délai de huit jours à partir du jour du dépôt, le jour de la notification non compris.

Dans ce cas, le troisième exemplaire de l'échantillon est soumis à une contre-expertise par un chimiste-expert choisi sur la liste dressée par le Ministre et désigné par le président du tribunal de l'arrondissement où il a été procédé à la prise d'échantillon.

Art. 15. — Le chimiste-expert, chargé de la contre-expertise, fait, dans les huit jours à partir de celui où l'échantillon lui a été remis, l'analyse de l'engrais ou de l'amendement et rédige son rapport dans les formes indiquées à l'article 13 ci-dessus.

Art. 16. — Le rapport du chimiste-expert chargé de la contre-expertise est déposé au greffe du tribunal civil où il a été procédé à la prise d'échantillon.

Avis du dépôt est donné par l'expert aux parties intéressées, au moyen d'une lettre recommandée.

Art. 17. — Les rapports des chimistes-experts, ensemble les procès-verbaux de prise d'échantillon sont transmis au procureur de la République pour y être donné telle suite que de droit.

Art. 18. — Cette transmission a lieu, par les soins du chimiste-expert, dans les huit jours qui suivent l'expiration du délai imparti par l'article 15 pour contester l'analyse, quand l'analyse n'a pas été contestée par le vendeur et par ceux du chimiste chargé de la contre-expertise, au cas où il a été procédé à cette opération, dans les quarante-huit heures qui suivent la clôture du rapport.

ART. 19. — Le Ministre de l'Agriculture est chargé de l'exécution du présent décret, qui sera inséré au *Bulletin des Lois*.

Fait à Paris, le 10 mai 1889.

Signé : CARNOT.

Par le Président de la République :

Le Ministre de l'Agriculture,

Signé : Léopold FAYE.

Circulaire ministérielle.

Pour préciser l'esprit et la lettre de la nouvelle loi, le Ministre de l'Agriculture a adressé aux préfets, chargés d'en assurer l'exécution, la circulaire suivante :

« MONSIEUR LE PRÉFET,

» J'ai l'honneur de vous adresser ci-inclus un exemplaire :

» 1° De la loi du 4 février 1888 concernant la répression des fraudes dans le commerce des engrais;

» 2° Du décret en date du 10 mai 1889, portant règlement d'administration publique pour l'exécution de la loi précitée;

» 3° Du rapport du Comité des stations agronomiques et des laboratoires agricoles, sur les méthodes à suivre pour la prise d'échantillons et l'analyse des matières fertilisantes, méthodes dont l'application, pour les expertises légales, est devenue obligatoire en vertu de l'article 12 du décret portant règlement d'administration publique;

» 4° De la liste des chimistes-experts, dressée par l'Administration, sur l'avis du Comité des stations agronomiques et des laboratoires agricoles, en exécution de l'article 10 du règlement susvisé.

» J'appelle tout particulièrement votre attention sur ces différents documents, dont l'importance ne saurait vous échapper, et qui forment un ensemble de dispositions dont le but est d'assurer à l'agriculture une protection efficace contre les fraudes pouvant être pratiquées dans la vente des engrais.

» Le règlement d'administration publique devait, aux termes de l'article 6 de la loi, prescrire les procédés d'analyse à suivre pour la détermination des matières fertilisantes des engrais et statuer sur les autres mesures à prendre pour assurer l'exécution de la loi.

» L'examen approfondi auquel la préparation de ce document a donné lieu de la part de l'Administration supérieure et du Conseil d'État permet d'espérer que la tâche des fonctionnaires et agents chargés de faire appliquer la loi du 4 février 1888 sera facile.

» Je crois devoir cependant vous soumettre quelques observations sur les principales dispositions du décret du 10 mai, afin de mettre bien en lumière l'esprit général qui a présidé à la rédaction de ce document et ne laisser aucune place dans votre esprit aux erreurs d'interprétation.

» Les articles 1, 2 et 3 du décret ont trait aux indications que le vendeur d'engrais est tenu, aux termes de la loi, de faire figurer soit dans le contrat de la vente, soit dans le double de la commission, soit dans la facture, afin d'éclairer l'acheteur sur la valeur de l'engrais. Il n'est fait exception à cette règle que pour les engrais ou amendements mentionnés à l'article 5 de la loi, qui sont vendus tels quels et sous leur dénomination usuelle.

» Les indications que le vendeur est obligé de fournir sont : le nom, la provenance, la nature, la composition et la teneur en principes fertilisants de l'engrais ou de l'amendement.

» Il importe tout d'abord, Monsieur le Préfet, de bien définir ces différents termes.

» *Nom.* — Par nom, il faut entendre la désignation sous laquelle l'engrais ou l'amendement est connu ou vendu.

» Vous remarquerez, Monsieur le Préfet, que l'article premier de la loi considère comme une tromperie ou une tentative de tromperie l'emploi, pour désigner ou qualifier un engrais, d'un nom qui, d'après l'usage, est donné à d'autres substances fertilisantes.

» Ainsi la vente ou la mise en vente, sous le nom de guano, d'un engrais fabriqué, alors même que cet engrais aurait la richesse du guano en éléments utiles, constitue une tromperie ou une tentative de tromperie sur la dénomination en même temps que sur la nature du produit. Les mots « ou qualifier » dont se sert le législateur ont pour but d'interdire formellement de faire entrer les noms d'engrais déjà connus comme guano, noir d'os, etc., dans la dénomination d'un engrais nouveau.

» *Provenance.* — Le règlement d'administration publique définit suffisamment ce qu'il faut désigner sous ce nom. C'est le lieu géographique d'où est tiré le produit s'il s'agit d'un engrais naturel comme le guano du Pérou, ou le nom de l'usine ou de la maison qui le fabrique ou le fait fabriquer s'il s'agit d'un produit industriel.

» *Nature.* — Par nature, il faut entendre l'ensemble des propriétés qui caractérisent la substance et la différencient de toute autre. Il y a tentative de tromperie sur la nature d'un engrais, quand l'indication fournie soit dans le contrat, soit dans le double de commission, soit dans la facture, s'applique à une marchandise différente de celle qui est vendue ou mise en vente. Ainsi la désignation du cuir torréfié sous le nom de sang desséché, de la poudre de corozo sous le nom de poudre d'os; de la tourbe torréfiée ou coke de Boghead sous le nom de noir; des schistes pulvérisés sous le nom de phosphates; de terre rougeâtre sous le nom de guano; constituent une tromperie sur la nature de l'engrais, parce que ces diverses matières ne possèdent pas l'ensemble des propriétés des engrais sous le nom desquels elles sont vendues ou mises en vente, bien qu'elles en aient plus ou moins l'aspect extérieur.

» *Composition.* — Les chimistes distinguent deux sortes de compositions : la composition qualitative qui est l'énumération des composants essentiels dont une substance est formée, et la composition quantitative qui indique pour chaque composant la proportion pour laquelle il entre dans l'ensemble.

» Le dosage des éléments utiles qui n'est autre que la composition quantitative dans ce qu'elle a d'essentiel en matière d'engrais, étant spécialement visé dans l'article 1er de la loi, il ne peut être question, pour la tromperie, que de la composition qualitative. On reconnaîtra donc l'existence de cette tromperie lorsque le marchand d'engrais annoncera comme entrant dans la composition de l'engrais mis en vente ou vendu des substances qui ne s'y trouvent pas.

» *Dosage des éléments utiles.* — En ce qui concerne le dosage des éléments utiles qui fait l'objet de l'article 2 du règlement d'administration publique, il y aura tromperie ou tentative de tromperie lorsque l'analyse de l'engrais vendu ou mis en vente révélera pour un ou plusieurs des éléments énumérés à l'article 4 de la loi (azote, acide phosphorique et potasse) un dosage (quantité contenue dans 100 kilogrammes d'engrais à l'état normal) inférieur à celui qui aura été annoncé, conformément aux prescriptions de l'article 3 de la loi.

» Toutefois, la tentative de tromperie ou la tromperie, ne pourra être admise que si l'écart entre le dosage garanti et le dosage trouvé, dépasse les écarts d'homogénéité admissibles pour ces sortes de marchandises, et les limites d'erreur inhérentes aux méthodes d'analyse suivies.

» Vous remarquerez que l'article 2 du règlement d'administration publique mentionne, parmi les éléments fertilisants, l'acide phosphorique en combinaison insoluble; il doit être bien entendu que cette mention s'applique à l'acide phosphorique insoluble dans l'eau ou dans le citrate d'ammoniaque, mais soluble dans les acides minéraux. L'acide phosphorique soluble seulement dans les acides est assimilable par les végétaux et est utilisé par l'agriculture; il a donc une valeur propre; aussi, pour prévenir toute confusion, les marchands d'engrais pourront employer la mention suivante : acide phosphorique en combinaison insoluble dans l'eau et le citrate d'ammoniaque, mais soluble dans les acides.

» Aux termes de l'article 4 du décret, tous officiers de police judiciaire, tous agents de la force publique ont qualité pour constater les infractions aux dispositions de la loi et à celles du présent règlement d'administration publique ; s'il y a doute ou seulement contestation sur l'exactitude des indications fournies par le vendeur, il peut être procédé soit d'office, soit à la demande des parties intéressées, à la prise d'échantillon et à l'expertise de la marchandise suspecte.

» Il y a un grand intérêt à distinguer si la prise d'échantillon a lieu dans les conditions prévues par l'article 5 du règlement, c'est-à-dire à la demande des parties intéressées ou de l'une d'elles seulement, ou dans les conditions prévues par l'article 6, c'est-à-dire d'office.

» Dans le premier cas, en effet, l'opération devra toujours être faite contradictoirement au lieu de livraison; dans le second, elle pourra s'effectuer non seulement au lieu de la livraison, mais encore dans les magasins ou entrepôts, ou dans les gares ou ports de départ ou d'arrivée.

» Il en résulte que l'administration se trouve investie d'un droit dont elle pourra user sans mise en demeure préalable, mais seulement lorsqu'elle aura de sérieux motifs pour le faire. Il ne faut pas perdre de vue que l'abus de ce droit deviendrait une source de vexations pour les commerçants honnêtes, en même temps qu'il apporterait les plus fâcheuses entraves à la liberté des transactions. L'administration ne devra donc se servir de l'arme que le législateur a mise entre ses mains qu'avec la plus grande circonspection et lorsqu'elle y sera autorisée par de graves indices ou de fortes présomptions. Dans tous les cas, la prise d'échantillon d'office devra être faite en présence du vendeur ou de son représentant.

» Que la prise d'échantillon ait lieu d'office ou sur la requête de l'acheteur ou de son représentant, c'est le maire ou le commissaire de police qui devra procéder à cette opération. Toutefois, dans la pratique, l'administration ne saurait trop recommander à ces officiers de police judiciaire de se faire assister, autant que possible, par le chimiste expert ou par le professeur d'agriculture du département ou de l'un des départements limitrophes, de telle façon que la prise d'échantillon s'effectue dans les conditions les plus régulières et d'après les procédés les plus sûrs, afin que l'échantillon soit la reproduction exacte de la marchandise.

» Toutes les fois que la prise d'échantillon aura lieu d'un commun accord, l'administration n'aura pas à intervenir et les parties pourront convenir du choix de l'expert et s'adresser à tel chimiste qu'elles s'entendront pour désigner.

» Mais dans le cas de désaccord entre l'acheteur et le vendeur ou de prise d'échantillon d'office, c'est au juge de paix du canton qu'il appartiendra exclusivement de désigner le chimiste expert, sur la réquisition du maire ou de son adjoint, ou du commissaire de police qui aura procédé à la prise d'échantillon, ou, à leur défaut, de la partie la plus diligente. Toutefois, le troisième paragraphe de l'article 9 doit être combiné avec l'article 10, et le juge de paix ne pourra choisir l'expert que sur une liste dressée à cet effet par le Ministre de l'Agriculture. Le désaccord des parties ou la prise d'échantillon d'office constitue, en effet, une présomption de fraude; il est donc indispensable que dans ce cas l'analyse ne puisse être confiée qu'à des chimistes d'une compétence scientifique indiscutable. Vous remarquerez, Monsieur le Préfet, que si l'administration limite, dans certaines circonstances, le choix des juges de paix aux experts portés sur la liste, elle entend garantir les parties contre les abus du privilège, et l'article 10 du décret stipule que les frais de l'expertise seront réglés d'après un tarif arrêté par le Ministre de l'Agriculture.

« Les articles 11 et 12 fixent, d'autre part, les délais qui seront impartis aux chimistes experts pour effectuer l'analyse des échantillons et déterminent les procédés d'analyse qu'ils devront employer. Il était nécessaire, en effet, de prévenir des lenteurs aussi préjudiciables à l'acheteur, qui a besoin d'être fixé sans retard sur la valeur de l'engrais, qu'au vendeur lui-même qu'on ne saurait laisser trop longtemps sous le coup d'une suspicion imméritée. Il importait également de fixer d'avance les procédés d'analyse, afin d'entourer de toutes les garanties désirables des opérations qui seront, dans certains cas, le point de départ et la base des poursuites judiciaires. Il va sans dire que les procédés indiqués ne sont pas immuables et que l'Administration se réserve de modifier ses instructions au fur et à mesure des progrès et des découvertes de la science.

» Il était équitable de tenir compte des changements qui peuvent se produire dans la composition des engrais entre le moment de leur mise en vente ou de leur livraison et le moment de l'analyse. Certaines circonstances peuvent, en effet, modifier la proportion primitive des éléments fertilisants contenus dans l'engrais et, d'autre part, il ne faut pas perdre de vue que les procédés d'analyse recommandés, quelle que soit d'ailleurs leur supériorité, ne sont pas susceptibles d'une précision absolue : l'article 13 confère donc aux chimistes experts un certain pouvoir d'appréciation, en vertu duquel ils indiqueront dans leurs rapports les écarts qui leur paraissent admissibles entre les résultats de l'analyse et les déclarations du vendeur.

» Aux termes de l'article 14, le rapport du chimiste expert doit être déposé au greffe du tribunal qui a procédé à sa désignation. Avis de ce dépôt est donné par l'expert aux parties intéressées au moyen d'une lettre recommandée. L'expert, lorsqu'il réside au siège du tribunal qui a procédé à sa désignation, devra, par mesure de prudence, effectuer en personne le dépôt de son rapport et de l'échantillon; dans le cas contraire, il devra transmettre son rapport par la poste comme pli recommandé et déposer l'échantillon au greffe du lieu où il a fait l'analyse.

» Le deuxième paragraphe de cet article prévoit le cas où le vendeur contesterait les résultats de l'expertise. Le troisième exemplaire de l'échantillon prélevé suivant les prescriptions de l'article 7 doit, dans cette occurrence, être soumis à une contre-expertise confiée à un chimiste choisi sur la liste dressée par le Ministre et désigné par le président du tribunal de l'arrondissement où il a été procédé à la prise d'échantillon.

» Les articles 15 et 16 fixent les règles de la contre-expertise et les articles 17 et 18 s'occupent de la mise en mouvement de l'action publique en prescrivant la transmission au procureur de la République des procès-verbaux de prise d'échantillon, ainsi que des rapports des chimistes chargés de l'expertise et de la contre-expertise.

» Les instructions du Comité des stations agronomiques sur la prise d'échantillon et l'analyse des engrais complètent l'article 12 du décret du 10 mai 1889, en indiquant d'une façon très précise la manière de procéder suivant la nature des engrais ou des amendements; elles permettent aux maires ou à leurs adjoints, ainsi qu'aux commissaires de police qui ne seraient pas familiarisés avec ce genre d'opération et qui ne pourraient se faire assister d'un chimiste ou d'un professeur d'agriculture, d'effectuer les prélèvements d'échantillons dans les conditions régulières et conformes aux données scientifiques.

» D'autre part, elles constituent un guide certain pour tous les chimistes experts et assurent l'unité et la précision des procédés d'analyse qui sont indispensables pour maintenir l'autorité et l'efficacité des prescriptions du législateur.

» Quant à la liste des experts chimistes, elle sera revisée tous les ans, dans le courant de janvier, afin d'être modifiée ou complétée suivant les circonstances.

» Bien que le règlement ne contienne aucune disposition relative au payement des frais d'expertise, il doit être entendu que l'Etat supporte les frais des analyses faites à la demande des autorités compétentes, si les résultats de la vérification ne sont pas défavorables au vendeur et que les frais des analyses faites à la requête des particuliers sont payés d'après les conventions des parties, et, en cas de silence à ce sujet, par celle qui, à la suite de la vérification, est reconnue en faute, c'est-à-dire par le vendeur si ses indications sont fausses, par l'acheteur s'il a sollicité à tort une analyse.

» En terminant, je crois devoir vous rappeler que l'article 471, paragraphe 15, du Code pénal demeure applicable à toutes les contraventions auxquelles pourra donner lieu la violation desdites prescriptions.

» Je vous serai obligé, Monsieur le Préfet, de donner la plus large publicité à la loi, au décret portant règlement d'administration publique, à la liste des experts et à la présente circulaire. Ces documents, indépendamment de leur insertion dans le Recueil des actes administratifs de votre département, figureront utilement dans le Bulletin des communes et dans les principaux organes départementaux. Il est essentiel, en effet, que les agriculteurs connaissent les mesures qui ont été prises par le Gouvernement de la République pour les protéger contre un genre de fraude dont ils n'ont souffert que trop longtemps et qui n'a pas peu contribué à retarder les progrès de la culture.

» Je compte enfin, Monsieur le Préfet, sur votre vigilance et sur votre fermeté pour faire produire à l'œuvre du législateur tous ses effets en exerçant une surveillance des plus attentives sur le commerce des engrais, et en usant de toutes les facilités que vous donne la nouvelle législation pour faire constater par qui de droit toutes les infractions aux prescriptions de la loi, et du règlement d'administration publique, et vérifier la nature de toutes marchandises qui paraîtraient suspectes aux fonctionnaires ou agents placés sous vos ordres. »

TABLE DES MATIÈRES

CHAPITRE PREMIER

CHAPITRE II

CHAPITRE III

CHAPITRE IV

CHAPITRE V

CHAPITRE VI

CHAPITRE VII

CHAPITRE VIII

CHAPITRE IX

IMPRIMERIE CHAIX, RUE BERGÈRE, 20, PARIS. — 11832-5-92. — (Encre Lorilleux.)

www.ingramcontent.com/pod-product-compliance
Ingram Content Group UK Ltd.
Pitfield, Milton Keynes, MK11 3LW, UK
UKHW020149250726
13967UKWH00002B/959